国家出版基金项目
NATIONAL PUBLICATION FOUNDATION

涡轮机械与推进系统出版项目
"两机"专项：航空发动机技术出版工程

航空发动机试验
基础设施及动力设备

徐　国　万世华　王钫平　等　编著

科学出版社
北　京

内 容 简 介

　　本书结合航空发动机试验基础设施及动力设备的理论与工程实践,介绍了航空发动机试验基础设施及动力设备的相关技术、工作流程、设备系统及工程应用。全书共7章,包括绪论、气源系统、空气处理系统、冷却水系统、燃油储供系统、电力系统、航空发动机试验基础设施及动力设备发展展望等内容。

　　本书可在航空发动机试验基础设施及动力设备规划和运行中为相关方提供参考。本书适合航空发动机及相关工程领域的工程技术人员,以及高等院校相关专业的在校学生等读者阅读。

图书在版编目(CIP)数据

航空发动机试验基础设施及动力设备／徐国等编著.——北京:科学出版社,2022.12

"两机"专项:航空发动机技术出版工程　国家出版基金项目　涡轮机械与推进系统出版项目

ISBN 978-7-03-074384-8

Ⅰ.①航…　Ⅱ.①徐…　Ⅲ.①航空发动机—试验—设备　Ⅳ.①V263.4

中国版本图书馆 CIP 数据核字(2022)第 246491 号

责任编辑:徐杨峰／封面校对:谭宏宇
责任印制:黄晓鸣／封面设计:殷　靓

斜 学 出 版 社 出版

北京东黄城根北街 16 号
邮政编码: 100717
http://www.sciencep.com

南京展望文化发展有限公司排版
广东虎彩云印刷有限公司印刷
科学出版社发行　各地新华书店经销

*

2022 年 12 月第 一 版　开本:B5(720×1000)
2025 年 1 月第六次印刷　印张:16
字数:310 000

定价:130.00 元
(如有印装质量问题,我社负责调换)

涡轮机械与推进系统出版项目
顾问委员会

主任委员

张彦仲

委 员

（以姓名笔画为序）

尹泽勇　乐嘉陵　朱　荻　刘大响　杜善义

李应红　张　泽　张立同　张彦仲　陈十一

陈懋章　闻雪友　宣益民　徐建中

"两机"专项：航空发动机技术出版工程
专家委员会

"两机"专项：航空发动机技术出版工程

编写委员会

"两机"专项：航空发动机技术出版工程
试验系列
编写委员会

航空发动机试验基础设施及动力设备
编写委员会

主 编
徐 国

副主编
万世华　王钫平

委 员
（以姓名笔画为序）

丁艳哲　万世华　王钫平　刘永青　李　亮
李晓冬　张　明　徐　国　梁　军　谢有祥
熊春明

涡轮机械与推进系统出版项目
序

涡轮机械与推进系统涉及航空发动机、航天推进系统、燃气轮机等高端装备。其中每一种装备技术的突破都令国人激动、振奋，但是技术上的鸿沟使得国人一直为之魂牵梦绕。对于所有从事该领域的工作者，如何跨越技术鸿沟，这是历史赋予的使命和挑战。

动力系统作为航空、航天、舰船和能源工业的"心脏"，是一个国家科技、工业和国防实力的重要标志。我国也从最初的跟随仿制，向着独立设计制造发展。其中有些技术已与国外先进水平相当，但由于受到基础研究和条件等种种限制，在某些领域与世界先进水平仍有一定的差距。为此，国家决策实施"航空发动机及燃气轮机"重大专项。在此背景下，出版一套反映国际先进水平、体现国内最新研究成果的丛书，既切合国家发展战略，又有益于我国涡轮机械与推进系统基础研究和学术水平的提升。"涡轮机械与推进系统出版项目"主要涉及航空发动机、航天推进系统、燃气轮机以及相应的基础研究。图书种类分为专著、译著、教材和工具书等，内容包括领域内专家目前所应用的理论方法和取得的技术成果，也包括来自一线设计人员的实践成果。

"涡轮机械与推进系统出版项目"分为四个方向：航空发动机技术、航天推进技术、燃气轮机技术和基础研究。出版项目分别由科学出版社和浙江大学出版社出版。

出版项目凝结了国内外该领域科研与教学人员的智慧和成果，具有较强的系统性、实用性、前沿性，既可作为实际工作的指导用书，也可作为相关专业人员的参考用书。希望出版项目能够促进该领域的人才培养和技术发展，特别是为航空发动机及燃气轮机的研究提供借鉴。

张彦仲

2019 年 3 月

"两机"专项：航空发动机技术出版工程

序

航空发动机誉称工业皇冠之明珠，实乃科技强国之重器。

几十年来，我国航空发动机技术、产品及产业经历了从无到有、从小到大的艰难发展历程，取得了显著成绩。在世界新一轮科技革命和产业变革同我国转变发展方式的历史交汇期，国家决策实施"航空发动机和燃气轮机"重大科技专项（即"两机"专项），产学研用各界无不为之振奋。

迄今，"两机"专项实施已逾三年。科学出版社申请国家出版基金，安排"'两机'专项：航空发动机技术出版工程"，确为明智之举。

本出版工程旨在总结"两机"专项以及之前工作中工程、科研、教学的优秀成果，侧重于满足航空发动机工程技术人员的需求，尤其是从学生到工程师过渡阶段的需求，借此为扩大我国航空发动机卓越工程师队伍略尽绵力。本出版工程包括设计、试验、基础与综合、材料、制造、运营共六个系列，前三个系列已从2018年起开始前期工作，后三个系列拟于2020年启动，希望与"两机"专项工作同步。

对于本出版工程，各级领导十分关注，专家委员会不时指导，编委会成员尽心尽力，出版社诸君敬业把关，各位作者更是日无暇晷、研教著述。同道中人共同努力，方使本出版工程得以顺利开展，有望如期完成。

希望本出版工程对我国航空发动机自主创新发展有所裨益。受能力及时间所限，当有疏误，恭请斧正。

2019 年 5 月

前　言

　　航空发动机是当代尖端工业技术的代表,它的研制离不开大量的试验验证。航空发动机的整机(地面台、高空台、核心机台等)和零部件(风扇/压气机、燃烧室、涡轮、进排气系统等)试验设备用来考核发动机是否达到设计要求,发现设计缺陷,验证设计仿真所提出改进方案的效果,因此进行整机、零部件试验的一整套完整试验设施的试验能力需涵盖航空发动机的工作范围。由于模拟的范围宽,被试发动机的流量需求越来越大,因此,试验设施特别是高空台等整机试验设备建设规模宏大、系统复杂,其性能水平和试验能力成为一个国家军事、科技、经济等综合国力的重要标志。与航空发动机试验器配套的动力设施,如气源系统、空气处理系统等直接参与试验,模拟试验器的进口条件和出口条件,同时需要配套大型的水系统、电力系统以及燃油储供系统、天然气系统等。这些动力设施在试验设施的总投资中占很大的比例,同时存在建设周期长、工艺流程复杂、大型设备设计制造难度大、运行的安全性和可靠性要求较高等问题,航空发动机试验基础设施及动力设备是试验设备建设中不可缺少的重要组成部分,也是航空发动机试验运行安全和高效的有力保障。

　　航空发动机试验基础设施及动力设备主要包括气源系统、空气处理系统、冷却水系统、燃油储供系统、电力系统等。气源系统包括供气系统、抽气系统和空气管网系统等。供气系统通过空气压缩机提供航空发动机试验所需的压缩空气,通过空气处理系统模拟飞行速度和气候工况条件;抽气系统是在试验器内部建立与飞行高度对应的大气环境压力,将试验中发动机排出的低于大气压的燃气和空气等增压后排入大气。冷却水系统除保障试验设备的冷却水用量外,还需保障供抽气压缩机组、空气处理等系统换热的冷却水需求,同时根据所采用的设备和工艺不同,对用水量和水质的要求会有差异,因此不仅需要自然澄清冷却水,还需要软化水。燃油储供系统一般采用油库、输油管道为航空发动机整机、燃烧室试验器提供试验用燃油。电力系统除保证试验器的用电需求外,主要为大型供气、抽气压缩机以及叶轮机等旋转试验器驱动系统提供动力,也为大型空气电加温设备提供能源。航空发动机试验基础设施及动力设备的规划、建设和运行直接影响试验器的建设、使用和后续发展,在很大程度上反映了一个国家的航空发动机试验验证水平,是先进航空发动机试验不可或缺的关键技术之一。本书以四川省绵阳市航空发动机试验基地基础设施及动力设备为研究基础,主要讨论高空台等试验设备的基础设施及动力设备的配置。

鉴于现有航空发动机试验基础设施及动力设备建设和运行方面公开发表的信息非常少,因此本书主要围绕航空发动机试验基础设施及动力设备进行系统性论述。

本书由中国航发四川燃气涡轮研究院的徐国担任主编,万世华、王钫平担任副主编,负责各章节内容的协调安排。其中第1章主要由徐国、万世华、王钫平、丁艳哲编写;第2章主要由王钫平、梁军编写;第3章主要由万世华、熊春明编写;第4章主要由万世华编写;第5章主要由张明、王钫平编写;第6章主要由谢有祥、李晓东、刘永青、李亮编写;第7章主要由万世华编写;全书由丁艳哲统稿。

大连理工大学的胡大鹏教授、中国航空规划设计研究总院有限公司的涂强研究员、西安陕鼓动力股份有限公司的齐保平高级工程师、沈阳透平机械股份有限公司的张国斌高级工程师、无锡博睿奥克电气有限公司的何大庆总经理为本书的编写提供了大力支持,书中涉及内容还得益于杨俐骏、蒋明夫、杨志军、张宏乐、刘建等研究员的指导,在此向他们表示由衷的感谢!

在本书编写过程中,得到了中国航发四川燃气涡轮研究院科技委办公室、技改技术室、动力运行中心的大力支持,同时对中国航发四川燃气涡轮研究院的张振奎、孙勇、许文涛、孙垂建、黄庆东、张勇、罗会勇等为本书编写提供的帮助表示感谢!

书中难免存在疏漏和不足之处,恳请广大读者批评指正。

徐国

2022 年 7 月

目　录

第1章　绪　　论

第2章　气 源 系 统

第 3 章 空气处理系统

第4章 冷却水系统

第5章 燃油储供系统

第6章　电力系统

第7章 航空发动机试验基础设施及动力设备发展展望

第1章
绪　论

1.1　概　　述

　　航空发动机研制过程中需要进行大量的试验验证,由于航空发动机技术复杂、研制周期长、投入多,而且高性能发动机飞行包线越来越宽,对性能、可靠性和耐久性的要求越来越高,需要试验验证的内容和科目也越来越多。

　　航空发动机零部件试验包括以下几种:

　　(1) 发动机风扇/压气机试验;

　　(2) 发动机燃烧室试验;

　　(3) 发动机涡轮试验;

　　(4) 发动机结构强度试验;

　　(5) 发动机机械系统试验;

　　(6) 发动机燃油及控制系统试验;

　　(7) 发动机空气系统与传热试验;

　　(8) 发动机进排气系统试验等。

　　航空发动机整机试验包括以下几种:

　　(1) 发动机整机地面(室内台)试验;

　　(2) 发动机整机地面(露天台)试验;

　　(3) 发动机模拟高空(环境)试验;

　　(4) 发动机飞行试验等。

　　目前国际上著名的航空发动机制造公司,为提高自己产品的竞争力,所进行的考核科目、试验内容都比规范要求的多得多,都建有不同形式和规格的试验设备及配套的基础设施和动力设备,如直接参与试验的工艺空气气源系统、空气处理系统,以及冷却水系统、燃油储供系统、电力系统等设备设施。

　　航空发动机的试验需求促进了试验设施的发展。20世纪50年代以前,航空发动机的试验主要进行的是零部件试验,该时期的试验设备规模较小,投资不大。20

世纪 50 年代后,世界各国的航空发动机整机试验进入高速发展阶段,其间美、苏、英、法等国竞相大力发展航空发动机高空模拟试车台(简称高空台),其中以美国 ASTF(The Aeropropulsion System Test Facility)高空台、苏联 ЦИАМ 高空台、英国 NGTE(National Gas Turbine Establishment)高空台、法国 CEPR 高空台等为代表,部分国家高空台试验能力对比见图 1.1。在这一阶段,对空气流量的需求呈现阶跃式变化,是高空台技术迅速发展的一个显著特征,这导致气源系统、水系统、电力系统等其他动力设施的规模也越来越大,使其占总投资的比例越来越高,达到 60%~70%,同时这些动力设施的建设周期长、工艺流程复杂、配套动力设备设计制造难度大,因此航空发动机试验基础设施及动力设备的建设不仅是综合国力的体现,也是航空发动机试验设备安全、绿色、高效、智慧运行的关键因素之一。

1.2 航空发动机试验与基础设施及动力设备

1.2.1 基础设施及动力设备在航空发动机试验中的地位和作用

航空发动机的产品研制和技术进步离不开大量的零部件试验和整机试验,因此,世界航空强国都建立了自己的航空发动机零部件试验和整机试验设备,特别是高空模拟试验设备能够在地面(不受季节和气候条件限制)模拟与航空发动机空中飞行高度和飞行马赫数条件下对应的进、排气环境,以满足发动机研制发展过程中研究性试验、飞行前规定试验、定型试验、改进改型试验及排故试验等的需求。从 1937 年德国建立起第一座冲压式发动机高空模拟试验设备起,全世界已有美国、英国、法国、苏联、中国、日本等国家建设了不同类型的 35 座高空台,近 100 个试验舱。据公开资料统计,美国建立了 10 座高空台、几十个试验舱;英国建立了 3 座高空台、5 个试验舱;法国建立了 1 个试验基地、4 个试验舱。高空台的建立对世界航空动力技术的发展起到了极大的推动作用。这些高空台大多是直接连接式试验台,采用连续气源供气模拟进气条件,高空高度的模拟采用了排气冷却器和大型抽气压缩机组。

位于美国田纳西州的阿诺德工程发展中心(Arnold Engineering Development Center,AEDC)的推进系统试验设备(ASTF)于 1985 年完成建设,建设周期 10 年,耗资 6.25 亿美元。ASTF 高空台包含了一个满足发动机试验条件的气源设施和两个高空模拟试验舱(一个是直接连接式试验舱,另一个是自由射流试验舱)。气源设施包含气源系统和空气处理系统,气源系统包含的供气系统有 6 台大型压缩机组;抽气系统有 12 台抽气压缩机,总的抽气容积流量达 220 000 m³/min。空气处理系统包含空气加温炉,可使试验舱的进口温度达 793℃;降温采用膨胀涡轮,空气流量为 720 kg/s,温度可达-101℃。冷却装置及气源机组冷却器冷却用循环水水

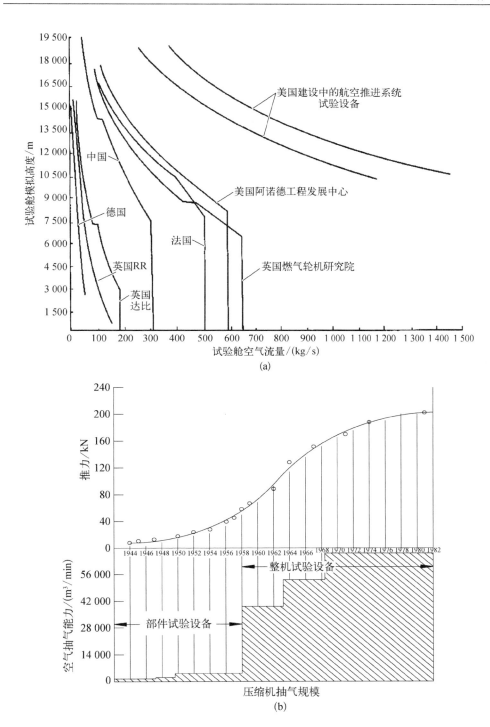

图 1.1 部分国家高空台试验能力对比

量为 $10.5\times10^4\mathrm{m}^3/\mathrm{h}$。其高空台的大量投资用于气源以及大型的循环水、电力、燃油储供等动力设施。从国内外的建设经验来看,航空发动机试验器的基础设施及动力设备建设不仅建设投资大、建设周期长,而且大型动力设备建造困难,牵涉复杂的工艺流程和运行技术,因此航空发动机试验器的基础设施及动力设备在试验设备的建设中占据了举足轻重的地位。

通过美国 ASTF 高空台(图 1.2)的气源设施的配置可以了解,航空发动机核心零部件试验器和整机试验器离不开庞大的配套基础设施及动力设备,其中,包括大量供气和抽气的大型空气压缩机组、庞大的连接试验器与动力设备以及实现流程控制和参数调节的动力管道系统。要满足不同功率和推重比的发动机完整的飞行包线范围的试验,气源系统的能力是关键,而气源系统能力的提升离不开大型空气压缩机组设计和制造技术的进步与发展。高空模拟试验中需要模拟被试发动机的飞行高度,与飞行高度相对应的发动机排气环境压力就是通过高空模拟试验设备中的抽气系统建立的;而高空模拟试验中需要模拟的被试发动机的进气速度则是通过高空模拟试验设备中的供气系统实现的。因此,供气系统和抽气系统中的空气压缩机组是高空模拟试验设备中的关键设备,其能力在一定程度上直接决定了高空台的试验能力范围。由此可见,航空发动机试验设备及试验技术的发展与配套的基础设施和动力设备的技术进步密切相关,如与气源压缩机组的能力、运行技术及试验舱的尺寸、能力及试验技术相适应。随着气源压缩机组串并联运行技术的成熟,通过多级机组搭配运行模式的改变,能够满足日益提升的高空模拟试验需求;而单台机组的流量、压比和安全裕度越大,调节范围越宽,试验效能就越高;控制与测试越精确,则操作就越简单,试验运行的可靠性,以及试验时调节的灵活性、

图 1.2　美国 ASTF 高空台

安全性就越高。

航空发动机试验设备配套的基础设施和动力设备主要有以下几类：

（1）气源系统，由供抽气压缩机组、空气管网系统和辅助空气系统组成；

（2）空气处理系统，包括空气干燥及降温系统、空气加温系统，以及蒸汽生产和输送系统、天然气系统；

（3）冷却水系统；

（4）燃油储供系统；

（5）电力系统。

以上分类没有严格的规定，根据习惯、功能布局或方便管理可自行定义分类。在本书中按照作者的习惯将航空发动机试验动力设施分为五大类。为便于叙述，也可将动力设施分为十个大类，即供抽气压缩机站、电力系统、空气干燥及降温系统、空气加温系统、空气管网系统、冷却水系统、燃油储供系统、天然气系统、蒸汽生产和输送系统以及辅助空气系统。在本书中还是按照五大类进行分类描述。

由于试验基地当地的资源差异，航空发动机试验设备类型和所开展的试验科目的差异，以及采用的设备和工艺的差异，配套的基础设施及动力设备也会有所不同，例如，在一个缺乏天然气资源的地区建立试验基地，可以用燃油加温炉或空气电加温炉来代替天然气加温炉；而当发动机负温试验时，如果在转气前直接将负温空气排入放气塔，则可能造成放气塔结冰堵塞和消声装置损坏，所以需要将负温空气与过热蒸汽掺混，当混合后的气体温度升至正温 5℃ 左右时，再排入放气塔。随着放气塔结构的改进和消声装置材料的改进，可直接用燃气加温炉的加热空气与负温空气进行掺混，使空气温度提升到 5℃ 左右后，再排入放气塔，这样就不必配置蒸汽生产系统。

航空发动机高空模拟试车台的基础设施及动力设备具有流量大、规模大、运行费用高等特征，航空发动机零部件试验器的动力设备则具有流量小、温度高、压力高、规模较小、频繁运行等特点，其动力设备的配置可灵活多变，例如，气源需求较小时可在试验器附近独立配置压缩机组（如螺杆式压缩机组等）；空气处理通过一套设备（电加温炉、冷干机、气波机等）就能满足；燃油可采用油罐车进行储供，而不必建设庞大的设备设施。

1.2.2　气源系统

1. 供气与抽气压缩机组

供气压缩机组提供航空发动机试验所需的压缩空气，通过空气加温设备、空气降温设备、空气管网系统在发动机进口提供模拟飞行速度和气候工况条件下所要求的工作压力、温度和流量；而抽气压缩机组是在发动机出口建立与飞行高度对应的大气环境压力,抽走试验中发动机排出的燃气。因此空气压缩机组是航空发动机试验气源系统中的关键设备。

　　航空发动机试验气源系统中的供气与抽气压缩机组一般采用离心式压缩机组和轴流式压缩机组。我国早期使用的气源压缩机组均为离心式压缩机组,是 20 世纪六七十年代由上海汽轮机厂和沈阳鼓风机厂仿制的苏联产品,离心式压缩机叶轮结构的突出特点是经久耐用,特性线平缓,喘振裕度大,但效率较低。随着国家制造业设计水平和制造能力的快速提升,实现了离心式压缩机组和轴流式压缩机组单台机组的完全自主研制,陕西鼓风机(集团)有限公司研制的轴流式压缩机单台机组空气流量已经达到 20 000 m³/min,单台机组压比达到 9,机组结构模型见图1.3,大大减少了试验机组的台数和由此带来的烦琐的并网操作步骤,提高了试验运行的可靠性。目前,我国的航空发动机试验用供气与抽气压缩机组既有离心式压缩机组,也有轴流式压缩机组。根据压缩机性能和机组用途,通常将离心式压缩机组用作供气压缩机组,将轴流式压缩机用作抽气压缩机组。

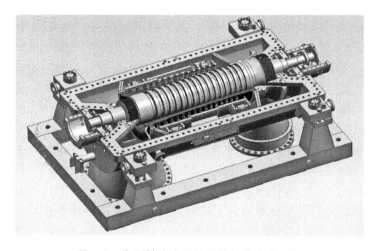

图 1.3　大型轴流式压缩机结构仿真模型图

　　2. 空气管网系统

　　空气管网系统包括管道、管件、阀门和补偿器,用于连接试验器与空气系统设备(包括供抽气压缩机组、空气加温设备、空气降温设备),实现试验流程控制和工况调节。对于航空发动机高空模拟试验设备、风扇/压气机试验设备、涡轮试验设备和燃烧室试验设备而言,空气系统设备和空气管网系统不是简单的能源生产和输送设备,而是试验器不可分割的有机整体。空气系统设备及空气管网系统是这些试验器的关键组成部分,设备及管网规模宏大,流程复杂,是试验方法和试验技术实现的途径。

阀门是空气管网系统中的关键部件,主要功能是对管道流量、温度和压力进行控制与调节。阀门的主要类型包括截断阀和调节阀。截断阀用于实现试验流程的控制,调节阀用于试验状态参数的调节。在阿诺德工程发展中心(AEDC)ASTF高空台的一个试验舱冷却器后面就有10个调压阀,蝶阀直径达2.97 m。阀门的制造水平和质量对试验效能有着至关重要的影响,调节阀的技术状态和特性(流量特性、响应时间的快速性、调节控制精度、工作的稳定性)决定了试验方法和试验方案的可行性;截断阀的技术状态和性能(密封性、可靠性)决定了试验流程的可达性和试验过程的安全性。目前,在国内阀门制造行业,无论是阀门的设计能力,还是阀门的制造能力都取得了长足的进步,即使是大口径阀门和高压阀门也都能满足航空发动机试验设备的使用要求,但是在高温阀门领域尚无成熟的产品,国外产品也不能保证十分可靠。

管道是用于输送试验所需空气的载体,除需要考虑设计强度、运行安全性外,还需要考虑降低压力损失和气流畸变、降低热损失和隔离噪声。为了方便试验人员进入管道进行维护和技术状态检查(如检查管道清洁度、异物和焊缝缺陷等),还需在管道上设置专门的人孔。

阿诺德工程发展中心(AEDC)ASTF高空台的空气管道和阀门系统可以精确控制试验所需空气进入相应的空气处理系统、试验舱和抽气系统中。供气管道的直径为0.457~5.182 m,最高允许压力达10 034.5 kPa,允许温度覆盖−101.1~649℃,空气入口设计有滤网以保证进入试验舱的空气满足发动机试验对空气清洁度的要求。排气管道的直径为1.219~19.812 m,允许压力涵盖1.7~172.4 kPa,允许温度为−26.1~315.6℃,排气管道设计有排水管,可以将收集到的所有液体排入大气井。在结构设计上排气管道采用膨胀节补偿热位移;采用导流片降低压力损失和气流畸变;采用过压装置保护设备和人员;采用保温和隔离装置降低热损失并隔离噪声;设有舱门和人孔允许人员进入维护。此外,管网系统上的阀门全部采用蝶阀,并在关键位置上采用冗余设计,从而保证管网将来能与阿诺德工程发展中心(AEDC)的其他设备相互连通。

3. 辅助空气系统

辅助空气系统提供用于试验设备仪器仪表冷却的冷却空气,为发动机和进气管道封严提供气封气,且是发动机涡轮起动机的起动用气。阿诺德工程发展中心(AEDC)ASTF高空台的辅助空气系统分为低压和高压两个系统,其中低压系统为两个试验舱提供用于冷却舱内仪器设备的低压冷却气体(二股流),并为发动机和进气管道封严提供气封气;此外,低压空气贯穿整个供气、试验和抽气区域,为阀门等的运行提供气动支持。高压系统为两个试验舱提供高压空气,其主要作用是为试验舱(辅助或备用)、试验件使用及其他特殊用途提供辅助用气。辅助空气系统压缩机最常用的是螺杆式压缩机,活塞式压缩机具有单台流量大和压比高的特点,使用也比较普遍。由于螺杆式压缩机操作方便、运行噪声小,使用最为广泛,在需要较大流量的供气时可通过机组并联来实现。

1.2.3　气体处理系统

1. 空气干燥及降温系统

为了真实模拟发动机的飞行高度、速度和气候条件,还必须建设相应的试验舱进口空气降温设备,以及空气干燥设备等预处理设备。为防止压缩空气降温时出现结冰,在进行降温处理前必须对压缩空气进行干燥处理,干燥的深度应达到负温空气对应的温度要求。空气干燥可采用冷冻干燥技术和吸附式干燥技术,冷冻干燥技术能够达到的露点温度与该压力下的空气出口温度一致,通常是压力露点不低于3℃,需要深度干燥时应采用吸附式干燥技术。空气降温通常采用涡轮膨胀机或气波机制冷降温技术,空气在干燥处理前采用冷却水喷淋进行初步的降温除湿。国外某试验基地采用了冷冻干燥技术,其空气降温系统包括3套冷冻干燥器系统和5台涡轮冷却器。

其中一路冷冻干燥器是试验舱的大气进气降温和干燥系统,单级冷却,其冷却介质为20%的乙二醇和水的混合物,可以将温度从29℃降至3.3℃、湿度降至5.01 g/kg。在进行发动机的高空、低马赫数试验时,涡轮膨胀机用于将温度最低降至-101℃。

2. 空气加温系统

空气加温设备对供气压缩机供出的压缩空气进行加温后直接供给试验器,或与中温供气进行掺混后供给试验器,模拟发动机飞行高度、速度和气候条件下工作的进口条件。目前,大功率空气加温器普遍采用天然气加温、空气电加温和燃油加温作为热源,或者是天然气加温与空气电加温组合的热源。选用什么样的加温设备需根据当地资源条件和试验科目对进口空气品质的要求来确定。

阿诺德工程发展中心(AEDC)ASTF高空台的整个空气加温系统由RC1回热系统、RC2旁路系统和两台间接式火焰加温炉构成。RC1冷冻干燥器的第五级为回热级,其换热介质为50%的乙二醇水溶液,工作时,通过一个增压盐水热交换系统与第一级串联,对一级压气机组供出的空气进行升温,可以为试验舱提供最高达93℃的高温干燥空气。RC2冷冻干燥器的旁路可以对第二级压气机组供出的空气进行加温,加热后的空气可以直接进入试验舱,或者进入火焰加温炉进一步升温。两台间接式火焰加温炉(H1和H2)可以用于对空气的进一步加温。加温炉H1为第一级,单独使用可以为试验舱提供332℃的高温空气,加温炉H2为第二级,H2与H1串联加温可以为试验舱提供550℃的高温空气。

3. 蒸汽生产和输送系统

蒸汽生产和输送系统主要用于发动机负温进气试验工况,一是在试验准备阶段将蒸汽供入排气冷却器用于提升排气温度,防止在抽气管道内结冰,损坏抽气压缩机组;二是将蒸汽通入负温放空管道中与负温空气掺混,使掺混后的混合气体温度高于 5℃并进入放空塔,防止过低的温度损坏放空塔结构,同时还要防止混合后的湿空气在塔内结霜而堵塞消声元件。根据系统工艺流程和工艺设备的不同,可以改变塔的结构和材料,蒸汽生产和输送系统也可以不设置。

4. 天然气系统

天然气系统主要为空气加温系统和蒸汽生产系统提供能源,根据当地资源情况,天然气的输送可采用长输管道直接供气,也可采用气罐群储气的方式供气。由于采用的空气加温工艺和设备不同,天然气系统也不是必需的。

1.2.4 冷却水系统

发动机试验设备需要冷却水、供抽气压缩机组需要冷却水、空气干燥和降温系统需要冷却水,根据所采用的设备和工艺不同,对用水量和水质的要求会有差异。发动机试验时燃烧排出的尾气要求降温后才能排入大气或进入抽气压缩机组进行增压后才能排入大气,这部分冷却水需要软化水。发动机试验时,试验器进口空气是由供气压缩机组增压后供出的,空气经压缩后温度会升高,增压比越大升温越高,因此,需要根据发动机试验状态,在压缩机组后冷却器中对压缩空气进行换热降温后再供给试验器,这部分冷却水需要自然澄清冷却水即可;同时,压缩机组自身保护也需要自然澄清冷却水,无论是供气压缩机组还是抽气压缩机组,当采用回流调节或回流退喘方案时,回流空气都需要经过压缩机组的后冷却器进行冷却。

当发动机试验要求低温供气时,经过压缩机组后冷却器供出的饱和压缩空气需要在空气处理系统中通过喷淋或气水换热器换热降温。冷却水系统有高位水池供水的开式系统和循环泵供水的循环系统。高位水池供水系统是由水泵补水,高位水池储水,靠位差形成的重力势能供水,然后直接排放的系统;循环泵供水系统是由循环水池储水,由循环水泵直接向试验设备供水,经设备换热器换热后的水通过回水管道进入喷淋式凉水塔降温,然后回到循环水池循环使用的系统。新建系统大都采用循环供水方式,可以实现水资源的循环利用。大型循环冷却水系统几乎都采用开式循环水系统,即循环水池和凉水塔水池是没有封闭的,需要定期对水体进行更换以保证供水水质;小型系统和对水质要求特别高的系统宜采用闭式循环水系统。闭式循环水系统的循环水是在一个完全密闭的系统中运行的,凉水塔的喷淋水通过换热管对循环水进行降温。根据换热介质的温度不同,可分为软化循环冷却水系统和自然循环冷却水系统。为防止换热器结垢,高温系统宜采用软化循环冷却水,为了降低系统的复杂程度、简化运行操作、提高系统运行的灵活性,也可全部采用软化循环冷却水。

阿诺德工程发展中心（AEDC）ASTF 高空台最大冷却水需求量约为 $10.5 \times 10^4 \, \text{m}^3/\text{h}$，只有一个软化循环冷却水系统，通过 AEDC 冷却水系统和 ASTF 冷却塔系统的共同工作以满足需求。冷却塔系统共有 8 个塔室（分为 2 组，每组 4 个），以及 2 个水池（分别为冷却塔水池和回水池）。ASTF 冷却塔系统分为可循环的循环系统和不可循环的开式冷却水系统，其原理如图 1.4 所示。循环水系统具备 $4.75 \times 10^9 \, \text{kJ}/\text{h}$ 的换热能力，其设计条件为：当水流量为 $5.45 \times 10^4 \, \text{m}^3/\text{h}$ 时，水塔进口温度为 62.8℃，出口温度为 37.8℃，湿球温度为 25℃。可以将循环冷却塔系统提供的冷却水从冷却塔水池输送到任何需要的地方。冷却塔水池中的 7 台水泵可将 $5.5 \times 10^4 \, \text{m}^3/\text{h}$ 的冷却水以 750 m 扬程的压力输送到试验舱排气冷却器、排气管道水夹套和试验舱截断阀 4。冷却器 EC1 直接回水到冷却塔，其他系统回水到回水池后由另外 7 台水泵抽回到冷却塔中，蒸发和排放损失的冷却水将从 AEDC 冷却塔补水系统中得到补充。开式冷却水系统是与 AEDC 冷却水系统内部关联的非循环系统，最大供水流量可达 4 800 m³/h，供水对象为供/抽气压缩机组拖动电机、滑油系统和液压系统、备用压缩机厂房和试验燃油处理厂房、试验舱、盐水冷却池、冷却塔补水系统、用水厂房、排扩喷水装置和灭焰段喷水装置。大部分系统的冷却水在使用后都将回到回水池进行循环使用，为了防止排扩喷水装置和灭焰段喷水装置的冷却水使用后可能被燃烧尾气污染，所以被直接排入大气井。

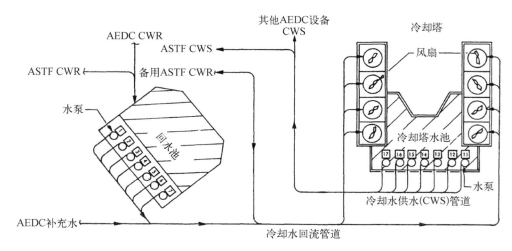

图 1.4　循环水系统原理图

CWS 为循环冷却水供水；CWR 为循环冷却水回流

1.2.5　燃油储供系统

燃油储供系统主要为航空发动机整机试验、燃烧室试验器提供试验用燃油，一般采用油库储油、由输油管道向试验设备供油的储供模式。供油方式可采用重力供油、油泵供油和压缩空气压油等。重力供油是将储油罐建在地势较高的地方,利用油库和设备之间的高差,依靠重力供油的方式,压力比较稳定;油泵供油和压缩空气压油对地势没有要求,但是不宜建在低洼易涝的地方,油泵供油一般采用变频调速油泵以满足流量调节的要求,压缩空气压油是向储油罐上部通入干燥洁净的压缩空气,将油从储油罐底部压出输送至试验设备。重力供油和压缩空气压油对流量变化的响应迅速,能够很好地满足发动机推进力试验时流量变化的要求,而油泵供油时对试验状态变化的跟随性较差,很可能造成试验状态变化时瞬时压力的急剧降低。

1.2.6　电力系统

电力系统主要为大型供气与抽气压缩机提供动力,以及为叶轮机等旋转试验器驱动系统提供动力。目前,随着大型空气电加温设备技术的日趋成熟,电力系统的应用日益广泛,也可为大型空气电加温设备提供能源。目前,试验空气质量流量已从每秒几十千克增加到每秒 700 多千克,供气和抽气压缩机普遍采用大型电机驱动,在美国阿诺德工程发展中心,气源机组的总装机容量已高达 60 万~67 万千瓦;俄罗斯中央航空发动机研究院总装机功率达 60 万千瓦。大功率驱动电机和电加温系统目前均采用 10 kV 电压等级供电,为了满足空气气源机组、叶轮机等旋转试验器试验及大功率电加温系统的运行,必须建设与之配套的电压等级为 220 kV/10 kV 或 110 kV/10 kV 的试验专用变配电站。中小容量的变配电站较多采用 110 kV 等级进线,如容量小于 300 MV·A 的变配电站,容量大于 300 MV·A 的变配电站只能采用 220 kV 等级进线,由于地区配套资源的差异,容量小于 300 MV·A 的变配电站也可能采用 220 kV 等级进线。

1.3　航空发动机高空模拟试验设备对配套基础设施及动力设备的要求

1.3.1　高空模拟试验设备配套需求

高空模拟试验设备应能够不受季节和气候条件限制在地面模拟与航空发动机空中飞行高度和飞行马赫数条件下对应的进、排气环境,是发动机研制过程中最有效的性能验证和技术攻关试验平台。高空模拟试验设备按其功能主要分为直接连接式高空模拟试验设备、自由射流式高空模拟试验设备和推进风洞试验设备三种类型。直接连接式高空模拟试验相对其他类型的发动机高空模拟试验来说,运行费用低,功能强,是性价比最高的一类高空模拟试验,其可用于分析研究在标准大气和非标准大气各种飞行条件下发动机进口截面到尾喷管出口整个发动机内部的气动、热力过程,已从一般性能鉴定和调试,发展到功能试验、进气畸变试验和环境试验,以及结构完整性试验。《美国联邦航空条例》规定民机发动机高空模拟试验包括振动试验、工作试验、高空稳态性能试验、功率/推力瞬变试验、高空功能试验、高空进气畸变试验、超温试验、空中起动试验、高空风车旋转试验。另外,通常在高空模拟试车台上还进行环境和特种试验科目,包括高低温起动试验、高原起动试验、发动机高空冷却试验、引气品质试验、进气系统结冰试验、吞咽(吞水、吞冰、吞鸟)试验等。要求通过高空模拟试验获得全包线的基准性能、功能(起动、慢车、点火、加减速、振动特性、稳定性等)等。20世纪60年代以后研制的各种先进军民用航空发动机,无一例外都是从高空台上"飞"向蓝天的。

随着发动机流量的增大,必然导致高空台流量和尺寸的增加。从试验设备的角度看,发达国家正在大力发展尺寸大、功率大和综合性能好的大型自由射流式高空台,把相当一部分推进风洞的试验任务移到自由射流式高空台内去完成。但是到目前为止,直接连接式高空模拟试验舱仍是发动机研制定型最重要的鉴定工具,仍在继续开拓新的高空模拟试验技术,如发动机操纵特性试验、反推力装置试验和推力矢量试验等。同时,还在对用作功能试验、环境试验的高空台不断增加专用配套装置,丰富其试验特色。

高空模拟试验中要模拟与发动机飞行高度和飞行速度对应的发动机进口总温、总压以及发动机出口排气环境压力参数,上述参数模拟的实现需要高空模拟试验设备配备高空模拟试验舱、供气设备、空气处理设备(加温、降温、除湿、除尘等设备)、抽气设备、调温调压设备、配套运行动力设备、循环冷却水系统以及连接各大型设备的管网系统等,详见图1.5。

其中,高空模拟试验中发动机出口排气环境压力的模拟就是通过抽气系统建立的,其飞行速度和对应的气候条件则由供气压缩机的能力来保证,俄罗斯中央航空发动机研究院试验基地的高空台就可以模拟热带地区和雨天气候条件,进行发动机高低温起动试验,也可对飞机进气道进行试验。因此,供气压缩机和抽气压缩机能力的大小在一定程度上直接决定了高空模拟试验设备的试验能力范围。

1.3.2　高空模拟试验设备配套动力设备的特点

航空发动机高空模拟试验设备配套的基础设施及动力设备具有以下特点。

1)规模大、建设周期长

高空台是技术十分复杂、耗资多的建设项目,没有一定的技术和经济实力的支持是无法完成的。高空模拟试验根据大推力被试发动机飞行速度、低压环境压力和气候条件模拟的需要,对配套的供抽气压缩机组提出了大的供气质量流量和大

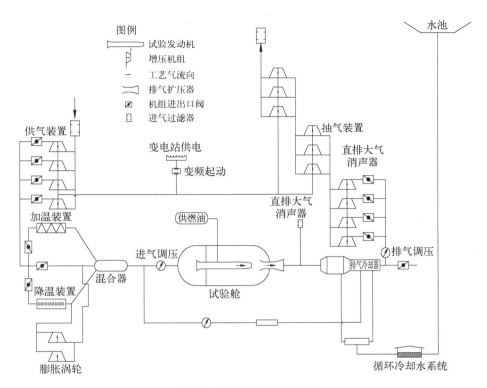

图 1.5　高空台工艺原理图

的抽气容积流量,以及高的总增压比的要求。俄罗斯图拉耶夫试验基地的最大抽气能力达到了 120 000 m³/min。我国第一座高空模拟试验设备在一级抽气时的抽气容积流量达 28 000 m³/min,与其他国家相比,气源能力属于中等水平。图 1.6 为皮耶斯托克高空模拟试验设备供抽气总管,由此可以窥见高空模拟试验设备基础设施和动力设备的建设规模与复杂程度。

2) 空气系统工艺流程复杂

要满足不同功率和推重比的发动机完整的飞行包线范围的试验,要求气源系统具有宽广的压力和流量调节范围。目前,无论是气源系统要求的压力、流量,还是对压缩机组安全运行(远离喘振和堵塞工况)的要求,单台机组都无法满足,鉴于单级供抽气机组流量和增压比的限制,需采取多台压缩机组多级串并联运行方式来满足试验需求。不同的串并联匹配方式带来的好处是:可以满足不同的试验要求,增加高空模拟试验运行方式选择的灵活性、安全性和经济性,降低能源损耗,提高试验效能;但由于机组串并联级数的增加,管网系统变得极其复杂,这使得串并联抽气无论是在匹配方式的选择上还是在并退网运行上,都具有复杂的操作难度和极高的风险性。典型的机组 3 级串并联系统原理见图 1.7。

图 1.6　皮耶斯托克高空模拟试验设备供抽气总管

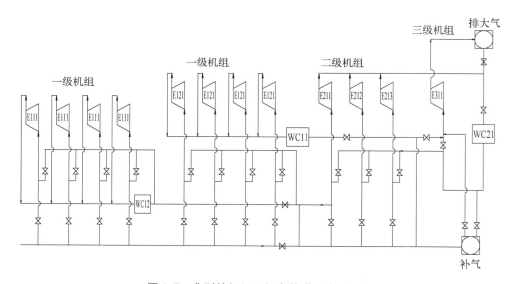

图 1.7　典型的机组 3 级串并联系统原理图

　　为了模拟发动机全包线范围的工作工况,在某些工况下需要对供气压缩机供来的压缩空气进行调温操作,或通过空气加温系统对空气进行加温;在另外一些工况下则需要通过降温系统对压缩空气进行降温,或只是通过干燥处理系统进行干燥处理;还有一些工况下则需要对加温或降温后的压缩空气与常温空气进行掺混才能满足要求。所有这些功能和流程的实现都需要复杂的空气系统管网和流程控制设备才能实现。

为了充分利用发动机高空模拟试验设备的资源,减少重复建设和降低投资费用,都会附带建设发动机零部件试验器,如发动机核心机试验器、风扇/压气机试验器、燃烧室试验器和涡轮试验器,这样的规划使得空气系统管网变得更加复杂。

3）配套设备设计制造难度大

不同功率和推重比发动机的完整飞行包线范围的试验以及不同试验科目的试验方法和技术内容的实现,都是依靠空气系统阀门调节来完成的,对于大型高空模拟试验设备,其空气系统不仅流量大,而且具有宽广的压力和流量调节范围,因此,阀门的设计和制造都十分困难。其一,由于空气流量大,对应的阀门直径远远超出了一般工业控制用阀门的范围,特别是用于发动机飞行高度环境模拟的抽气系统阀门,由于被控工艺气体的压力和密度极低、容积流量巨大,阀门直径可达数米;其二,用于发动机试验工作状态调节的阀门要求控制精度高、调节范围宽、响应速度快,通常的阀门结构如球阀、闸板阀和通用蝶阀等无法满足要求,特别是用于发动机过渡态工况调节控制的阀门;其三,由于发动机工况模拟的要求,部分阀门需要在高温工况下工作,部分阀门需要根据不同的试验状态要求,同时具备在负温和高温下可靠工作的能力。早期的国外高空台建设中为解决这一问题,无论美国还是苏联都采用了非标准阀门结构的机械装置来取代一些超大口径关键阀门。随着我国制造业的技术进步,阀门的设计能力和加工制造能力也得到飞速发展,在各应用领域逐步取代进口阀门,特别是大口径阀门的设计和制造基本能满足设备建设和使用的要求,但是对高温大口径阀门的设计与工业发达国家还有一些差距,不过,对于高温调节型阀门,即使工业发达国家生产的阀门也经常出问题。

对于大型航空发动机高空模拟试验设备,综合前面所讨论的内容,对管网系统、管道和管件设计也提出了很高的要求。对于管网系统的计算,需要把不同的试验流程进行组合,通过编程计算以确定最不利工况下强度能否满足要求;管件(如三通、弯头)、管托及补偿器的设计往往不能单靠经验来完成,常常需要通过有限元建模才能发现结构强度缺陷,特别是高温管道的设计。在管网布局设计时,由于空气流量和管道直径大,能够布置补偿器的空间有限,因此需要通过多次结构调整和迭代计算才能满足要求。

对于空气加温、降温及空气干燥处理设备,则需要综合考虑运行安全、占地面积、布局合理性和建设费用之间的平衡。设备数量少,则占地面积少,工艺流程简单,操作控制相对容易,且故障环节少,系统安全性高;但是对于如此大规模的非标设备系统,减少设备数量,意味着单体设备机构复杂程度的增加,设计和建设难度增大,如空气加温系统,如果按照满足发动机试验最大进口温度和流量进行设计,则加温炉和供气管道的设计温度将降低,运行安全性会提高,但加温炉数量和高温管道的直径就会增加,从而增加了系统的难度和建设成本;如果增加加温炉出口温度,将加温炉供出的高温空气和压缩机供出的中温空气(不经过机组后冷却器)进行掺混来满足试验需求,则可以减少加温设备数量,但加温炉和供气管道温度的增高,又会导致空气加温系统的安全性降低,因此需要考虑整个系统的综合平衡。

4)压缩空气和循环冷却水的品质需求有差异

(1)试验供气品质控制。发动机整机高空模拟试验不仅要真实模拟发动机工作的速度、高度和气候条件,也要真实反映发动机工作时的燃烧条件,这样才能保证试验结果的真实性。空气加温设备就是对供气压缩机供出的压缩空气进行加温后直接供给试验器,或与中温供气进行掺混后供给试验器,以真实模拟发动机飞行高度、速度和气候条件下工作的进口条件。目前,大功率空气加温器普遍采用天然气加温系统、空气电加温系统和燃油加温系统,也可能是天然气加温系统与空气电加温系统的组合。对于发动机整机高空模拟试验台,采用天然气加温、空气电加温方案,通常不会改变被加热空气的成分;如果选用燃油加温方案,也应选用间接换热方式,以保证发动机进口空气不被污染。不过,俄罗斯中央航空发动机研究院的高空台,发动机进口空气还是利用了燃烧室进行直接加温,虽然它对进气有污染,会对试验件的性能评价结果有一定影响,但使用方便,可以大大降低高空台的使用成本。除此之外,其他的发动机高空模拟试验空气加温系统都采用了能够保证进口空气品质的加温技术方案。另外,要防止异物通过空气系统进入被试发动机或核心机导致旋转部件损伤,因此,有必要控制整个空气系统全流程的清洁度、连接结构的可靠性,必要时增加过滤器阻挡异物的通过。

(2)试验器循环冷却水品质控制。发动机高空模拟试验时排出的燃烧尾气需要在排气冷却器中降温后才能排入大气,或进入抽气压缩机增压后排入大气。由于燃烧尾气温度高,在换热器中换热后水温也较高,为了防止换热管水侧结垢降低换热效率,循环冷却水应进行软化处理。另外,由于大型循环冷却水系统通常采用开式循环水系统,即循环水系统的水池是向大气敞开的,循环水在凉水塔中与大气直接接触换热降温,长期运行,扬尘会进入并悬浮在水中,藻类会在水中生长,很可能沉积在换热器中,降低换热效率。因此,需要定期对软化水进行过滤、灭藻,或者对水体进行置换。

(3)辅助空气品质控制。辅助空气系统提供给舱内设备冷却或发动机起动用的压缩空气除对清洁度控制较高外,对含湿量也有要求,通常需要干燥处理。目前多采用空气降温干燥,可选择集成有制冷除湿机的螺杆式压缩机。降温除湿露点温度即该压力下的空气温度,通常不会低于3℃,否则会发生冰堵,如果有更高的干燥度要求,通常需要增加吸附干燥设备,保证大气露点在−38℃,即可满足要求,更低的露点要求不仅会增大投入,也是不必要的。

1.4 航空发动机零部件试验设备
对配套动力设备的要求

1.4.1 主要零部件试验设备需求概述

各主要航空大国都围绕高空台的气源设施建设了一些风扇、压气机、燃烧室、涡轮等大型专用试验设备,这样既可以提高气源利用率,又形成了完整配套的航空发动机试验验证体系。美国阿诺德工程发展中心有 12 个涡轮发动机高空模拟试验舱、3 个推进风洞、若干地面试车台,并拥有全世界最丰富的零部件试验能力。俄罗斯中央航空发动机研究院有大小 5 个高空模拟试验舱,并以高空台为核心建立了全尺寸双轴双涵压气机试验器、全尺寸环形燃烧室试验器、全尺寸带冷却叶片的涡轮试验器等综合零部件试验设备,形成了完整配套的研究手段。英国皮耶斯托克分部拥有 5 个高空模拟试验舱、2 个地面试车台,也建立了其他配套的试验器,成为欧洲最强大的航空发动机试验研究基地。

(1)叶栅试验器,众所周知,计算流体力学特别是叶轮机内流计算流体力学的进步极大地促进了航空发动机、地面燃气轮机和工业蒸汽轮机的设计进步和产品性能。叶栅试验器是压气机和涡轮叶型气动热力设计方法探索和工程设计验证的基础性试验设施,美国、俄罗斯、英国等世界航空动力强国在其航空发动机发展历程上都进行了大量成系列的叶型气动吹风试验,如跨声速叶栅风洞、多功能大尺寸涡轮叶栅试验风洞等。

(2)涡轮部件试验器,涡轮是航空发动机的重要部件之一,其气动性能和冷却水平直接决定航空发动机整机的性能和可靠性。美国、俄罗斯、英国、德国、法国等航空技术发达国家都建立了较为完备的涡轮气动试验设备。

(3)燃烧室试验器,包括单头部、扇形、全环三种形式的试验器。美国格林研究中心/刘易斯研究中心、美国通用飞机发动机集团、空军研究实验室(Air Force Research Laboratory)、普惠公司和艾利逊(Allison)发动机公司都建立了燃烧室试验器,扇形燃烧室试验压力超过 3 MPa,全环燃烧室试验压力超过 2 MPa。刘易斯研究中心的高压、高温试验台的试验压力超过 6 MPa,试验空气预热温度约 1 000 K。其中,格林研究中心有十余套燃烧室试验设备,能完成包括单头部、扇形、全环三种形式在内的各种燃烧性能试验。

(4)风扇/压气机试验器,包括单级压气机试验器、多级压气机试验器、全台压气机试验器、单轴双涵压气机试验器、双轴双涵压气机试验器、有进口加温加压等各种功能的风扇/压气机试验设备。近些年来,随着发动机使用要求的不断提高,高负荷、高效率、低噪声、高稳定性、高可靠性的压气机技术得以发展。国外大多数航空发动机研制机构均建设了低速、单级、多级等多种压气机试验设施。

这些试验器的共同特征是需要从大气吸气或利用供气压缩机通过管道供气，经过进口流量测量装置、进气扩压段和稳压箱，再流经试验件，最后通过排气收集器、排气节气门和排气管道排入大气或由抽气机组抽出，其典型的系统流程如图1.8所示，可充分利用发动机高空模拟试验设备的供气压缩机、抽气压缩机、空气加温和降温设备、循环冷却水系统、燃油储供系统设备。根据设备的功能和试验科目的不同，对配套动力设施的需求不同。

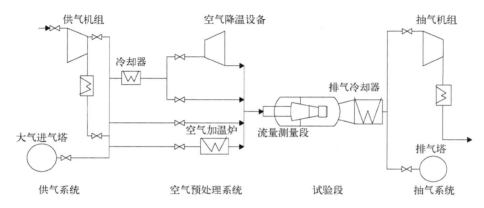

图 1.8 典型零部件试验器的系统流程原理图

1.4.2 主要零部件试验设备配套动力设备的特点

1. 气源系统

1) 供抽气机组

通常航空发动机高空模拟试验设备所要求的供气流量较大，完全能够满足零部件试验器的试验需求，但是高空模拟试验设备所要求的供气压力较低，通常为0.3~1.0 MPa，其进口条件与风扇/压气机试验器的进口条件一致，但是要完全真实地模拟燃烧室试验器、涡轮试验器的进口条件，则需要进一步增压。可考虑在高空模拟试验设备的基础上增加增压级机组以提高最终输出压力，如果从提高试验综合效率以及系统运行的安全性、降低系统复杂程度考虑，单独配置零部件试验气源系统或许是最佳的选择方案。抽气气源不是部件试验器所必需的，大多数情况下试验排出的尾气压力高于大气压力，可以降温后直接排入大气。如果试验科目需要进行抽气，高空模拟试验台的抽气气源是完全满足要求的。

2) 空气管网系统

为零部件试验器供气的高温空气管道存在压力高、温度高等不利条件，由于管道一次应力与温差应力等二次应力的叠加，管件、管托等构件的局部应力会很大，常规管件、管托等不满足要求，需要进行非标设计，通过有限元建模分析和迭代修改直至满足要求。热补偿方式也需要特殊考虑，以降低管件或管托的二次应力。

2. 空气处理系统

发动机整机高空模拟试验台配套空气处理设备(空气干燥及降温系统)的能力可满足零部件试验器的试验需求,但是空气降温设备出口压力通常不高于120 kPa,试验排气通过抽气机组增压后排入大气,对于不具有抽气能力的部件试验器,则需要提高降温设备的出口空气压力以保证试验器的排气压力高于大气压力。大流量空气降温设备常用的有涡轮膨胀机和气波机,增加降温设备的出口压力必然会降低设备的膨胀比和制冷效率,无法保证所需要的负温条件,可行的方法是提高降温设备的进口供气压力并采用进口预冷来满足试验需求。单纯提高降温设备的进口供气压力效费比太低,不是可取的方案;在适当增加压力的基础上增大流量,通过回流一部分成品气到降温设备预冷器对进口空气进行预降温可达到较好的效果。

发动机整机高空模拟试验台的空气加温设备可满足风扇/压气机试验器的试验需求,但是要完全真实地模拟燃烧室试验器、涡轮试验器的进口条件,还需要增加二级加温装置,将空气温度进一步加温到试验要求的温度。风扇/压气机试验器、涡轮部件试验器和叶栅试验器只对压力、温度和流量有要求,对空气品质(如空气组成成分)没有特殊要求,空气加温方式可采用直接加温和间接加温,如天然气加温炉加温、大型空气电加温器加温、发动机燃烧室直接加温等方式;对于燃烧室试验设备这类进口空气成分对试验件性能评估有影响的试验器宜采用间接加温方式,发动机燃烧室直接加温会对进口空气产生污染。天然气加温炉的温度一般不会太高,对于涡轮部件试验器和涡轮叶栅试验器这些对空气温度要求很高的设备,采用燃烧室直接加温可以降低设备的复杂程度。

3. 电力系统

对于全尺寸风扇/压气机试验器,目前普遍采用大功率高压变频调速电机驱动,电机功率达数万千瓦,因此,需要配套专用变压器。当采用的变频调速技术为负载换相逆变器(load commutated inverter, LCI)时,需要考虑配套谐波治理设备,防止谐波污染电网,采用多电平完美无谐波变频调速技术或许更好。由于驱动电机所需的供电电流巨大,很难选择真空断路器,这也是设计时需要重点关注的;在大电流的情况下,电缆的选型和排列方式也是设计时需要特别考虑的,普通供电电缆由于集肤效应和寄生电容的存在不一定能满足要求,需要选用空心电缆或绝缘浇注母线才能保证运行安全可靠。

4. 其他配套系统

高空模拟试验台配套的循环冷却水系统和辅助空气系统可满足零部件试验要求。但为高空台配套的冷却水循环泵流量都非常大,因此须单独配置与零部件试验器用水相匹配的循环水泵。为整机试验配套的油库供油压力只需要达到发动机自身燃油泵吸油口的压力即可,通常不高于 0.35 MPa(表压),对于燃烧试验设备则需要增加增压油泵,将压力提升到燃烧试验需要的压力。

1.5　其他航空发动机试验设备对配套动力设备的要求

　　航空发动机试验设备类型繁多、包罗万象,其中就包括各种轮盘试验器、机匣强度试验器、转轴强度试验器、轴承试验器、齿轮试验器、密封试验器、摩擦和润滑系统试验器、转子动力学试验器、燃滑油系统试验器、叶片冲击疲劳试验器、叶片热机疲劳试验器以及各种探针吹风试验的风洞等。这些设备通常集成度高、独立成系统,并且配套系统与试验技术和试验方法密切相关,如发动机叶片高低周复合疲劳试验器,压缩空气可能作为涡轮驱动装置的动力源,也可能作为叶片激振的激振源,其对压缩空气的品质(如压力控制精度、温度控制精度、空气的干燥度和颗粒度)要求非常高,不可能与其他设备共用,需独立配置螺杆式压缩机组和空气处理设备;对于轮盘试验器这类有真空度要求的设备,因其容腔小,独立配置一台真空泵即满足要求;各种探针吹风试验的风洞需要外部提供压缩空气,由于其流量都很小,通常会配置高压储气罐,采用公用气源压缩机向储气罐充气,由储气罐维持向风洞供气的方式以提高公用气源的运行效能,并达到节能降耗的目的。

　　因此,对于这些设备,通常只需按照负荷要求提供外部电源和常规冷却水即可,如果有特殊要求,应在系统方案设计时在系统内部配套完善。

第 2 章
气源系统

2.1 概　述

　　航空发动机整机及部件的环境模拟试验需要气源系统(供气系统)提供满足试验段环境模拟要求(总压、总温及流量要求)的试验主介质。气源系统(抽气系统)与试验装置的排气调压系统可共同建立试验段内一定海拔的工作环境条件。

　　气源系统是航空发动机试验重要的动力设施,其中的空气压缩机组是气源系统主要的动力设备。气源系统主要由供气系统、抽气系统、空气管网系统等组成。供气系统根据试验工艺流程需要为试验设施或空气预处理系统提供满足试验设施进气要求的压力、温度和流量的压缩空气,抽气系统则要实现模拟试验装置要求的高空大气压力并将高温燃气抽除,空气管网系统将供气系统主体设备与空气预处理系统、试验设施进气调压系统连接,或将试验设施排气调压系统与抽气系统连接,实现试验工艺流程。

　　航空发动机高空台气源系统的供气系统和建立高空状态的抽气系统的能力要求较高,压缩机组单机的能力也要求较高,因此一般选用离心式或轴流式压缩机组。同时,根据不同的需求,能通过复杂的管道和阀门系统实现多级压缩机组的串并运行,常采用一套气源、多舱配置的方式。一般采用低压比大流量的离心式压缩机组并联供气,常采用大流量的轴流式压缩机组多级串并联抽气。气源系统的空气压缩机组可以是单一地具有抽气或供气功能,也可以设计为具备既"供"又"抽"的功能,这主要由试验设备的运行工艺所确定。我国 SB101 高空台的气源设施就是由 14 台具有既"供"又"抽"功能的离心式压缩机组组成的,这些压缩机组通过不同的工艺流程可同时满足供气 270 kg/s、抽气 27 000 m³/min 的试验需求。

　　对于航空发动机的叶栅试验器、涡轮部件试验器、燃烧室试验器、风扇/压气机试验器等零部件试验器的气源需求,与高空台相比,供气系统和抽气系统具有规模小、流量小(一般小于 100 kg/s)、温度高(一般供气需加温到>500℃)、压力高(高压供气>5 MPa)的特点。因此在压缩机组的选取上一般可采用离心式、活塞式、螺杆式等结构的压缩机组,在气源系统的配置上可采用一套气源多个试验器或一台压缩机组和储气罐为一台试验器供气的方式。对于抽气,可采用连续式抽气或采用真空泵和真空罐的暂充式抽气。

2.1.1　供气系统

供气系统是气源系统重要的组成部分,采用空气压缩机组对工艺空气增压,提供航空发动机整机和零部件试验所需压力、温度和流量的工艺空气。

供气系统主要由多台压缩机组组成,其压缩机组系统主要包括机组进气系统、防喘系统、润滑油站、动力油站、冷却水系统(小型压缩机也可采用风冷)、自控系统、电力系统、变频起动系统(5 000 kW 以下电机则可以采用直接起动)、排气消声系统等,见图 2.1。压缩机组主体结构见图 2.2。

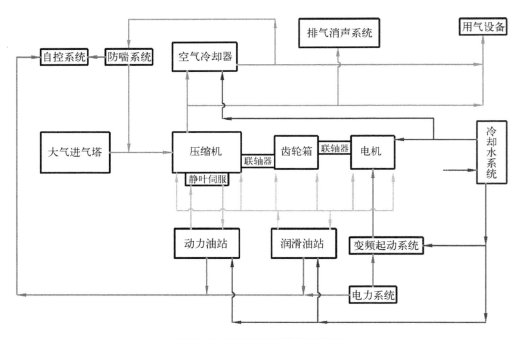

图 2.1　压缩机组系统结构框图

压缩机组的供气原理图例见图 2.3,该例中的供气系统由 6 台压缩机组成,采用集中进气塔进行空气的过滤和消声,6 台压缩机组的排气系统采用独立排气方式,在总管上采用两个冷却器对供气温度进行调节(冷却器也能在串联时用作级间冷却);最大可采用 6 台并联进行大流量供气,也可采用最大 4+2 台进行二级串并

图 2.2　压缩机组主体结构

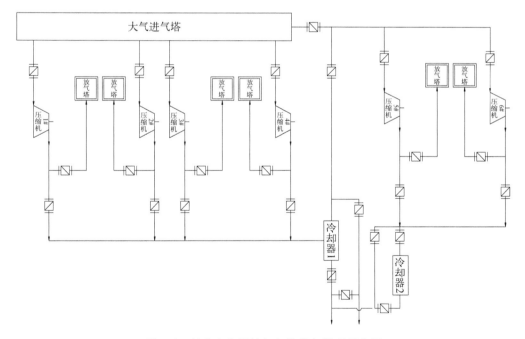

图 2.3　某高空台压缩机组的供气原理示意图

联高压供气。

2.1.2　抽气系统

抽气系统在航空发动机试验中用于建立高空环境压力。通过抽气压缩机组将试验舱（段）中的空气抽出，建立对应高空中的真空压力，以达到模拟高空的目的。

抽气系统由多台压缩机组组成，系统中采用的抽气压缩机组与供气压缩机组在系统组成、工艺布置等方面基本相同。但在压缩机组设计时，需考虑轴承油封在负压时的工作状态，防止轴承滑油被抽入压缩机组内，造成安全隐患；轴承选型设计不仅要满足额定负载下的油膜刚度，还要满足最高真空抽气需求下（轻负载下）的油膜刚度，避免轻负载工况运行时轴系振动太大。

抽气系统的抽气原理图例见图 2.4。该例中的供气系统由 12 台压缩机组组成，采用集中进气塔进行空气的过滤和消声，采用两路集中排气方式，在总管上采用三个冷却器进行级间冷却；最大可采用 8+3+1 台进行三级串并联抽气。

2.1.3　空气管网系统

空气管网系统是气源系统的重要组成部分，用管道将气源设备和试验装置有机地连接成为一个完整的系统，以保证空气流量、压力、温度的安全、高效、可靠调节，保障试验设备功能和试验工艺的实现，它由空气管道、阀门、膨胀节、管道支架等组成，见图 2.5。

航空发动机整机试验和全尺寸零部件试验器配套气源系统的主要特点是流量大，工况变化复杂（压力从正压到负压，温度覆盖高温、常温和负温），运行时间长，间歇性使用，起停机次数多，试验运行费用高。需要通过不同的机组组合和流程转换来满足不同试验器、不同试验科目的试验需求，因此，管网系统极其复杂。国外航空发动机试验气源系统与国内气源系统的流程基本相似。

空气管网的总管主要根据空气的压力、温度、干燥度这些显著不同的特点来进行分类。根据航空发动机试验需求，按压力可分为低压管道（压力小于 1.0 MPa）、中压管道（压力小于 2.5 MPa）、高压管道（压力小于 5 MPa），另外还包括真空管道（低于大气压）。温度为压缩机组直接供出的未干燥空气的温度，按温度可分为中温管道（一般不超过 220℃）、高温管道（一般不超过 550℃）、低温管道（一般为 -80 ~ -60℃）。气源系统一般采用天然气加温炉进行一级加温，一级加温在 550℃ 以下为宜，管道设计温度可按 550℃ 选取，采用普通 07Cr19Ni10 材质可以满足管材要求，试验设备需求温度更高时需要电加温炉进行二级加温，管道材质需选用特殊耐高温合金钢材质（如 07Cr18Ni11Nb）。按空气的干燥度可分为一般管道（未经干燥处理的空气）和干燥管道（大气露点为 -38 ~ 3℃）。在总管设置时，尽量独立布置，以防止在误操作时造成高压空气进入中/低压管道、高温窜入中/低温的安全事故，同时阀门参数选取应与管道的参数匹配并考虑足够的安全系数。

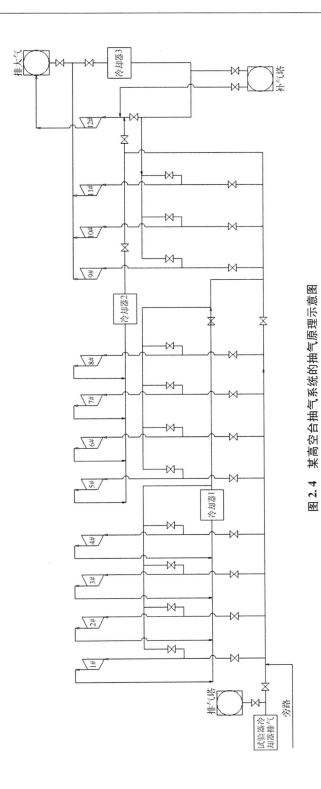

图 2.4　某高空台抽气系统的抽气原理示意图

1-空气管道;2-膨胀节;3-管道支架;4-阀门

图2.5 压缩机组的空气管网系统

管道设计的重点是工艺管道在热胀冷缩条件下的补偿,管道补偿包括自然补偿和柔性补偿。自然补偿是利用管道的弹性变形来实现管道的补偿;柔性补偿是利用柔性元件变形来实现管道补偿。膨胀节通常是压力管道最薄弱的环节,在管道设计时尽量采用自然补偿,在自然补偿不满足要求的情况下才采用柔性补偿。

2.1.4 气源系统设置

根据试验设施对气源的需求,对压缩机组选型、配置及供抽气系统工艺流程进行设计时,还需要考虑总体工艺及试验器的布置和运行要求。根据工艺流程,气源厂房可以是单纯的供气厂房或抽气厂房,也可以是具备既"供"又"抽"功能的厂房。同时在工艺总管设置时还需考虑试验器的运行方式,如多个试验器运行是采用排队串行的方式,还是采用几个试验器同时并行试验的方式,这些运行要求直接影响管道阀门的设置和压缩机组的选型,从而直接影响气源厂房的具体布置,因此气源系统的设置是一个反复迭代的过程。

气源厂房主要包括压缩机厂房及其功能用房。压缩机厂房主要考虑压缩机、电动机、冷却器、阀门、液压油站空气管道、水管道、电缆、滑油管道等的布置;功能用房主要需设置变配电间、控制间、辅助用空调间、油料间等,另外,尚需考虑进气系统、储气罐、排气系统的布置。进、排气系统与厂房的位置既可采用紧密布置的方式,也可采用独立设置的方式,具体见2.6节的内容。供、抽气总管可室内放置或室外放置,其主要差别是室内放置可有效延长阀门和管道的使用寿命,室外放置可节约建筑面积。

厂房与其他功能用房的一般布置见图2.6。图2.6(a)中的其他功能用房也布置在厂房内,布置紧凑,便于运行的巡视,但防噪声处理工作量较大。图 2.6(b)中的其他功能用房可设置为辅楼与厂房隔离分开,通过楼上的隔声门与厂房沟通,便于防噪。具体采用哪种布置由总体布局统一考虑。

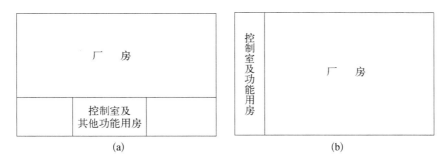

图 2.6　厂房与其他功能用房的布置

厂房内的压缩机组一般可采用单列布置或双列布置,见图 2.7,单列布置一般用于大型压缩机组,双列布置一般用于中小型压缩机组,可有效缩短总管的长度,节省建设费用。厂房内需设置起重设备,用于设备的安装和维护,可根据设备的最大起重重量设置起重设备。

压缩机组的具体布置主要由压缩机的结构形式所决定,同时还要考虑进气系统、排气系统等配套设施的布置,图 2.8 为某基地两种不同气源系统的厂房布局实例,一般来看,大流量(流量大于 20 kg/s)压缩机组通常采用二层平台式布置,小流量压缩机组可直接放置于地面,采用撬板式布置。

在压缩机组的具体布置中应注意:① 预留有电机抽芯和冷却器抽芯的空间;② 要保留足够的检修运输空间和吊装空间;③ 压缩机组的基础应与厂房墙体隔离;④ 需检修吊装的设备应布置在吊钩的范围内;⑤ 螺杆式压缩机组的布置对应考虑储气罐布置等方面的要求。

在空气管网系统布置时,可根据气源系统空气的压力、温度、干燥度等显著的特点来进行多根总管的独立布置,在考虑满足不同试验器并行试验的要求时,除采用总管稳压调节的方法,也可采用同一类管道进行重复设置的方法,以满足各试验器运行调节等个性化的需求。

2.2　气源系统工艺参数配置及工艺流程

气源系统的供气系统和抽气系统提供航空发动机试验时需求的压力和流量,压缩机组的供气温度一般为 40～180℃,超出供气温度范围的试验需求,由空气处理系统对空气进行加温或降温后满足。在气源系统设计时,根据试验器对空气温

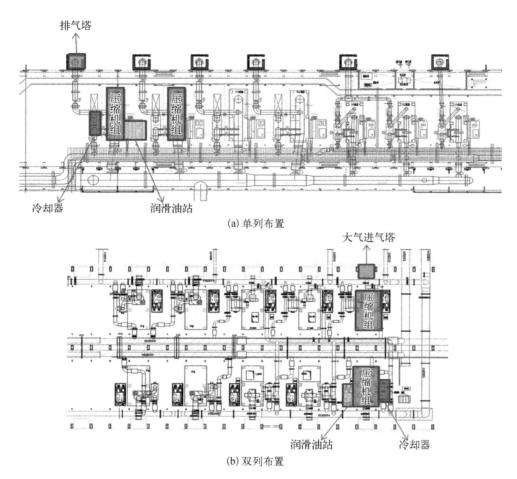

(a) 单列布置

(b) 双列布置

图 2.7　厂房内压缩机组的布置方式

(a) 压缩机组二层平台式布置

(b) 压缩机组撬板式布置

图 2.8　压缩机组厂房布置

度、压力、流量及其运行频次等的需求,分析出气源系统运行时可能存在的风险点和实际运行时的稳定工况区,综合确定机组选型和配套系统的配置。鉴于气源系统的复杂性,将管网系统、进排气系统等进行一体化设计,并考虑调试、运行和维修方便的需求,保证系统运行安全、可靠、高效、节能环保。

2.2.1　供气系统工艺参数配置

供气系统的工艺参数主要是指航空发动机试验设备的压力、温度和流量需求参数。其中流量和压力由供气系统的空气压缩机保障,机组供气温度可通过压缩机组直接供气(不经机组后冷为 120～180℃)和常温(经机组后冷可达 40℃)供气掺混后获得,超出该范围则由空气处理系统进行加温或降温来保证。本节以连续气源的航空发动机高空台为例,兼顾其他试验器的需求进行供气系统参数的配置。

1. 供气压力和温度

对于航空发动机直接连接式高空模拟试验,要真实地模拟发动机进口或飞机进气道与发动机界面的气流总压 P:

$$P_1 = P_H \sigma_{\text{inl}} [1 + (\gamma - 1) Ma^2/2]^{\gamma/(\gamma-1)} \qquad (2.2.1.1)$$

式中,P_1 为试验所模拟的发动机进口气流总压,Pa(A);P_H 为试验要模拟的飞机飞行高度所对应的大气压力;γ 为气体(空气)的比定压热容与比定容热容之比;Ma 为试验时要求模拟的飞机飞行马赫数(飞行速度);σ_{inl} 为飞机进气道总压恢复系数,它与飞行马赫数 Ma 的关系一般由进气道缩尺模型在风洞中进行吹风试验得出。

$$T_1 = T_H [1 + (\gamma - 1) Ma^2/2] \qquad (2.2.1.2)$$

式中,T_1 为试验所模拟的发动机进口气流总温,K;T_H 为试验要模拟的飞机飞行高度所对应的大气温度,K。

在上述公式计算的基础上,考虑沿程管路及调节损失和通过空气加温或降温等设备的流体损失,可估算出气源的供气压力范围,对于一般飞机而言,根据飞机的飞行高度、马赫数确定包线范围,可确定气源的供气压力,见表 2.1。

表 2.1　航空发动机高空模拟试验设备气源供气压力的选择

设备所模拟的状态(飞行马赫数)	气源供气压力的要求/[10^5Pa(A)]
≤2.5	4.0
3.0	6.0
≥3.5	10.0

　　气源供气压力是航空发动机高空模拟试验设备试验能力很重要的限制因素之一。要按照试验设备当前的要求和今后的发展目标,规划选定气源的供气压力、流量等参数指标,并适当留有一定的发展余地。

　　2. 供气流量

　　连续式航空发动机高空台气源系统提供的空气质量流量应大于航空发动机试验所需的空气质量流量、调节所要求的空气质量流量和供气系统泄漏的空气质量流量等之和,气源供气流量一般为航空发动机试验所需空气质量流量的 1.15~1.2 倍(极限状态下可为 1.05 倍)。根据供气所需流量的大小,考虑运行的安全性和可靠性而设置一定数量的备用机组,在增加空气质量流量调节余量的同时也应保证调节或控制系统具有良好的调节特性,在此基础上可采用压缩机组并联供气或串并联增压后供气,以满足试验设备对流量和压力的需求。

　　3. 压缩机组配置

　　由于高空台供气压力不高[$4 \times 10^5 \sim 10 \times 10^5 \mathrm{Pa(A)}$],采用单缸压缩机(压比为 4~7)不能满足供气压力的要求,可考虑二级串联供气方式。因此在单台压缩机能满足供气压力的情况下,根据确定的总供气流量,供气压缩机组的台数和规模主要取决于单台压缩机组的流量,可由式(2.2.1.3)简单计算:

$$N_{cc} = W_{asut} / W_{ac} \qquad (2.2.1.3)$$

式中,W_{asut} 为总供气流量,kg/s;N_{cc} 为连续供气的压缩机台数(取整);W_{ac} 为压缩机单台质量流量,kg/s。

　　在选取压缩机单机组流量时,应考虑运行的经济性,当选择的单机组流量大时,机组的数量就会少,优点是操作简单,配套系统(管道等)成本有一定减少,缺点是运行不够灵活,在小状态试验时或兼顾发动机零部件试验时会存在能源浪费的现象,反之亦然。因此在选取压缩机单机组流量时,应综合考虑最大状态和小状态试验时的需求,以及兼顾发动机零部件试验的需求,并依据生产厂家的研发能力和制造能力合理确定。

　　对于供气压力需求较高[大于 $10 \times 10^5 \mathrm{Pa(A)}$]的零部件试验器,在确定压缩机组的台数时,可考虑采用机组串联的形式来保证供气压力,而流量仍采用多机组并联的方式来保证,机组的串联应遵循流量连续原理。

2.2.2　供气流程配置

　　连续式气源供气设备的供气工艺流程见图 2.9。其流程一般为大气空气经过滤后(过滤精度不小于 60 μm)进入空气压缩机,增压后通过空气管网系统进入试验设施的进气调节系统,经调温、调压后进入高空模拟试验舱前室或部件装置整流段,以满足试验设施模拟工况下的进气条件。发动机试验所需的进口温度,可通过压缩机组直接供气与经后冷的空气掺混后获得,若仍不满足要求,可通过空气处理系统进行调节(该部分内容详见第 3 章)。

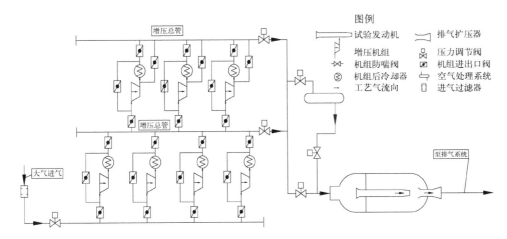

图 2.9　试验设施供气工艺流程

2.2.3　抽气系统工艺参数配置

高空台试验中舱压的建立就是模拟航空发动机的飞行高度,通过抽气压缩机组将舱中的空气抽出,增压后排入大气,使高空模拟试验舱内的压力与飞行高度对应的真空度一致。因此抽气压力由试验所模拟的飞行高度(真空度)确定,抽气流量依据试验时的试验件在高空状态时需抽走的被试发动机工作工况下所排放的燃气容积流量确定,在参数确定时,由于系统间漏气的存在,一般应考虑 20% 的裕度。

1. 抽气总增压比 π_g 的确定

简而言之,抽气系统压缩机组的总增压比 π_g 就是当地大气压与高空模拟试验舱中的环境压力之比。但是,为了节约能源,在航空发动机高空模拟试验设备中,一般在发动机出口装有排气扩压器,其作用相当于一级大容量、低增压比的排气增压设备。另外,发动机运行时排出的高温气体在进入抽气机以前要通过排气冷却系统,自然有压力损失;整个排气管道也有阻力损失;排气增压设备出口常设有排气降噪设备,排气降噪设备能减弱噪声,但也有压力损失,计算抽气总增压比时应当考虑这些压力损失。

2. 抽气流量的确定

抽气的总质量流量由需抽走的燃气流量确定,同时要考虑漏气量和调节余量,因此第一级的质量流量应在满足需求的基础上,考虑 20% 的裕度,在考虑多级串联抽气时,每级的质量流量可按式(2.2.3.1)计算:

$$W_i - \Delta W_{i\_s} + \Delta W_{i\_i+1} = W_{i+1} \qquad (2.2.3.1)$$

式中，W_i 为第 i 级抽气机组进口总的质量流量，kg/s；ΔW_{i_s} 为第 i 级抽气机组出口冷却后的冷凝析水量，kg/s；ΔW_{i_i+1} 为第 i 级抽气机组进口到第 $i+1$ 级抽气机组进口之间的总漏气质量流量，kg/s；W_{i+1} 为第 $i+1$ 级抽气机组进口总的质量流量，kg/s。

$$V_{\text{et}} = 60 W_{\text{g}} \frac{R_{\text{g}} T_{\text{cin}}}{P_{\text{cin}}} \qquad (2.2.3.2)$$

式中，V_{et} 为航空发动机高空模拟试验的排气总容积流量，m³/min；W_{g} 为进入排气系统的气体质量流量，kg/s；T_{cin} 为抽气机进口气体温度，K；R_{g} 为气体常数，m²/（K·s²）；P_{cin} 为抽气机进口气体压力，Pa(A)。

3. 单台压缩机组的确定

按照试验工况确定抽气容积流量的最大和最小需求，将最小需求作为单台机组选型的主要设计依据，同时根据市场上厂家的成熟产品，合理地确定第一级压缩机组单台的容积流量、压比等工作性能参数。考虑到机组喘振点和阻塞工况点的限制，一般压缩机组的工作压比可在 2~7 内选取。

4. 抽气压缩机数量的确定

在第一级抽气机组上，可构建多级抽气机组的串并联级数。抽气机组的串联级数 n 应小于或等于 3，也就是说，最多用三级串联抽气，否则，管路系统过于复杂化，使用操作不方便。

串联机组之间遵循以下关系：

$$W_A + \Delta W_A = W_B \qquad (2.2.3.3)$$

$$Q_B = (\rho_A / \rho_B) Q_A \qquad (2.2.3.4)$$

$$\pi = \pi_A \cdot \pi_B \qquad (2.2.3.5)$$

$$\pi_A \cdot \pi_B \cdot \pi_C \geqslant \pi_\varepsilon \qquad (2.2.3.6)$$

式中，A、B、C 为第一级、第二级、第三级；W 为进口质量流量；Q 为进口容积流量；ρ 为进口气体密度；π 为实际工作压比；ΔW 为漏气量、冷却后的冷凝析水量。

以上是多级抽气机组串联级数的简单匹配计算，虽然未考虑抽气机级间的管路压力损失和雷诺数对抽气机性能的影响，但由于机组工作范围的裕度，基本能满足工艺设计的需求。精密计算时可采用仿真模型进行计算。

2.2.4 抽气流程配置

直接连接式高空模拟试验抽气工艺流程见图 2.10。在抽气总管上设有自动控

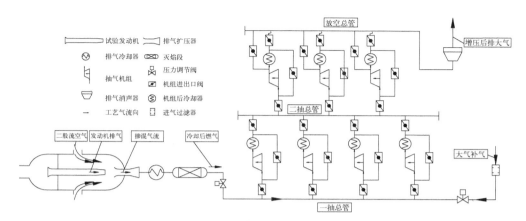

图 2.10 高空模拟试验抽气工艺流程

制的压力调节阀,根据抽气压力变化自动调节进入抽气总管的补气量,以保证总管的压力稳定,确保排气环境的压力控制精度、保护抽气机组的安全,用于调节的大气补气也经抽气机组增压后排入大气。

2.2.5 仿真计算

压缩机组的工艺设计及匹配性能也可采用仿真模型进行精密计算。下面以抽气系统的仿真计算为例。抽气系统仿真模型设计是将工艺系统阀门调节特性、管网阻力特性、管道容积、管道泄漏、含湿量等空气物性参数和压缩机组特性分为多个模块,以质量连续组织仿真模型,通过预设边界条件的方式来模拟实际运行工况。

1. 漏气量对匹配性能的影响

对于抽气机组来说,漏气可分为两部分:一部分是管网系统漏气;另一部分是抽气机组自身的漏气。串并联抽气过程中的漏气机理见图 2.11。绝大部分漏气量是从管网系统泄漏的。管网漏气量则与管网的漏气面积和管网压力有关,可以采取相应的堵漏措施以尽可能减小漏气幅度。

2. 冷凝析水量对匹配性能的影响

试验状态下,抽气机组的进口工质含有水分,经过前级抽气机组的压缩和级间冷却后可能会有水分凝结析出;如果进口工质湿度很大,经过冷却器凝结析出的水量就会很大;凝结水的析出破坏了机组级间的流量平衡,进而影响了串并联匹配性能;此外,水分的析出导致后一级机组的进口工质与前一级机组的进口工质相比参数发生较大的变化,因此后级机组性能也需根据水分析出后的进口工质参数进行相应修正。

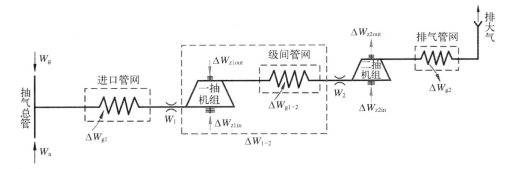

W_g—后舱抽气流量；W_a—抽气总管补气流量；ΔW_{g1}—进口管网漏气量；W_1—一抽机组总抽气流量；ΔW_{z1in}—一抽机组进口轴封漏气量；ΔW_{z1out}—一抽机组出口轴封漏气量；$\Delta W_{g1\text{-}2}$—级间管网漏气量；$\Delta W_{1\text{-}2}$—级间总漏气量；W_2—二抽机组总抽气流量；ΔW_{g2}—排气管网漏气量；ΔW_{z2in}—二抽机组进口轴封漏气量；ΔW_{z2out}—二抽机组出口轴封漏气量

图 2.11　串并联抽气过程中的漏气机理示意图

3. 管道阻力特性对匹配性能的影响

由于管网阻力的存在，当压缩机与管网联合工作时，气体流过管网时就要克服相应的阻力损失。管网流动损失是根据实际管网的结构特点并考虑输送流体的性质，以工程流体力学和水力学为理论依据进行计算的，以获得管网特性。

串并联匹配计算可以转化为在给定已知条件下，根据不同抽气工况，在满足各级机组稳定运行的条件下，同时应符合流量平衡和压力平衡等约束条件，来对各级机组的压比分配和抽气能力进行求解。

1）原始参数设定及输入

原始参数设定：主要包括进入总管的压力 P_H、温度 T_H 等已知参数，根据实际工况条件进行设定。

输入参数：根据所要计算的匹配方式输入一级抽气机组台数 N_1 和二级抽气机组台数 N_2；结合工程经验或分析需求，在工艺参数要求的范围内合理选择输入压缩机组进口温度 T_1、出口温度 $T_{1,out(c)}$ 等参数；根据管网设计参数及一抽机组进口压力范围限制，设定好参与循环控制的一抽总管压力 P_1 的迭代计算范围及步长。

2）物性参数计算模块

物性参数计算模块分为两部分：一是一抽机组进口物性参数的计算；二是二抽机组进口物性参数的计算。根据一抽总管的压力、温度、燃气质量分数及含湿量等参数对进入一抽机组的湿混合气的物性参数（气体常数 $R_{1,in}$、绝热系数 $\kappa_{1,in}$）进行计算。判断一抽机组出口经冷却后有无冷凝水析出，如果有水分析出则需根据析出水量对二抽机组进口物性参数进行计算。

3）抽气机组性能修正模块

（1）性能曲线修正：根据机组进气条件和进口工质性质对抽气机组的性能进

行修正,并对修正后的性能曲线采用最小二乘法进行拟合,得出各级抽气机组进口容积流量 Q_V 与压比 ε 的函数关系。

(2) 防喘振边界修正:根据进气条件对机组的喘振压比进行修正;并根据抽气机组的防护线设置要求,确定各级抽气机组稳定工作的压比范围,作为串并联匹配计算各级机组压比范围的约束条件。

4) 匹配性能计算模块

匹配性能计算模块主要是根据压力平衡和流量平衡这两个约束条件进行相关的迭代计算。根据压力平衡条件对各级机组压比进行预置、分配;以流量平衡条件作为迭代计算的级间流量连续性判别条件。匹配性能计算模块主要包括压比预置、计算及检验,管路压力损失计算,漏气量计算,流量计算及连续性判断等功能。

压比预置、计算及检验:根据性能修正模块得出的一抽机组稳定工作范围,预置一抽机组压比迭代初值、范围及步长;根据压力平衡条件计算二抽机组分配压比,判断是否满足压比限制要求。

管路压力损失计算:根据管网参数、工质性质、流量及流动状态进行各管段压力损失计算,主要包括一抽总管至机组进口管段压力损失、一抽机组出口至二抽总管管段压力损失、二抽总管至二抽机组进口管段压力损失的计算。

漏气量计算:根据各处管网的压力参数计算级间管网漏气量及抽气机轴封漏气量。

流量计算及连续性判断:根据各级机组的压比分配计算一、二抽机组进口容积流量;根据进口参数条件计算一、二抽机组总抽气质量流量 W_1、W_2;计算级间流量不连续性差 $\Delta W = W_1 - \Delta W_{1\_s} + \Delta W_{1\_2} - W_2$,并判断是否满足 $|\Delta W/W_2| \leqslant 0.5\%$;若满足则输出相关计算结果,若不满足则返回,进行下一抽气压力条件下的迭代计算。

5) 参数输出模块

参数输出模块主要用于计算结果的输出与保存,根据分析需要可选择不同参数进行输出;同时也包含程序运行过程中的提示、警告类信息,以便于程序运算过程中参数的监控,计算程序框图见图 2.12。

2.3　压缩机组选型

高空台试验设备气源系统主要采用离心式或轴流式压缩机组。零部件试验设备气源系统一般采用小流量离心式压缩机组、多轴式离心压缩机组、活塞式压缩机组、螺杆式压缩机组等。

离心式和轴流式压缩机组是航空发动机试车台使用最普遍的两型机组,具有流量大、压力适中、制造工艺成熟、操作性好、相对外形尺寸较小等优点,能很好地满足大型航空发动机试车台的需求。

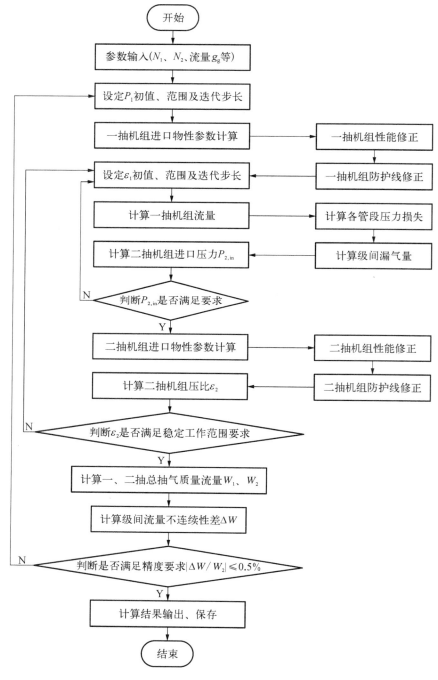

图 2.12 二级串并联匹配计算程序框图

20 世纪 50 年代前,世界各国以离心式压缩机组为主要产品,50 年代后,工业发展对大流量、高效率压缩机组的需求大大刺激了轴流式压缩机的发展。美国 GE 公司生产的轴流式压缩机组的单机最大容积流量达到 28 000 m³/min,德国工程机械公司(Gute Hoffnung Shutte,GHH)公司在 1954 年开始制造轴流式压缩机,截至 1990 年,共生产了 100 多台轴流式压缩机,用于输送空气和其他气体,其流量为 1 000~10 000 m³/min,压比最高可到 10,静叶为可调的并具有中间冷却装置。

国内生产的大型压缩机也主要是离心式压缩机和轴流式压缩机。其中离心式压缩机以 MCL 型(沈阳鼓风机集团股份有限公司,简称沈鼓)、DH 型(沈鼓)、EP 型(西安陕鼓动力股份有限公司,简称陕鼓)等为代表,轴流式压缩机以 AV 型(陕鼓)为代表。AV 型轴流式压缩机是陕鼓于 1979 年从瑞士苏尔寿(Sulzer)公司引进技术制造的多级轴流式压缩机。DH 型离心式压缩机是沈鼓从日本东芝公司引进技术制造的双轴回收离心式压缩机。MCL 型离心式压缩机是沈鼓 1978 年从意大利新比隆公司引进设计制造技术,并进行了系列化生产的产品。

离心式压缩机组的供气流量一般为 200~7 000 m³/min,压比为 3~7,也有部分流量低于 200 m³/min,一般作为高压级机组使用。也有少量地方直接采用压比接近 10 的多轴式离心压缩机组。轴流式压缩机组的供气流量一般为 1 400~30 000 m³/min,压比为 3~7,目前国内 100~20 000 m³/min 的轴流式压缩机也有成熟产品。

大型压缩机组的布置形式一般为电机+变速箱+压缩机,各部分之间的连接采用联轴器。同时还包括其他配套系统,如防喘系统、润滑系统、变频起动系统、自控系统、技术状态监测与故障诊断系统、进气系统、水系统、空气管网系统、排气及消声装置、高低压配电系统等。

随着新技术的发展,大型空压机开始采用新型气体密封、磁力轴承和无润滑联轴器;进一步将三元流动理论应用到叶轮和叶片扩压器等元件的设计中,以期实现高效率;采用噪声防护以改善操作环境,实现低噪声化。大型离心式和轴流式压缩机凭借其优越的性能,在诸多工业领域的应用更为广泛,发展趋势良好。

2.3.1　离心式压缩机

离心式压缩机是由电机带动叶轮高速旋转,叶轮对气体做功,气体在叶轮边缘产生离心力,由于气体在叶轮里的扩压流动,气体通过叶轮后的流速和压力得到提高,连续地生产出压缩空气。离心式压缩机属于速度式压缩机,工作稳定、可靠,其组成及结构见图 2.13。

1. 工艺流程

首先,气流由压缩机进气管进入压缩机第一段,经第一级叶轮和第二级叶轮压缩后排入中间冷却器,中间冷却器将压缩空气冷却至 40℃ 左右。然后,气流进入压缩机第二段,依次经第三级叶轮、第四级叶轮压缩后进入排气管。最后,根据运

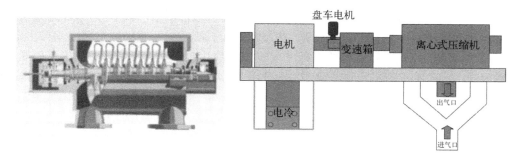

图 2.13　离心式压缩机组成及结构

行要求经后冷却器或不经后冷却器排入空气总管。

2. 类型结构特点

目前国内的离心式压缩机的厂家和种类很多,以沈阳透平机械股份有限公司生产的 MCL 系列中、低压水平剖分式多级离心式压缩机为例,最高工作压力为4.5 MPa,可在单缸内实现单级、双段或多段压缩,单缸内可布置 2~10 个叶轮。它主要分为三类:一类设置进、排气风管各一个,叶轮同向排列;一类设置有中间冷却器;一类采用双进气的叶轮结构,常见的 MCL 型离心式压缩机的工艺流程见图 2.14。

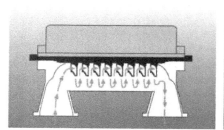

(a) MCL 型单吸一级冷却结构

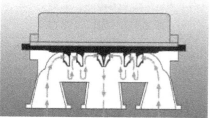

(b) MCL 型双吸一级冷却结构

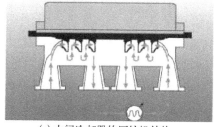

(c) 中间冷却器的压缩机结构

图 2.14　几种常见离心式压缩机的工艺流程

离心式压缩机由缸体、隔板、转子、叶轮、变速箱、轴端密封(包括迷宫式密封、碳环密封、干气密封等)、轴承(椭圆瓦或可倾瓦)、联轴器、冷却器、气液分离器、润滑油系统、控制系统和电机等组成。机体结构见图 2.15。

离心式压缩机的流量大、功率大、排气均匀,气流无脉冲,运转平稳,操作可靠,维护费用低及维护人员少,易损件少、运转周期长,运动零件少而简单,且制造精度低,所以其制造费用相对低且可靠性高。其气量调节虽较方便,但存在工作效率相对较低、经济性较差的问题。

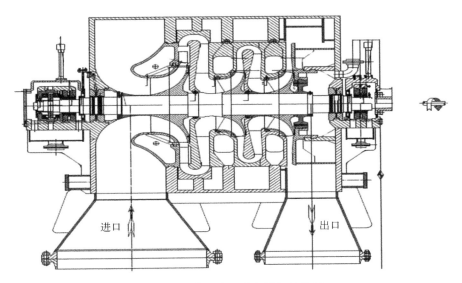

进口

出口

图 2.15　典型离心式压缩机结构图

3. 性能特点

目前常用的离心式压缩机采用固定式进口导流装置,因此其供气流量-压比性能特性是一条曲线,见图 2.16。随着供气压力(压比)的提高,其供气流量逐步减小,至喘振点流量达到最小,反之随着供气压力(压比)的降低,其供气流量逐步增大,至阻塞点流量达到最大。

2.3.2　轴流式压缩机

1. 工艺流程

轴流式压缩机组中的气流在机体

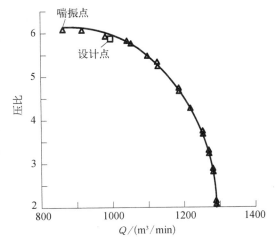

喘振点

设计点

压比

$Q/(\text{m}^3/\text{min})$

图 2.16　离心式压缩机流量-压比性能特性曲线

内沿叶轮外圆做轴向直线流动,气流通过高速旋转的叶片时沿轴向被加速,然后在扩压室中被减速,压力增加,实现气体介质的增压。

2. 类型结构特点

轴流式压缩机组的布置一般为电机+变速箱+轴流式压缩机,各部分之间的连接采用联轴器。同时还包括其他配套系统如,防喘系统、润滑系统、变频起动系统、自控系统、技术状态监测与故障诊断系统、进气系统、水系统、空气管网系统、排气及消声装置、高低压配电系统等。

以目前国内陕鼓出品的轴流式压缩机为例,分别为 A 系列和 AV 系列。A 系列为静叶固定型轴流式压缩机,一般采用变转速;AV 系列为静叶可调型轴流式压缩机,一般为定转速。AV 系列包括 12 个型号,级数为 2~22 级,共有 240 多个规格,流量为 950~20 000 m^3/min,压比为 1.25~9。

轴流式压缩机中的气流在叶轮中的流动不存在由于弯头、管路等的风阻损失,一般情况下,比离心式压缩机可提高效率 5%~10%。由于气体流速的增加方向沿轴向方向,而离心式压缩机的气流增加方向沿径向方向,因此,轴流式压缩机单位面积的气体通流能力大。在相同压缩气体量的前提条件下,径向尺寸小,特别适用于大流量的场合。轴流式压缩机采用三层缸结构设计,稳定性好。一般采用径向进气+径向排气结构型式(图 2.17、图 2.18),也可采用轴向进气+轴向排气结构型式,布置较为灵活。

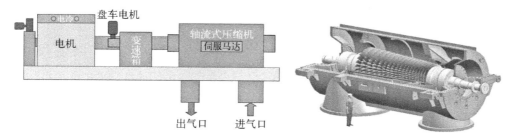

图 2.17　径向进气+径向排气型轴流式压缩机组成及结构

轴流式压缩机的结构复杂,由于气流全部是轴向流动,流通量较大。在转速大幅下降时,高压部分气流通过量下降得比较快,存在易发生喘振、可调范围小、部分负荷下很不稳定的缺点,且其叶片很大很长,流体力学特性复杂,制作要求很高。到目前为止,最小容量的轴流机转子的轮毂直径为 400 mm,有 11 级叶片,其流量也有 1 500 m^3/min 之多,但其转速则需通过齿轮箱增速至每分钟 8 000 多转,否则线速度达不到要求。

3. 性能特点

目前常用的轴流式压缩机采用静叶可调导流装置,因此其流量-压比性能特性

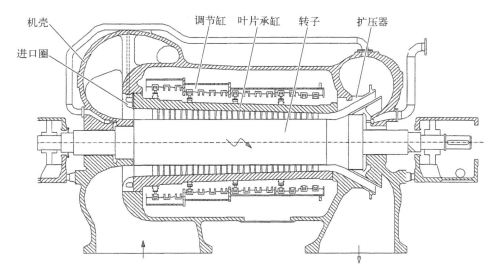

图 2.18　典型轴流式压缩机组结构

曲线是一簇曲线组,见图 2.19,每一个确定的静叶位置对应着一条性能特性曲线。随着供气压力(压比)的提高,其供气流量逐步减小,至喘振点流量达到最小,反之随着供气压力(压比)的降低,其供气流量逐步增大,至阻塞点流量达到最大。将每一条性能特性曲线上的喘振点和阻塞点连接起来就形成了喘振线和阻塞线。

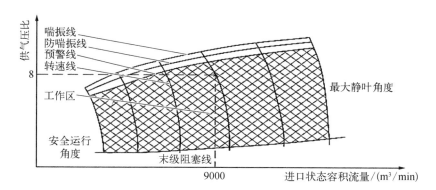

图 2.19　轴流式压缩机流量-压比性能特性曲线

2.3.3　其他类型空气压缩机

1. 多轴式离心压缩机

　　多轴式离心压缩机采用电机带动一个中心齿轮,中心齿轮再带动两个从动小齿轮。在从动齿轮上轴的两端可放置单级轴向进气的离心叶轮,因此单台压缩机组一般可设置不大于 4 个单级叶轮进行增压,见图 2.20、图 2.21。

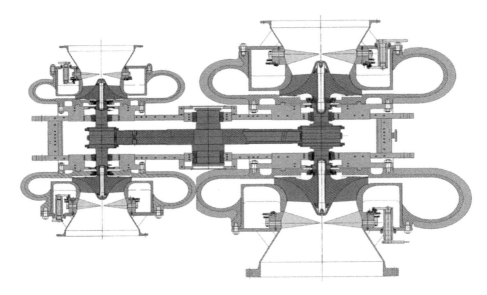

图 2.20 多轴式离心压缩机组结构

图 2.21 多轴式离心压缩机组

工艺流程:供气时,空气经过第一级叶轮增压后,进入第一级冷却器,降温后进入第二级叶轮增压,冷却后进入第三级叶轮增压,依次类推,直到第四级叶轮增压后排出。

类型结构特点:各级叶轮与转速进行了匹配设计,因此等温效率高,机型越大,优势越明显;加装了进口导叶,预旋调节方便,扩大了压缩机的调节范围;压缩机每级进气为轴向进气,流动损失小;叶轮与小齿轮采用端面齿联结,拆装方便;压缩机的零部件结构简单,降低了制造难度;结构紧凑,节省空间。同时也存在压缩机的轴承很多,备件多,温度、轴振动、轴位移检测点多;齿轮箱和压缩机之间的接口搭配量大;后期的检修工作量比较大(如更换密封)等问题。

性能特点与离心式压缩机组的特点一致,出口温度一般低于 100℃。单台机组采用大气进气,供气压力一般低于 1.5 MPa,供气流量一般低于 20 kg/s。防喘一般采用放空防喘方式。

2. 容积式压缩机

容积式压缩机通过汽缸内往复部件或旋转部件的作用,使气体体积缩小,从而提高气体压力,应用较多的有活塞式、螺杆式、罗茨式等。活塞式压缩机适用于流量适中、工作压力范围较大的工况,在气源站主要为燃烧室试验器等试验设备辅助供气;螺杆式压缩机适用于流量较小、工作压力范围较小的工况,在气源站主要为探针校准、涡轮起动等试验器供气;罗茨式压缩机一般适用于压力较低,流量则可大可小的工况,在气源站一般用于硅胶干燥罐回收供气。

容积式压缩机组成的供气系统通常由空气压缩机、油气分离器、过滤器、干燥机等组成,见图 2.22,其中干燥机一般采用冷冻式干燥机或吸附式再生干燥机。供气温度为常温,对于部分容积式气源还需要按照《压缩空气站设计规范》(GB 50029—2014)配置相应的储气罐。

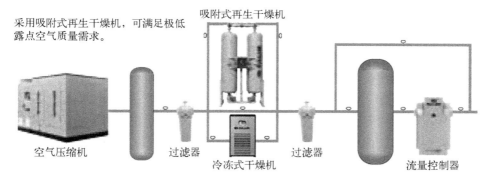

图 2.22　容积式压缩机组成

1) 活塞式压缩机

活塞式压缩机是一种最常见的容积式压缩机,压力等级属于中压、高压、超高压等级,适合在压力较高场合使用,主要适用于中、小排量,压力较高,常温供气的场合,能满足航空发动机试验器对辅助供气(>2 MPa,常温)的需求。

工艺原理:它由曲柄连杆机构将旋转运动变为活塞的往复运动。活塞与汽缸共同组成压缩机工作腔,依靠活塞在汽缸内的往复运动使汽缸腔内的气体受到压缩而不断地产生压缩空气,并借助进、排气阀的自动开闭,使气体周期性地进入汽缸工作腔,进行压缩和排出。

结构特点：活塞式压缩机主要由三大部分组成：运动机构（曲轴、轴承、连杆、十字头、皮带轮或联轴器等）、工作机构（汽缸、活塞、气阀等）与机身。此外还有3个辅助系统：润滑系统、冷却系统与调节系统，一般活塞式压缩机都还配备有储气罐。设备实物见图2.23。

图2.23　活塞式压缩机组实物图

活塞式压缩机具有适用压力范围广的特点，因依靠容积变化的原理工作，无论其流量大小，都能达到很高的工作压力（350 MPa）；设备价格低、初投资少、操作方便、使用寿命长；因压缩过程属封闭过程，所以热效率较高；排气量范围广，因受排气压力变化的影响较小，当介质重度改变时，其容积排量和排气压力的变化也较小。同时也存在惯性力大，转速不能太高，故而机器较笨重，大排量时尤甚；结构复杂，易损件多，维修工作量大、维护费用相对较高；排气不连续，气流压力脉动，易产生气柱振动；运行时振动和噪声较大，设备安装基础要求高等问题。

2）螺杆式压缩机

螺杆式压缩机按照螺杆数目分为单螺杆和双螺杆式压缩机；按压缩过程中是否有润滑油参与分为喷油和无油螺杆式压缩机，无油螺杆式压缩机又分为干式和喷水两种。压力等级属于低、中压等级，主要适用于中、小排量，压力不高，常温供气的场合，能满足航空发动机试验器对辅助供气（<1 MPa，常温）的需求。

工艺原理：螺杆式压缩机是回转容积式压缩机的一种，利用阴阳螺杆转子的相互啮合使齿间容积不断减小、气体的压力不断提高，从而连续地产生压缩空气。螺杆式压缩机也属于容积式压缩机，但螺杆机型的工作原理决定了相对于活塞式压缩机而言，螺杆式压缩机供气稳定。

结构特点：可靠性高,螺杆式压缩机零部件少,易损件少,因而它运转可靠,寿命长;操作维护方便,可实现无人值守运转,操作相对简单,可按需要排气量供气;动力平衡性好,螺杆式压缩机没有不平衡惯性力,机器可以平稳地高速工作,可实现无基础运转,特别适合用作移动式压缩机,体积小,重量轻,占地面积少;适应性强,螺杆式压缩机具有强制输气的特点,排气量几乎不受排气压力的影响,运转平稳、振动小,排气稳定,在宽广的范围内能保持较高的效率等。但同时也存在运转噪声较大,功耗相对稍高,长期运转后螺杆间隙会变大,定期修复或更换费用较高等问题。设备实物见图 2.24。

图 2.24　螺杆式压缩机组实物图

2.4　工程应用

气流量较大的高空模拟试验舱及大部分整机、零部件试验器一般均采用离心式压缩机或轴流式压缩机进行供气和抽气,如美国刘易斯研究中心采用 6 台多级离心式压缩机组作为供气气源,抽气气源则采用 11 台离心式压缩机组进行多级串联抽气。德国斯图加特大学高空试车台采用了 3 台小型轴流式压缩机组,均可作为供气机组、抽气机组使用。

我国 20 世纪 80 年代建设的高空模拟试验舱和零部件试验器气源则以离心式压缩机组为主,高空台气源采用了 14 台离心式压缩机组,压缩机组根据不同的试验工况,既可作为供气机组又可作为抽气机组,并采用了复杂的管网系统,满足高空台试验的需求。

在气源系统的建设规划中,首先应评估试验设备的全部试验需求,确定各试验状态所用的工艺流程,根据运行频次、流量大小以及压力变化范围来确定气源需求。然后在总需求确定的基础上,根据不同的试验流程确定单台机组的流量和压力等参数,依据气源系统的工艺要求及试验器的调节使用经验,给出一定的损耗及调节余量,并根据各试验器及气源系统的布置,制定合理的试验流程和使用方式,上述工作完成后即可确定气源站的气源需求及预估机组台(套)数。

通过机组匹配计算确定机组选型参数和设计参数,根据需求进行机组初步选型,然后初步确定压缩机组型号及台(套)数。一般来说单台压缩机组的增压比是以满足试验流程中最低压力的工况为目标而确定的,单台离心式压缩机组流量不超过 100 kg/s,轴流式压缩机组流量不超过 30 000 m³/min,同时根据市场上成熟的同类配套产品(如拖动电机、起动装置等)来最终确定压缩机组的设计和订货参数。

在气源系统的压缩机组选型时还需结合 5~10 年或更长一段时间内的试验器发展规划需要,以免造成试验器和气源系统的扩容瓶颈。气源系统压缩机组选型的工作流程和关键步骤见图 2.25。

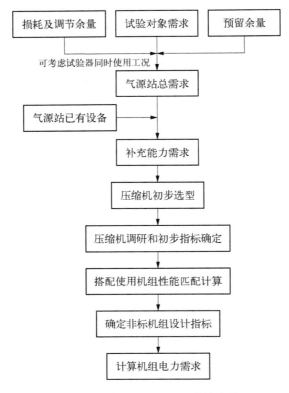

图 2.25　选型工作流程和关键步骤

气源系统的压缩机组配置时还应考虑压缩机组的运行方式,主要根据试验工况的要求分为单台运行、并联运行、串联运行、串并联运行。压缩机通过并联运行增加气体流量,以满足试验工况对流量的需求;压缩机通过串联运行增加气体的压力,以满足试验工况对压力的需求;而串并联运行能同时达到这两个目的。这些运行方式可根据建设规模和试验的不同工况进行灵活配置,同时应根据试验工艺特点、设备供货情况等因素适当选择配置方案,达到建设投资少、运行效益高的良好效果。

在高空模拟试验舱气源系统压缩机组选型时,离心式压缩机组和轴流式压缩机组都可以使用,一般来讲,作为供气使用的机组多采用离心式压缩机组,作为抽气使用的机组多采用轴流式压缩机组。由于航空发动机试验设备均为间隙运行,设备选型可以适当放宽对效率的考虑,应该主要从建设成本、操作舒适性、布置空间和搭配灵活性等方面进行综合考虑。

在零部件试验器的气源系统压缩机组选型时,若单台机组供气流量低于20 kg/s,可选择多轴式离心压缩机组或一般的离心式压缩机组,至于具体用哪一种机组,可根据具体情况具体分析,例如,需要供气温度高一些时可采用一般的离心式压缩机组等;抽气的单台机组供气流量低于 3 000 m³/min 时,可选择一般的离心式压缩机组。辅助气源系统属于供气系统中的一类,供气可选用容积式压缩机组,一般为试验舱发动机起动供应起动气,为叶栅、涡轮等试验器供应试验件冷却气和测试通道吹扫用气,同时还为探针校准类较小流量用气的试验器提供试验用气。根据辅助气源试验对象的试验用途,一般只供经过冷却后的压缩空气,且配置一定容量的储气罐暂充气源。

2.4.1　压缩机组的起动

航空发动机试验气源系统的机组为了在轻载的情况下进行起动,工程上一般采用进口节流起动方式或回流起动方式。

1. 进口节流起动方式

压缩机组进口节流起动方式的流程见图 2.26(a)。压缩机组起动时空气从进气阀进入,增压后从放空阀排出。在这个过程中,进气阀不能全开,阀门开度不能大于 15°;放空阀全开;其他阀门全关。采用该方式起动时,最主要的是摸索进气阀在起动时的开度,不仅要保证压缩机组起动时的压比在工作范围内,同时起动时电机尽量轻载运行。

2. 回流起动方式

压缩机组回流起动方式的流程见图 2.26(b)。该方式利用部分压缩机组设置的防喘阀作为回流阀进行起动。起动时空气从回流阀进入,增压后从放空阀排出,同时一部分空气又经冷却后从回流阀进入机组,形成内循环。在这个过程中,进气阀全关,回流阀留有一定开度;放空阀全开;其他阀门全关。采用该方式起动时,最主要的是摸索回流阀在起动时的开度,也是为了保证压缩机组起动时的压比在工作范围内,同时起动时电机尽量轻载运行。

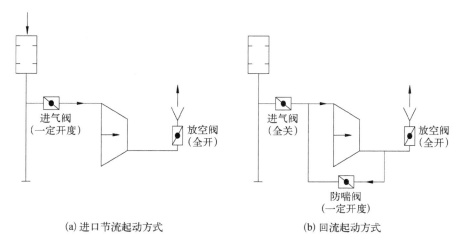

(a) 进口节流起动方式　　　　　(b) 回流起动方式

图 2.26　压缩机组的起动方式

2.4.2　压缩机组的防喘

压缩机在运行过程中,由于管道堵塞,压力升高、流量减少,会突然产生强烈振动,气体介质的流量和压力也出现大幅度脉动,并伴有周期性沉闷的"吼叫"声,以及由气流波动在管网中引起的"呼哧""呼哧"的强噪声,这种现象通称为压缩机的"喘振",压缩机在喘振工况下长时间运行,会严重危及设备安全,造成设备部件的损坏,因此在压缩机运行工艺中专门设置有防喘系统。

压缩机与管网连接,构成一个密闭的气体介质输送体系,压缩机与管网同时工作于该体系中,为气体介质的输送升压提供了必要的条件。如果压缩机在输送气体介质的过程中,其流量不断减少,当压缩机进口流量减少到一定值时,气体在叶轮流道内首先产生分离涡流;流量进一步减少时,气体在叶轮流道内的分离涡流区进一步扩大,并形成严重的旋转脱离现象。气体流动状态严重恶化,压缩机的排出压力大幅度下降,这时管网气体会倒流至压缩机,直至压缩机出口压力大于管网,压缩机又开始排出气体,从而使气流在系统中产生这种周期性振荡的喘振现象。

1. 喘振现象的特征

离心式压缩机一旦出现喘振现象,则机组和管网的运行状态具有以下明显特征。

(1) 气体介质的出口压力和入口流量大幅度变化,有时还可能产生气体倒流现象:气体介质由压缩机排出转为流向入口,这是较危险的工况。

(2) 管网有周期性振荡,振幅大、频率低,并伴有周期性"吼叫"声。

（3）压缩机振动强烈,机壳、轴承均有强烈振动,并发出强烈的、周期性的气流声。由于振动强烈,轴承液体润滑条件会遭到破坏,轴瓦会烧坏,甚至轴会扭断,转子与定子会产生摩擦、碰撞,密封元件将严重破坏。

2. 喘振与管网的关系

图 2.27 为压缩机与管网联合工作性能曲线图,随着管网阻力(P)的增加、气体流量(Q)的减少,管网性能曲线的位置由 1 逐渐左移到 2 和 3,工况点也由 S_1 移到 S_2 和 S_3,此时压缩机不会产生喘振,当气体流量进一步减少,管网性能曲线左移至位置 4 时,其工况点 S_4 已进入喘振区,压缩机开始在喘振工况下运行。

显然,压缩机流量减少,叶轮流道内气体发生严重的旋转脱离是产生喘振的内因;流量减少,管网性能曲线左移是产生喘振的条件。从上述分析可以看出,喘振不仅与叶轮流道中气体的旋转脱离有关,而且与管网特性有密切关系。管网容量越大,则喘振的振幅越大、喘振频率越低;管网容量越小,则喘振的振幅越小、喘振频率越高。

3. 防止喘振的条件

1）最小流量防喘

压缩机的喘振工况是在进口流量减少到一定程度时产生的,该流量通称为压缩机的喘振流量,其也是维持压缩机运行的最小流量,以 Q_{min} 表示。为确保压缩机平稳运行,则进口实际流量 Q 必须大于最小流量 Q_{min},即 $Q>Q_{min}$。

压缩机可以在不同转速下、不同进口导叶开度情况下工作,因此不同转速下、不同进口导叶开度情况下具有不同的性能曲线和相应的喘振流量 Q_{min},如果将不同转速下的喘振流量点即喘振点连成一条线,则该线就是压缩机的喘振线。

图 2.28 为一台压缩机在不同运行条件下的一组性能曲线,每一条性能曲线均

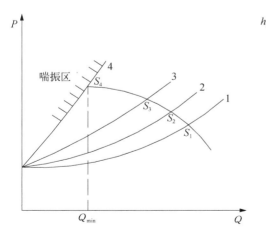

图 2.27　压缩机与管网联合工作性能曲线图

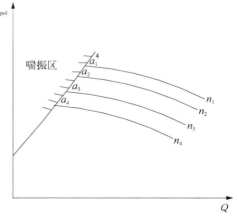

图 2.28　压缩机的喘振线

n 表示转速

有相应的喘振流量和对应的喘振点 a_1、a_2、a_3、a_4。将这些喘振点连成一条线,该线就是压缩机的喘振线,它接近一条抛物线,其方程为

$$h_{pol} = KQ_{min}^2 \qquad (2.4.2.1)$$

式中,h_{pol} 为压缩机多变能量头,J/kg;Q_{min} 为压缩机开始喘振的容积流量,m³/h;K 为常数。

从上述分析可以看出,防止压缩机产生喘振的条件为

$$Q > Q_{min} = \sqrt{h_{pol}/K} \qquad (2.4.2.2)$$

即压缩机运行中的进口实际流量 Q 要大于喘振流量 Q_{min},这是压缩机保持稳定运行的先决条件,一般情况下,取 10%~15% 的余量。

2)压比防喘

在最小流量防喘的实际使用中,特别是对于大流量压缩机,存在大范围、大流量测量不准的问题,因此在工程中,可以利用压缩机组进出口压比与流量的关系曲线(图2.16),采用压比防喘的方法。通过对压缩机组进、出口静压的测量,形成比值(出口压力/进口压力),与该工况下压缩机的喘振压比进行比较来进行判断,防止压缩机产生喘振的条件为

$$\pi = \frac{P_{出}}{P_{进}} < \pi_{喘} \qquad (2.4.2.3)$$

式中,π 为实际工作压比;$P_{出}$、$P_{进}$ 为压缩机组出口压力、进口压力;$\pi_{喘}$ 为压缩机的喘振压比。

4. 防喘系统

为了保证压缩机组运行安全,防止喘振工况对设备部件的损坏,在运行工艺中专门设置有防喘系统,工程上一般采用放空防喘方式或回流防喘方式。

1)放空防喘方式

压缩机组放空防喘方式的流程见图2.29(a)。在压缩机组的排气端设置放空阀,喘振时,快速打开放空阀以达到防喘的目的。

2)回流防喘方式

压缩机组回流防喘方式的流程见图2.29(b)。该方式是在进气和排气端首尾相连的管道上设置回流阀来进行防喘。喘振时,快速打开回流阀以达到防喘的目的。

放空、回流两种防喘方式中,抽气系统的防喘必须采用回流防喘方式,供气系统的防喘则两种防喘方式都可采用,视具体工艺条件结合管网的起动和运行方式灵活选取。

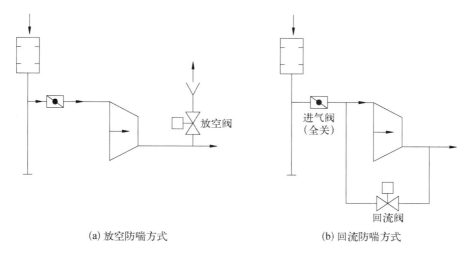

(a) 放空防喘方式　　　　　　　　　(b) 回流防喘方式

图 2.29　压缩机组的防喘方式

3）防喘阀选择

防喘阀主要有电动防喘阀、气动防喘阀和液压传动防喘阀三种型式。气动和液压传动防喘阀的开启时间约 2 s,由于航空发动机试验的用气流量、压力具有变化较大且变化速度快的特点,防喘阀全部采用气动和液压传动两种方式。而电动防喘阀的开启时间约 10 s,具有成本低、系统简单的特点。选用何种方式,应根据设备的特点和喘振对设备的影响等情况综合分析,合理确定。

由于航空发动机试验工况复杂多变,压缩机的工作状态变化较大,防喘阀应用频繁,应根据消喘时机组能正常工作的流量考虑防喘阀管径。同时防喘阀又作为回流起动阀使用,因此在选取阀门时不但要满足喘振要求,还要满足起动要求。空气系统(非工艺气体)防喘阀设置原则为,管径大于 DN400 时,建议采用双阀,一阀可调,另一阀防喘时不调快开,流量各为 50%。

2.4.3　压缩机组串并联运行

航空发动机试验设备的试验工况较多,气源系统需要满足各种工况下的不同压力和流量需求,因此在压缩机组的工作范围设计时,既要考虑单台工作的工况,又要满足多台压缩机组联合运行的工况。在气源系统压缩机组的工艺设计时,有两种方式:一种方式是在试验需求相对稳定时,直接提出流量、压力等主要需求,由压缩机设计厂家直接完成一组串联机组的设计,可采用同轴一台电机拖动,也可采用不同电机拖动,可将其当成单台压缩机组使用,因此建设成本较低,操作简单;另一种方式是厂家设计多台同规格的压缩机组,通过总管的方式进行灵活搭配,用并联方式解决流量的需求,用串联的方式解决压力的需求。本节主要以高空台抽气系统压缩机组的运行搭配为例,对第二种方式进行论述。

1. 二级串并联搭配

以 K9000 和 K3500 两种轴流式压缩机组为例进行搭配分析。

1）压缩机组特点

K9000 和 K3500 两种轴流式压缩机组的机组参数见表 2.2。

表 2.2　K9000 和 K3500 机组参数

参　　数	K9000 机组	K3500 机组
进口压力/[kPa(A)]	2~40	15~50
进口温度/℃	5~40	5~40
进口相对湿度/%	100	100
进口容积流量/(m³/min)	9 000	3 825
增压比/设计点压比	8	7
出口压力/[kPa(A)]	100~110	100~110
出口温度/℃	<350	<350
工作介质	航空煤油燃烧后的气体或空气	

2）单机性能

对于不同静叶角度下 K9000 和 K3500 机组的喘振压比和阻塞压比,以同型机组中最低喘振压比作为该静叶角度下机组的喘振压比,以同型机组中最高阻塞压比作为该静叶角度下机组的阻塞压比(静叶角度分别为 30°、40°、50°、60°、65°、67°),其中 K9000 机组最大开度为 67°,K3500 机组最大开度为 65°,见图 2.30。

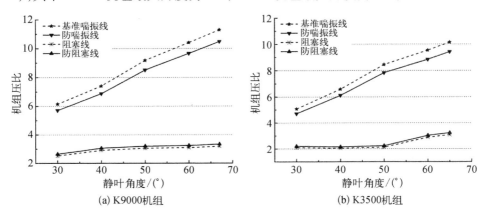

图 2.30　不同静叶角度下机组的防护线设置

K9000 抽气机组静叶角度 63°、K3500 抽气机组静叶角度 64°下的性能曲线见图 2.31。

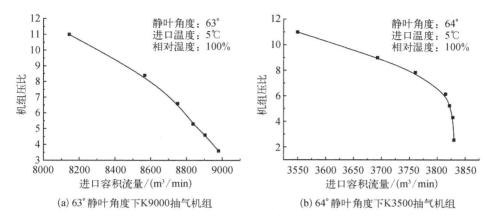

(a) 63°静叶角度下K9000抽气机组   (b) 64°静叶角度下K3500抽气机组

图 2.31　固定静叶角度条件下抽气机组的性能曲线

3）工艺流程

二级串并联抽气工艺流程见图 2.32。

图 2.32　二级串并联抽气工艺流程

4）匹配方式

根据机组配置及功用情况,同时考虑试验对抽气流量多样化的需求,拟采用表 2.3 中的三种串并联抽气匹配方式。

表 2.3　串并联抽气匹配方式

匹 配 方 式	一抽机组 K9000 台数	二抽机组 K3500 台数
1+1	1	1
2+1	2	1
3+2	3	2

（1）1+1 二级串联搭配。

K9000 机组和 K3500 机组 1+1 串联匹配计算结果见图 2.33。

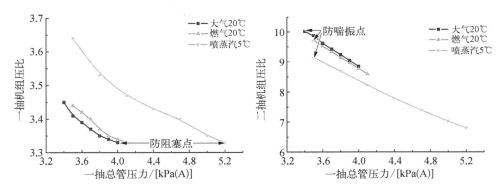

图 2.33 1+1 匹配抽气能力及机组压比分配

1+1 匹配方式协调匹配的抽气压力范围在各进气工况条件下都非常窄;在抽气压力范围上边界,一抽机组压比达到了防阻塞点,在抽气压力范围下边界,二抽机组压比达到了防喘振点,限制了该抽气能力范围,见图 2.33。

该匹配方式存在两个方面的问题:一是抽气压力范围过窄;二是协调匹配时一抽机组压比较低,接近防阻塞压比,二抽机组压比偏高,接近防喘振压比,稳定裕度过窄。一抽机组和二抽机组在当前静叶角度设置条件下,该匹配方式不满足调试和试验使用要求。

(2)2+1 二级串并联搭配。

K9000 机组和 K3500 机组 2+1 串并联匹配计算结果见图 2.34。

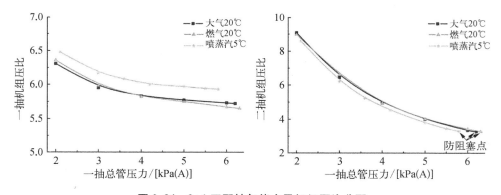

图 2.34 2+1 匹配抽气能力及机组压比分配

2+1 匹配方式的最低抽气压力达到了一抽机组的最低进口压力限制 2 kPa(A),此时二抽机组压比偏高,但未达到防喘振点;在较高抽气压力时,由于二抽机组压比达到防阻塞点而限制了该匹配方式的抽气压力上限。串并联抽气并网操作是在一抽机组进口压力为 12.5 kPa(A)时进行的,进气工况为大气条件时的协调匹配抽气压力最高只能达到 6.2 kPa(A),见图 2.34。

（3）3+2 二级串并联搭配。

K9000 机组和 K3500 机组 3+2 串并联匹配计算结果见图 2.35。

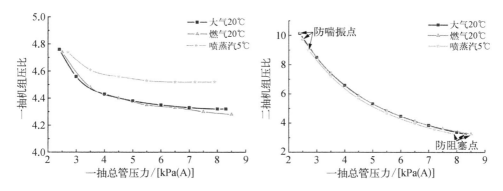

图 2.35　3+2 匹配抽气能力及机组压比分配

3+2 匹配方式在各进气工况条件下都具有较宽的抽气压力范围；并且限制这几种匹配方式抽气压力范围的因素相同，都表现为在抽气压力范围下边界，二抽机组压比达到防喘振点，在抽气压力范围上边界，二抽机组压比达到防阻塞点，见图 2.35。

在以上匹配方式中，1+1、2+1 在各进气工况条件下的抽气压力范围较窄，其他匹配方式（3+2）相对具有较宽的抽气压力范围；不同进气工况条件下各匹配方式的抽气压力范围见表 2.4。

表 2.4　不同进气工况条件下各匹配方式的抽气压力范围

匹配方式	抽气压力范围/[kPa(A)]		
	大气 20℃	燃气 20℃	喷蒸汽 5℃
1+1	3.4~4.0	3.5~4.1	3.5~5.2
2+1	2.0~6.2	2.0~6.3	2.2~5.8
3+2	2.4~8.3	2.5~8.5	2.7~7.9

随着抽气压力的变化，各匹配方式都表现为一抽机组压比变化范围不大，较为稳定；二抽机组压比则大幅变化，对抽气压力的变化十分敏感；因此在实际调试、试验运行时，需更加关注二抽机组运行工况的变化及调节。从各匹配方式二抽机组压比的分配情况可以看出，二抽机组的稳定工作范围是限制各匹配方式抽气压力范围的主要因素。

试验证明，其试验结果与仿真结果较为吻合。

2. 三级串并联搭配

以 D3500 离心式压缩机组为例进行搭配分析。

1）压缩机组特点

D3500 离心式压缩机组的机组参数见表 2.5。

表 2.5　D3500 机组参数

参　　数	D3500 机组
进口压力	2~95 kPa（A）
进口温度	5~40℃
进口相对湿度	100%
进口容积流量	3 750 m³/min
设计点压比	4.2
出口压力	100~110 kPa（A）
出口温度	120℃
工作介质	航空煤油燃烧后的气体或空气

2）单机性能

D3500 机组单机性能见图 2.36。

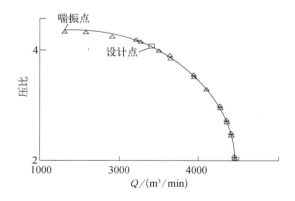

图 2.36　D3500 机组单机性能

3）工艺流程

三级串并联抽气工艺流程见图 2.37。

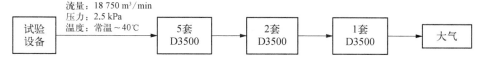

图 2.37　三级串并联抽气工艺流程

4）匹配方式

根据机组配置及功用情况,同时考虑试验对抽气流量多样化的需求,拟采用表 2.6 中的三种串并联抽气匹配方式。

表 2.6　串并联抽气匹配方式

匹配方式	一抽机组台套数	二抽机组台数	三抽机组台数
5+2+1	5	2	1

5）三级抽气机组试验技术分析

试验中各级机组的压力分配见图 2.38。试验中通过对现场实际情况的分析,三级串并联搭配采用了压缩机组处于供气状态下的并网方法;为改善级间匹配,采用了利用机组防喘阀对机组进行补气的方法。

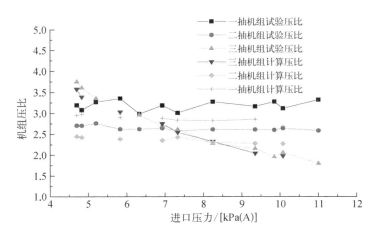

图 2.38　三级抽气机组各级间的压力分配

试验中根据最低的抽气压力范围,将第三级机组的防喘阀保持部分开度,以改善机组三级串并联工作时的级间不匹配,使其接近串联后的理论工作压比范围。试验证明该种补气方式具有操作简便、灵活,节省能耗的优点,同时可调配各级机组的工作点,以扩展试验范围,使一抽总管压力最低可达到 2.5 kPa(A),最高可达到 11 kPa(A)左右。三级抽气时,一级、二级、三级抽气机组的节流特性基本上是一条直线,进口质量流量与压力呈线性关系,随着进口压力的升高,质量流量也呈上升趋势。

从图 2.38 可以看出,三级串并联时第一级机组的平均压比在 10% 的范围变化,而第二级机组的平均压比在 3% 的范围变化,第三级机组的平均压比在 90% 的范围变化。因此,第三级机组的工作范围就影响了整个三级串并联机组总的工作能力。在实际操作中,为了使实际工作范围变得较为宽广,可对第三级机组的进口采用补气的方法,以提高第一、二级机组的压比,同时降低第三级机组的压比。试验表明,D3500 机组三级串并联工作时,在进口压力抽至 3.7 kPa(A)时仍能正常工作,采用第三级机组防喘阀回流补气的方法可抽至 2.5 kPa(A)左右,扩展了机组的工作范围,见表 2.7。

表 2.7　三级串并联机组工作范围对比

参　　数	三级串并联抽气(原工作范围)			三级串并联抽气(补气后工作范围)		
	一抽总管	二抽总管	三抽总管	一抽总管	二抽总管	三抽总管
抽气压力/ [kPa(A)]	2.94~9.81	5.88~24.52	19.62~58.84	2.5~11	7.75~28.6	24.5~68.8

运行中一级单机平均进口容积流量最大为 3 900 m³/min 左右,与单机节流性能相比,同一压比下容积流量下降 4% 左右。高空台在进行 5+2+1 最大规模三级抽气时,最大抽气容积流量可达 19 500 m³/min。机组串联运行时,在一级机组进口压力较高的情况下,末级机组会在低压比滞止状态下工作,流量增大,使机组产生低鸣及增大振动,非常不利于设备的正常使用,这种工况应尽量避免。

由于系统漏气量和机组间管网阻力的存在而使串联压缩机的抽气性能下降,级间的管网阀门漏气会增大下一级压缩机的进口容积流量,使下一级压缩机工作时不仅要抽走上一级的流量,还需抽走漏气量,特别是在低压状态下,在压缩机进口同样的漏气量膨胀为供气状态数十倍的容积流量,这样使压缩机相当一部分抽气能力是在抽气漏气量,因此漏气量对机组的性能影响较大。

3. 多级串并联运行技术

在多台压缩机组运行中,三级串并联抽气试验的技术难度最大,这主要是由于级间的相互影响较一级并联抽气、二级串并联抽气工作时更为复杂。因此只要解决了三级串并联运行并网技术问题,就能类似地解决其他串并联机组抽气试验的技术问题。在三级串并联运行中,主要的技术问题在于:用何种方法进行串并联并网;如何解决三级串并联抽气中的级间匹配,以扩大系统的工作范围;级间压缩机事故停机时的处理方法。

根据实际使用工况,在工程实践中一般采用两种多级压缩机组串并联方法:

一种方法是将下一级抽气机组处于节流状态下的并网;另一种方法是将下一级抽气机组处于供气状态下的并网。为改善级间不匹配的情况,也摸索了两种解决方法:一种方法是通过补气阀对级间补气;另一种方法是采用回流补气。下面以图 2.39 为例,对多级压缩机组串并联方法进行简要的分析。

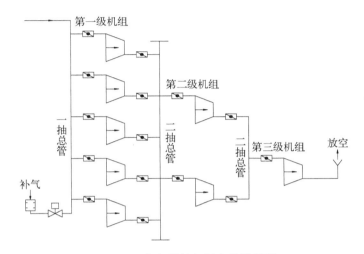

图 2.39 多级压缩机组串并联原理

1) 压缩机组处于节流状态下的并网

压缩机组处于节流状态下的并网是指在前一级机组并联运行的基础上,将下一级机组转为节流状态(即放空阀全开,进气阀只有部分开度),然后进行两级机组间并网的方法。该并网方法的具体原理为(图 2.40):当进行两级机组并网时

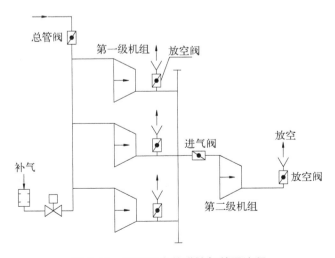

图 2.40 两级间串并联抽气并网流程

（此时第二级机组已处于节流状态），慢开第二级机组进气阀，慢关第一级机组放空阀，同时还需要调节总管阀（减少总管进气流量），最终使第二级机组进气阀全开，第一级机组放空阀全关，两级机组达到平衡状态，即两级机组都工作在各自的正常工作范围内。以此类推，可完成多级机组的串并联并网。

该方法在实际的级间并网中操作的难度较大，因在操作时，不仅要保证Ⅰ、第二级机组在阀门调节时工作在各自的正常工作范围内，需调节的三组阀门又相互关联，曾出现过在并网时由于第一级机组排气流量不畅，而使排气压力升高，造成第二级机组进口压力超过设计值而导致电机超载停机。试验表明，采用压缩机组处于节流状态下的并网方法，在并网过程中易造成第一级机组喘振，并使第二级机组的进口流量增大，使机组工作在滞止状态或电机超载停机，同时需调配三组阀门，操作复杂，不能满足高空台试验中被试发动机运转状态下的并网需求。

2）压缩机组处于供气状态下的并网

采用压缩机组处于供气状态下的并网是指在前一级机组并联运行的基础上，将下一级机组转为供气状态（即进气阀全开，放空阀建立压力），然后进行二级机组间并网的方法。

该并网方法的具体原理为（图2.39）：当进行两级间机组并网时（此时第二级机组已处于供气状态），全关第一级机组放空阀；然后慢关总管阀（减少总管进气流量），使总管压力达到要求；最后全开第二级机组放空阀。以此类推，可完成多级机组的串并联并网。

该方法在实际的两级间并网中操作简单，只需按顺序操作，就能顺利完成并网，该方法的关键是在并网前调节总管阀使第一级机组的进口流量小于第二级机组处于供气状态时的进口流量。试验表明：采用压缩机组处于供气状态下的并网方法，简单可靠，有效缩短了并网时间，并且能满足在高空台试验时被试发动机运转状态下的并网需求。

3）串并联工作时的级间补气

高空台试验对抽气机的要求不只是在一固定点工作，而是在一个范围内工作，因此串并联机组较宽广的整体工作范围对于高空台试验有着非常重要的意义。

在同种离心式压缩机组的多级串并联抽气的组合中，机组的级间都存在不同程度的不匹配现象，该现象主要是由离心式压缩机组的固有工作特性与级间容积流量的不匹配造成的。试验证明，多级串并联的级间不匹配性导致实际最大工作压比远小于理论最大工作压比，使串并联后机组的整体工作范围变窄，在整个工作范围运行过程中，前几级机组的工作压比较稳定，压比变化不超过10%，而末级机组的压比变化较大，同时运行时喘振首先发生在最末一级机组。因此末级机组的工作范围就决定了串并联机组的整个工作范围。在实践中采用了两种方法对串并联机组中的末级机组进行补气，见图2.41，以达到改善串并联机组的级间匹配、扩展串并联机组整体工作范围的目的。

（1）机组串并联工作时的补气阀补气。

压缩机组在串并联机组的最大压比点工作时，末级机组已在喘振点附近工作，而前几级机组仍工作在较稳定的压比点。因此为改善末级机组的工作状况，可采用补气阀对末级机组进行补气，见图2.41(a)，提高进口压力，降低末级机组压比，使机组工作点离开喘振点。在操作时应注意在提高末级机组进口压力的同时，前一级机组的压比将提高，因此，以前一级机组的工作点压比不高出机组的设计点压比为操作限制。

（2）机组串并联工作时的回流补气。

改善压缩机组级间匹配的另一种方式是利用机组自身的防喘阀对末级机组进行补气，见图2.41(b)。该种方法是根据预先的最低的抽气压力范围，将后几级机组的防喘阀留有部分开度（一级机组的防喘阀须全关），以改善多级机组串并联时的不匹配性，使其接近串并联后的理论工作压比范围。试验表明，采用末级机组回流补气方法具有操作简便、灵活，节省能耗的优点。在高空台试验时的三级串并联工作中，机组运行状态良好，能满足使用要求。

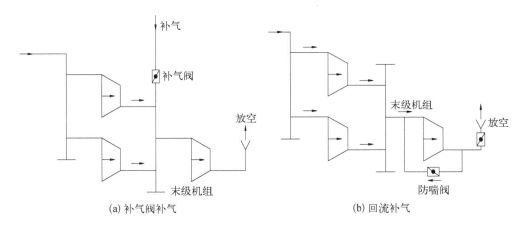

图 2.41　串并联机组改善级间匹配的方法

4. 串并联工作时的意外情况及处理

压缩机串并联工作时，一般情况下喘振首先发生在最末一级压缩机。由于机组一般都有自动防喘装置，因此当喘振发生时，也不会带来太大的麻烦。在实际的使用中，采用调节总管阀，适当降低一级机组的压比进行消喘的方法。

压缩机串并联工作时，出现意外情况应及时处理，避免造成其他机组进入喘振或电机过载停机。下面就以三级串并联（5+2+1）为例，对串并联机组运行时的意外情况及处理方法进行简要的说明，见图2.39、图2.40。

1）第三级机组事故停机

当第三级机组事故停机时，第三级机组执行自动保护动作，此时机组的防喘阀自动全开，排气逆止阀会自动全关，第三级串联机组的出口被切断，会造成第一、第二级机组防喘阀自动打开，机组在回流状态下运行。

处理方法：此时应慢开总管阀，待三抽总管压力接近大气压时，同时全开第二级机组的放空阀。在整个操作过程中，应保证三抽总管的压力不高于环境大气压力。

2）第二级机组事故停机

第二级机组事故停机分为两种情况：第二级机组全部停机；第二级机组其中一台停机。

第二级机组全部停机时，机组执行自动保护动作，此时机组的防喘阀自动全开，排气逆止阀会自动全关，第二级串联机组的出口被切断，会造成第一、第二级机组防喘阀自动打开，机组在回流状态下运行。

处理方法：此时应慢开总管阀，待二抽总管压力接近大气压时，同时全开二级机组的放空阀。在整个操作过程中，应保证二抽总管的压力不高于环境大气压力。

第二级机组其中一台停机时，机组的防喘阀会自动全开，排气逆止阀会自动全关，相当于5台D3500机组-1台D3500机组-1台D3500机组串联运行，由于流量不匹配，此时第二级机组会出现进口压力高于出口压力，使其处于涡轮状态，而第一级机组由于出口压力升高而喘振，第三级机组会由于进口流量减小而喘振。

处理方法：此时各喘振机组的防喘阀会自动全开，迅速将三级串联抽气机组脱开串联状态，使第二级、第三级机组独立工作，保持第一级机组并联抽气。

3）第一级机组事故停机

当第一级机组单台事故停机时，应注意监视三抽机组，若第三级机组压比过高，可适当进行补气。

5. 串并联机组的退出并网状态

串并联机组的退网操作方法与节流状态下的并网方法是反相操作，在此不再赘述。以二级串联为例（图2.40），先将串联机组转为节流状态（慢开总管阀，慢关工作机组进气阀，使工作点在性能特性线的中间位置）；慢关第二级机组进气阀，使工作点在性能特性线的中间位置；慢开第一级机组进气阀，在第一级机组的出口压力大于大气压时，全开第一级机组放空阀。至此二级机组退出二级串联状态。

2.5　空气管网配置

空气管网将气源系统压缩机组、空气预处理系统和试验设施进行连接，利用阀门可实现比较灵活的试验工艺流程，空气管网主要包括管道、阀门、管道附件（弯头、三通、补偿器等），见图2.5。

比较典型的空气管网配置方案有两类：第一类配置方案采用总管供气，总管的一端与同压力等级的多台压缩机的供气支管相连，另一端与同类需求的试验设施的进气支管相连，总管上可设计稳压装置。在保证供气需求的前提下，压缩机组可灵活配置，同时试验设施可实现并行运行，采用该种配置方案的试验安排相对较灵活，气源设备的利用率较高，水、电、油等动力配套系统的利用率高，各试验设备的试验运行差异导致对试验调度的水平要求较高，同时总管故障维修会影响多台试验设备的运行，采用总管供气方式的总图布局见图 2.42。第二类配置方案采用单一管道供气，即气源站采用独立管道单独为某一试验器提供气源，该种配置方案试验设施的运行安全风险较低，便于总管的维修维护，但运行成本较高，会增加动力配套建设成本，动力配套系统的利用率较低。大多数航空发动机试验基地均采用总管方案，试验设施较少的高校则通常采用单一管道方案。

图 2.42 室外空气总管

大多数试验设施都具备宽广的试验范围，导致航空发动机动力配套系统的试验流程非常复杂，为满足试验点及过渡态需要，在管道配置设计时，需根据试验设备类型及能源需求范围对管道等级进行合理分类，优化工艺流程设计，在空气压缩机组、空气管网及配套设施选型时也要做好合理分级，尽量避免不同设计指标管道串接，避免系统运行风险。管道配置还须满足工艺、设备、土建、仪表、电气等相关专业的设计要求及设计装置的当地条件和工艺操作要求，管道配置设计需根据上述条件不断深化。对于大流量管网系统，还需通过仿真手段对管网工艺流程和布局设计进行适当优化，确保管网流量、振动、噪声处于良好状态。

空气管网在配置和设计时，按照气源系统的工艺流程和使用要求，结合设备、土建、仪表、电气等各专业的设计要求和建设地的地理、地质、水文、气候、气象等条件,遵循相关法规和规定,用管道及其组件将装置中的各设备安全、经济、合理地连接成为一个系统,使系统满足工艺流程和使用要求,同时满足安全性、经济性、标准化设计、美观性等要求。

管道设计可通过工艺流程图、管线及仪表流程图、平面及立面布置图、管道特性表、管道应力计算、相关专业条件互提、工程图等约 7 个基本程序完成。对于各阶段的设计内容及深度要求,可参考相关行业的专门规定或项目合同商定具体内容。如化工行业的《化工工艺设计手册》《化工工艺设计施工图内容和深度统一规定》(HG/T 20519—2009)等对工艺系统各阶段的设计内容和深度进行了详细说明。

本节结合空气管道的建设经验主要对空气管道的流速选取、应力计算、补偿设计等主要方面进行论述。

2.5.1　空气管网组件

1. 管道

高空模拟试验舱配套的气源能力一般较大,试验时空气管道的供抽气流量大,空气管道的管径一般会超出现有设计、施工规范,且包含大量大口径真空管道,这些超出设计规范的空气管道大都需要按照非标准设备设计。目前零部件试验配套管道的通径大多小于 DN1000,可以按标准管道设计;高空模拟试验设施的供气管道通径基本都超过 DN1000,用于抽气的真空管道通径基本超过 DN3000,在管道设计时除需按标准管道通用计算方法外,还需要对管件(三通、弯头等)采用有限元分析,管件需要采用补强设计,真空管道还需要进行稳定性计算。

大流量管网在选择主要设计参数时,应注意提高管道设计流速会减小管径和阀门通径以及管道附件尺寸,大大节约建设成本和占地空间,但流阻的增加使动力能耗增大,会增加一定的运行成本,同时需对管道的振动和噪声采取控制措施。航空发动机试验用的大流量气源系统一般为间隙运行,其建设成本的节约量远大于日常运行成本的增量,因此在管道设计时,大流量管道设计流速一般较化工类管道设计流速高 2~3 倍。

2. 阀门

为满足高空模拟试验工况的调节需要,空气管网中需设置各种类型的阀门,用于控制试验介质的压力、流量和流向等。正确的阀门选型才能保证管段密封性和满足试验的各种调节要求。

阀门的分类方式较多,有按阀门驱动型式进行分类的,如手动、液动、气动、自力式等驱动型式;也有按阀门结构进行分类的,如蝶阀、闸阀、旋启阀、升降阀、柱塞阀、截止阀、球阀等结构;也有按阀门功能进行分类的,如截断阀、止回阀、调节阀、分配阀、安全阀、疏水阀、排污阀等。

气源系统空气管网常用的阀门有蝶阀、闸阀、止回阀、柱塞阀等,主要使用的功能有截断和调节。蝶阀在压力等级不高的管道上截断用,安装空间受限且双向密封要求不高的管道上也可以使用蝶阀来截断,由于结构相对简单,制造成本不高,部分调节精度要求不高的地方也可以采用蝶阀作为调节阀,蝶阀是目前试验设施使用较为广泛的一类阀门;闸阀主要用于管道截断,特别是有双向密封要求的管道或供气压力、温度较高的管道;止回阀一般安装在动力设备出口,防止介质逆流损坏设备;柱塞阀则主要用于精确调压。下面对此四种阀门的功能及结构进行简单说明。

1)蝶阀

蝶阀的关键性部件蝶板采用翼状结构,利于介质流通,蝶阀的阀瓣是圆盘,可围绕阀轴旋转,旋角不大于 90°。蝶阀可以采用手动或电动、液动、气动装置驱动。通用的大口径蝶阀结构见图 2.43。

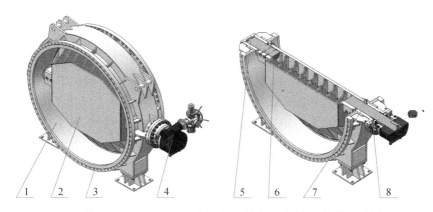

1-阀体;2-阀板;3-法兰;4-执行器;5-堵盖;6-阀轴;7-填料;8-衬套

图 2.43　大口径蝶阀结构

蝶阀结构轻巧,结构简单,蝶阀更容易做成很大口径,安装空间较闸阀小,蝶阀比闸阀使用起来更经济,能够使用蝶阀的地方建议尽量不要使用闸阀。蝶阀具有开闭迅速、流体阻力小、操作省力等特点,调节特性为近似等百分比特性,见图 2.44,在 10%~80% 开度(各阀门厂家对此说法并不统一)拥有较好的调节特性,在对调节精度要求不高的工艺系统中也可以作为流量调节阀使用。

蝶阀的密封副有金属对橡胶的弹性密封结构,也有金属对多层石墨或金属对金属的多偏心结构,常温管道阀门一般采用橡胶或聚四氟乙烯软密封结构,使用温度在 250℃ 以内时一般采用多层石墨密封结构,使用温度高于 250℃ 时一般采用纯金属密封结构。

常用的蝶阀主要有三种结构型式:同心蝶阀、双偏心蝶阀、三偏心蝶阀,试验

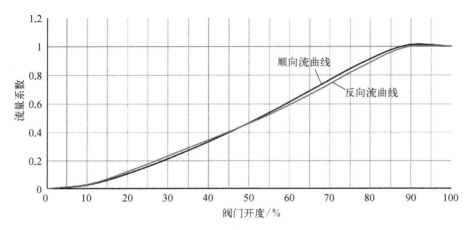

图 2.44　蝶阀调节特性

设施的空气系统阀门一般使用压力、使用温度均较高,多采用三偏心蝶阀,根据使用温度、使用压力或泄漏等级要求不同,可合理选用同心蝶阀、双偏心蝶阀,例如,循环冷却水系统阀门的使用温度基本为常温,则可以使用同心蝶阀或双偏心蝶阀。

三偏心蝶阀的阀板回转中心(即阀门轴中心)和阀板密封截面形成一个偏置,并与阀体中心(即安装管中心)形成一个偏置,阀体密封面中心线与阀体中心线形成一个角度偏置,偏心示意图见图 2.45。其结构特征为阀杆轴心既偏离蝶板中心、也偏离本体中心,同时使蝶板密封面的圆锥形轴线偏斜于本体圆柱轴线;也就是说,经过三次偏心后,蝶板的密封断面是椭圆,其密封面形状不再对称,一边倾斜于

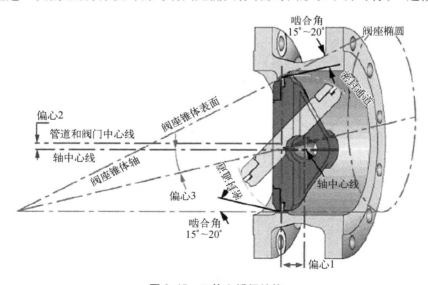

图 2.45　三偏心蝶阀结构

本体中心线,另一边则平行于本体中心线。三偏心蝶阀的最大特点就是从根本上改变了密封构造,不再是位置密封,而是扭力密封,即不是依靠阀座的弹性变形,而是完全依靠阀座的接触面压来达到密封效果。要耐高温必须使用硬密封,但泄漏量大;要零泄漏使用软密封最好,则耐高温性不好。

同心蝶阀的结构特征为阀杆轴心、蝶板中心、本体中心在同一位置上。结构简单、制造方便,但由于蝶板与阀座始终处于挤压、刮擦状态,阻矩大、磨损快。为克服挤压、刮擦,保证密封性能,阀座基本上采用橡胶或聚四氟乙烯等弹性材料,使用上受到温度限制,不耐高温。

双偏心蝶阀的阀板回转中心(即阀门轴中心)与阀板密封截面形成一个偏置,并与阀体中心(即安装管中心)形成一个偏置。其结构特征为阀杆轴心既偏离蝶板中心、也偏离本体中心;双偏心的效果使阀门被开启后蝶板能迅即脱离阀座,大幅度消除蝶板与阀座的过度挤压、刮擦现象,减小了开启阻矩,降低了磨损,延长了阀座寿命。刮擦的大幅度降低使得双偏心蝶阀也可以采用金属阀座,提高了蝶阀的高温应用。因其密封原理属位置密封构造,即蝶板与阀座的密封面为线接触,通过蝶板挤压阀座所造成的弹性变形产生密封效果,故对关闭位置要求很高,特别是采用金属阀座时,承压能力较低,泄漏量会较大。

2)闸阀

闸阀也叫闸板阀,闸板沿通道轴线的垂直方向移动,进行阀门开启或关闭。它的闭合原理是闸板密封面与阀座密封面高度光洁、平整一致、相互贴合,阻止介质流过,并依靠顶模、弹簧或闸板的变形来增强密封效果,可有效地满足单、双向密封性能要求,它在管路中主要起截断作用;闸阀多采用手动或电动装置驱动。通用闸阀结构见图 2.46。

闸阀的优点是流体阻力较小,启闭较省劲,可以在介质双向流动的情况下使用,没有方向性,全开时密封面不易冲蚀,结构长度短。缺点是开启阀门时还需要考虑阀杆的活动空间,需要较大的安装、操作空间。高空模拟试验配套气源系统空气管道的通径较大,受布局限制,较少选用闸阀,一般在有双向密封要求的零部件试验设施配套的气源系统中使用,循环冷却水系统中也常使用。

3)止回阀

止回阀又称单向阀、逆止阀、背压阀,主要结构有旋启式或升降式。这类阀门是依靠管道内介质本身的力量自动启闭的,它的作用是阻止介质倒流,防止空气压缩机组或泵类设备反转,以及防止容器内的介质泄放。对于管道通径大于 DN500 或抽气机组直排大气(微正压环境)的管道,自力式止回阀无法满足工艺需要,需另外设置液动或气动装置来辅助驱动。气源系统压缩机组出口配置的止回阀一般为旋启式,多采用液动执行机构辅助调节。通用的自力式旋启式止回阀结构见图 2.47。

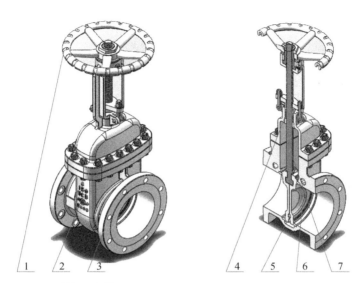

1—手轮;2—阀体;3—法兰;4—填料;5—阀座底盖;6—阀板;7—阀杆

图 2.46　闸阀结构

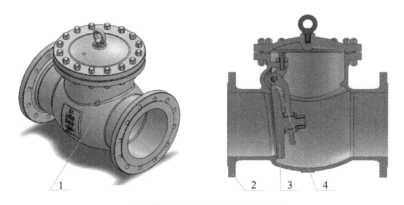

1—阀体;2—法兰;3—阀板;4—转轴

图 2.47　自力式旋启式止回阀结构

4）柱塞阀

柱塞阀关闭件为圆柱形活塞筒,关闭件沿着阀体上的导杆在曲柄的驱动下沿管道径向或轴向运动,活塞筒上开有透气窗口,活塞筒上的窗口露出套筒时,介质从活塞筒表面窗口流入套筒环腔(柱塞阀结构见图 2.48),根据调整露出套筒的窗口数量和面积来实现对流量的精确调节,活塞筒运行过程中容易实现较平稳的线速度,阀门拥有较好的线性调节特性,柱塞阀的线性调节特性曲线见图 2.49,也可以根据流量调节要求对透气窗口的形状进行特殊定制。该种类型的阀门可作为截断阀也可作为调节阀使用。其驱动机构一般采用液压驱动,也有采用电动或气压驱动的。柱塞阀在航空发动机试验设施及气源系统中基本作为精密流量调节阀使用,该种类型的阀门一般造价较高。当试验设备工艺系统中的流量调节范围较宽的时候,全部采用柱塞阀进行流量调节不但造价十分昂贵,安装空间需求也大,此时应采用制造成本相对较低、外形尺寸较小的蝶阀实现粗调,采用柱塞阀配合精确调节。

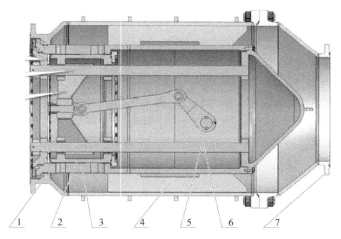

1-阀体;2-活塞筒;3-窗口;4-环腔;5-导杆;6-曲柄;7-法兰

图 2.48　柱塞阀结构

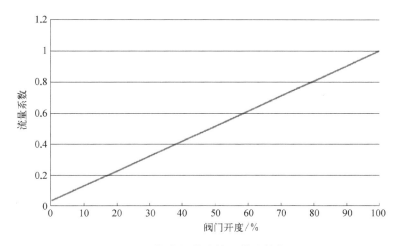

图 2.49　柱塞阀的线性调节特性曲线

3. 补偿器

要保证管网安全运行,在设计时应考虑输送工艺介质的冷热特性,在热胀冷缩条件下对工艺管道进行补偿,一般采用自然补偿和柔性补偿。下面主要对利用补偿器柔性元件的变形来实现的管道补偿进行论述。

1）补偿器的类型

在管网中使用的补偿器根据自身能否承受压力推力可分为非约束型和约束型两种型式。根据吸收位移的类型可分为轴向型、横向型、角向型和万向型四种型式。

非约束型补偿器为自身不能承受压力推力的补偿器;约束型补偿器为自身能承受压力推力的补偿器。

轴向型补偿器主要用于吸收轴向位移,可以设计成非约束型或约束型。非约束型轴向型补偿器有单式轴向型和外压轴向型,主要吸收轴向位移,也可吸收少量横向位移;约束型轴向型补偿器有直管压力平衡型、旁通直管压力平衡型、曲管压力平衡型,主要吸收轴向位移,曲管压力平衡型也可以吸收少量横向位移。

横向型补偿器一般为约束型,包含复式拉杆型、复式万向铰链型、复式铰链型,用于吸收横向位移。当在约束型补偿器中设置两根拉杆时,可用于吸收垂直于两拉杆构成平面的角向位移,设置双铰链或双万向环的补偿器也可用于吸收角向位移。

角向型补偿器一般也为约束型,包含单式铰链型、单式万向铰链型,可用于吸收平面内的角向位移。当设置铰链时,用于吸收单平面角向位移,当设置万向环时,可用于吸收多平面角向位移。

万向型补偿器包含复式自由型、曲管压力平衡型、直管压力平衡拉杆型、直管压力平衡万向铰链型,用于吸收多个方向的位移,复式自由型补偿器为非约束型,其他为约束型。

2）补偿器的结构

波纹补偿器一般由波纹管、中间管及接管、拉杆、支撑环板、端板、导流筒、保护罩等组成,管道配置中较常用的大拉杆横向型波纹补偿器结构见图 2.50,其他类型补偿器根据其补偿功能在结构设计上各不相同,但主要的结构件大同小异。

补偿器的连接方式主要有法兰连接和焊接,大部分管道补偿器采用焊接结构以减少管道漏气点。拉杆为补偿器的约束件,非约束型补偿器则没有拉杆结构,对于真空管道补偿器,在拉杆设计时一定要在承力端板两侧均设置球面螺母,以确保其具备承受外压的条件。导流筒主要用于减小气流冲刷,一般管内流速超过 30 m/s 时建议设置导流筒。保护罩可保护波纹管免受外物破坏,但不利于运行时观察波纹管的状态,保护罩可设计成可拆卸式结构,由使用者灵活使用。

补偿器的种类及结构型式较多,设计选型时尽量采用较常用的单式轴向型、直管压力平衡型、曲管压力平衡型、单式铰链型、复式铰链型等来满足使用要求。部分特殊补偿器需对管系支架进行特殊设计,受限于管网设计人员对不常用补偿器的了解情况及现场施工单位的素质,特殊补偿器现场使用时容易出现一些纰漏,造

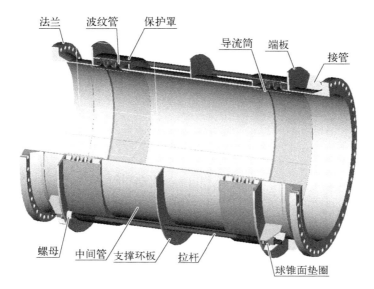

法兰　波纹管　保护罩　导流筒　端板　接管
螺母　中间管　支撑环板　拉杆　球锥面垫圈

图 2.50　大拉杆横向型波纹补偿器结构

成一些无谓的事故发生。

　　常用补偿器的结构型式及功用见表 2.8。

表 2.8　常用补偿器的结构型式及功用

序号	自身能否承受压力推力	吸收位移类型	型式	示　意　图	位　移				
					轴向	横　向		角　向	
						单个平面	多个平面	单个平面	多个平面
1	非约束型	轴向型	单式轴向型		●	○	○	○	○
2	非约束型		外压轴向型		●	○	○	○	○

续　表

序号	自身能否承受压力推力	吸收位移类型	型式	示　意　图	位　移				
					轴向	横　向		角　向	
						单个平面	多个平面	单个平面	多个平面
3	约束型	轴向型	直管压力平衡型		●	×	×	×	×
4	约束型		旁通直管压力平衡型		●	×	×	×	×
5	约束型		曲管压力平衡型		●	○	○	×	×
6	约束型		单式铰链型		×	×	×	●	×
7	约束型	角向型	单式万向铰链型		×	×	×	●	●

续　表

序号	自身能否承受压力推力	吸收位移类型	型式	示意图	位移				
					轴向	横向		角向	
						单个平面	多个平面	单个平面	多个平面
8	约束型	横向型	复式拉杆型		×	●	●	×	×
9	约束型		复式万向铰链型		×	●	●	●	×
10	约束型		复式铰链型		×	●	×	●	×
11	约束型		复式万向角型		×	●	●	●	●
12	非约束型	万向型	复式自由型		●	●	●	●	●
13	约束型		曲管压力平衡型		●	●	●	×	×

续　表

序号	自身能否承受压力推力	吸收位移类型	型式	示意图	位移				
					轴向	横向		角向	
						单个平面	多个平面	单个平面	多个平面
14	约束型	万向型	直管压力平衡拉杆型		●	●	●	×	×
15	约束型		直管压力平衡万向铰链型		●	●	●	●	●

注：●-适用；○-有限范围适用；×-不适用。

2.5.2　主要设计参数

管道的设计压力应不小于操作压力和使用最苛刻条件下压力和温度组合工况下的压力。管道通径大小的设计取决于最大流量、压力、温度和管道流速。管道的流量、压力、温度主要由试验状态决定，所以管径的设计很大程度上取决于对管道流速的选取。而管道流速则主要影响管网系统的沿程损失、管道内的流场分布和管道振动等方面。

航空发动机试验配套动力系统一般能力较大，但多为间隙运行，试验单次运行时间较短，同时为满足试验工艺上的调节需要，试验设施一般布局较为紧凑，尽量减小输送管道损失和管容对调节性能的影响，故管道损失引起的系统能源损失相对有限，更多时候需要考虑满足工艺需求和降低建设成本，故管网系统的流速选取得一般较大。

根据航空发动机基础试验设施建设的工程经验，供气系统的空气管道设计流速一般以不大于 40 m/s 为宜，抽气系统的设计流速一般不大于 60 m/s，对于安装空间受限或其他原因需要进一步提高管道设计流速的，可在满足试验工艺限定的压力损失范围内适当提高，但一般建议不超过 80 m/s，严禁输送用管道的设计流速超过 120 m/s；空气压缩机组进气管道的设计流速则一般不超过 25 m/s。

空气管网的供气管道设计时，可根据工艺空气的流量、密度、流速计算出管道直径，然后根据工艺空气的压力和管道工作温度下管材的许用应力、焊缝形式等确定管道壁厚。

对于负压管道,应按真空容器的相关规范设计,进行负压稳定性校算,对管道进行加强筋补强,提高管道刚度,增加管道的耐失稳能力,在进行气密性试验时,管道试验压力可按 0.2 MPa 选取。

2.5.3　空气管道布置

在确定了试验设备的工艺流程和工艺原理,并初步确定了管道的大小以及相关设备的工艺尺寸后,就可进行空气管道的初步布置,主要是初步确定空气管道的支(吊)架形式以及管道的补偿方式。

在空气管道输送工艺空气时,管道及连接设备受输送空气性能状态及外界环境的影响,会发生热胀冷缩,如果管道的热胀冷缩受到约束,管壁会产生很大的热应力。热应力超过管材的强度极限,就会使管材遭到破坏,如果热应力超过设置的约束力,会导致管系失稳。为使管道系统安全稳定地运行,就必须合理地对管道的热胀冷缩进行补偿。管道主要的补偿方式有自然补偿和柔性补偿,管系的补偿需依靠管道支(吊)架的约束才能够最终实现。下面主要对航空发动机试验设施中的几种常用空气管道补偿方案进行简单说明。

1. 管道支(吊)架类型及基本功能

管道支架根据使用功能的不同可划分为主固定支架、定向导向主固定支架、次固定支架、定向导向次固定支架、导向支架、平面导向支架、滑动支架。特殊管道设计时还可以在支(吊)架上设置弹簧。

1) 主固定支架

主固定支架安装在具有一个或几个无约束波纹补偿器的管系上(当选用无约束波纹补偿器时,一定要检查是否设置了相应的主固定支架),它必须承受与它相连接的每一管段所施加在它上面的力和力矩,如管内介质压力产生的波纹管压力推力(盲板力),使波纹补偿器产生额定位移所需的力和力矩,以及由可调导向支架、定向导向主固定支架所产生的摩擦力,还有管线和介质的重量、流体冲击力、风载等。

2) 定向导向主固定支架

定向导向主固定支架是在某个方向上允许管道发生位移的主固定支架。

3) 次固定支架

次固定支架用来承受主固定支架所承受的除去压力推力之外的所有载荷。对于直管段来说,次固定支架通常是为了把两个主固定支架之间较长的管段分割成若干管段单元,以便在每个管段间设置一个波纹补偿器,保证波纹补偿器能够正常工作。

4) 定向导向次固定支架

定向导向次固定支架是在某个方向上允许管道发生位移的次固定支架。

5）导向支架

导向支架可保证管道沿规定的方向位移，有防止管路失稳的作用。这种支架除承受限制管道横向位移的载荷外，还应考虑承受管道自重等载荷。在仅有轴向位移的管段上，导向支架只允许轴向位移而限制其他任何方向的位移。

6）平面导向支架

对于带横向位移和偏转的管段，除轴向位移外还应在横向留出合适的附加裕量，以允许一定幅度的横向位移和偏转，这种导向支架称为平面导向支架。

7）滑动支架

对于仅有轴向位移的管系，在两个导向支架或固定支架之间可以适当设置滑动支架，滑动支架仅承担管系的重量载荷和摩擦载荷等。

2. 气源系统常用的补偿器配置方案

任何一项工程的管路系统的设计都要受到生产工艺流程、设备或装置、安装布局、空间环境、地质条件及工程造价等因素的制约，因此管路系统的走向和支撑体系往往相当复杂，给波纹补偿器的选型带来一定的难度。

管路系统的补偿往往有很多方案，而波纹补偿器的正确选型则是关键。这就要求管系设计者综合考虑管线的走向、支撑体系、波纹补偿器的类型等，以取得既安全可靠、又经济合理的方案。一般根据总体布局要求，将复杂管系通过不同功能支架分为典型管段，无论多么复杂的管系均可以通过固定支架、限位支架等将它们分解为形状简单、独立的波纹补偿器补偿管段，如直段、L形弯段、Z形弯段等典型管段。然后在此基础上，针对补偿器的典型用法选择合理的补偿器。

1）压缩机组进出口管道的补偿方案

压缩机组等高速旋转设备对进出口载荷比较敏感，接口受力直接影响机组的运行状态，补偿方案应使设备所受的载荷减至最小；可选用的补偿器有轴向型补偿器、大拉杆横向型波纹补偿器和曲管压力平衡型波纹补偿器等。

（1）压缩机组进口补偿器配置：大气进气的小型压缩机组进口一般采用轴向型补偿器吸收少量轴向或横向位移[图2.51（a）]，采用该补偿方案的设备进口受力最小；对于进口管径较大的大气进气机组或抽气机组，采用轴向型补偿器连接时气动力较大，管支架设计、施工难度较大，可采用大拉杆横向型波纹补偿器[图2.51（b）]或铰链横向型波纹补偿器[图2.51（c）]补偿方案代替，但需增加补偿器轴向方向的弹性支承。

（2）压缩机出口补偿器配置：机组出口管道一般需满足直排大气、进入冷却器降温或直供工艺流程的需求，且机组出口温度一般较高，一般需要设置可吸收两个方位以上位移的波纹补偿器，曲管压力平衡型波纹补偿器可以吸收 X、Y、Z 三个方向的位移而不使系统支座或设备承受内压推力的作用，普遍应用于压缩机组出口，根据压缩机组及动力设备出口开口位置的不同，比较常用的补偿布局方案见图2.52。

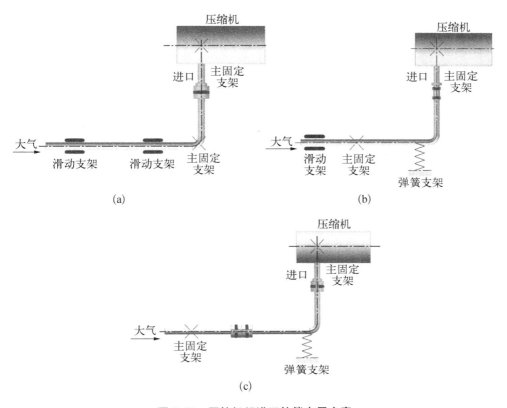

图 2.51 压缩机组进口补偿布局方案

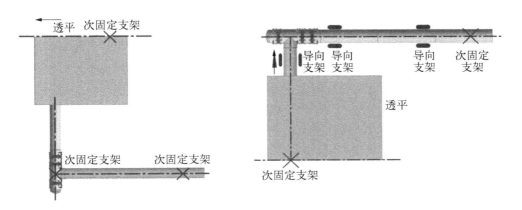

图 2.52 压缩机组出口采用曲管压力平衡型波纹补偿器方案

2）直管道的常用补偿方案

对于直线敷设管道,需要补偿管道轴向方向位移,可供选用的补偿器类型有直管补偿器、直管压力平衡型补偿器两类。直管补偿器不带约束件,压力推力需要通过主固定支架或定向固定支架等外部设备来承受,该类型补偿器的结构简单、价格较低,可吸收轴向位移的同时还可吸收数值不大的径向位移,在低压力、小口径管道上可以优先考虑选用,典型布局方案见图 2.53。直管压力平衡型补偿器可靠补偿器的自身结构件来承受压力推力,管道支架不需要再承担压力推力,仅需设置吸收补偿器轴向位移产生的弹性力和支座摩擦力的次固定支架,布局方案可参考图 2.53,仅需将图中的主固定支架更换为次固定支架即可。

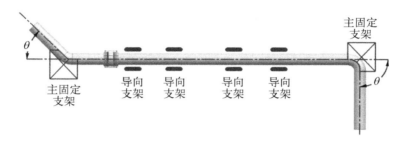

图 2.53　直管补偿器典型布局方案

在较大口径管系的设计中,管道的压力推力较大,施加在主固定支架上的作用力和力矩巨大,建议选用直管压力平衡型补偿器为宜,不过直管压力平衡型补偿器需要设置满足平衡掉压力推力的平衡段,平衡段面积基本与管道截面相当,故该种类型补偿器的直径一般较通用补偿器的直径大 1/4~1/3,在建设空间实在无法满足布局要求的情况下也可以选用直管补偿器,加强主固定支架的承载力设计。

直管段较长时,需要分段进行补偿,每段管道均应设置固定支架,处在直管两侧的管道支架应设置为主固定支架,处于中间段的管道支架应设置为次固定支架。对于直管段上有截断阀的,应根据使用工况(单侧带压使用情况)分析截断阀所在管段的支架是否应设置为主固定支架,对于直管段上设置有多路支管的(母管供气方案比较常见),次固定支架尽量设置在靠近支管三通处,同时支管上建议设置大拉杆横向型波纹补偿器以吸收 X 向(总管轴向)和 Y 向(支管轴向)的矢量位移,或设置曲管压力平衡型波纹补偿器以吸收 X 向(主管轴向)和 Y 向(支管轴向)、Z 向(空间方向)的矢量复合位移,布局方案见图 2.54。

对于较长直管段带一小段短管臂的,可以采用直管补偿器吸收直管段位移,同时直管补偿器吸收短管臂侧的少量横向位移,见图 2.55,管线左端设置定向导向主固定支架,它可以作为主固定支架承受沿膨胀节轴向的压力推力,定向导向主固定支架允许的横向较小位移应满足短管臂的位移要求。

在直管补偿器布置方案中,设置的定向导向主固定支架和定向导向次固定支架的导向位均为非主承力方位,除非结构设计必要,不建议在主承力方位设置导向块和间隙,如果设置了间隙,相应补偿器选型设计时还需叠加间隙引起的附加位移。

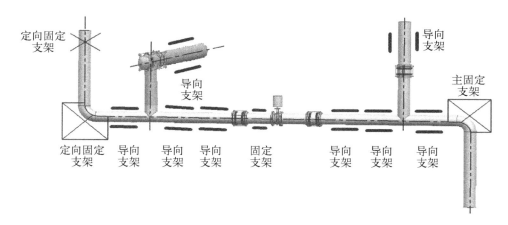

图 2.54　直管采用直管补偿器分段补偿的布局方案

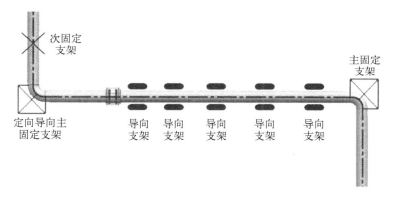

图 2.55　直管补偿器吸收少量横向位移时的布局方案

3）几种常见空间布置管道的补偿方案

Z 形、L 形、U 形为几种常见的管道空间布置方式,主要选用的补偿器有大拉杆横向型波纹补偿器、角向型波纹补偿器和曲管压力平衡型波纹补偿器。

（1）Z 形管道布置。

对于 Z 形管道,需要同时吸收 Z 形管道中间段的轴线方向位移和中间段两侧臂的轴线方向位移,一般采用角向型波纹补偿器和横向型波纹补偿器进行补偿。

由于角向型波纹补偿器只能进行角偏转,故不能单独使用,一般情况下均应两个以上配套使用。用一对角向型波纹补偿器吸收横向位移时,角位移量一定,其所能吸收的横向位移量与两波纹补偿器铰链之间的距离成正比,在这种情况下尽量加大两波纹补偿器之间的距离将能更有效地发挥其补偿功能。

当水平管线较长（管段能够弹性变形）时,需用两个角向型波纹补偿器吸收平面 Z 形管段的位移,布局方案见图 2.56。

当水平管线较短(管段不能弹性变形)时,需用三个角向型波纹补偿器吸收平面 Z 形管段的位移,布局方案见图 2.57。

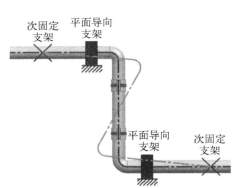

图 2.56　两个角向型波纹补偿器吸收平面 Z 形管段的位移布局方案

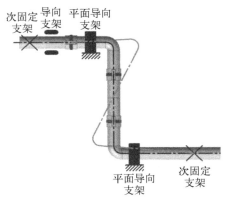

图 2.57　三个角向型波纹补偿器吸收平面 Z 形管段的位移布局方案

用三个角向型波纹补偿器吸收同一平面内设备与其连接管道的组合位移,布局方案见图 2.58。

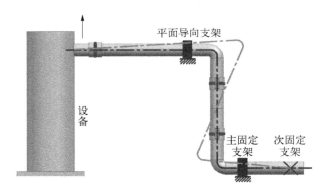

图 2.58　三个角向型波纹补偿器吸收同一平面内设备与其连接管道的组合位移布局方案

角向型波纹补偿器分为单式铰链型波纹补偿器和单式万向铰链型波纹补偿器,万向铰链型波纹补偿器可在任意平面内进行角偏转,使用时应以两个一组或三个一组(三个中的一个可改用单式铰链型)来吸收空间 Z 形管段的位移,布局方案见图 2.59。

横向型波纹补偿器包含大拉杆横向型波纹补偿器和铰链横向型波纹补偿器,这两种波纹补偿器通过波纹管的角偏转可吸收各方位的横向位移,且补偿能力较大,加之对支座无压力推力作用,结构比较简单,因而在各种位移量大的 L 形及 Z 形管段上应用较广泛。如果将大拉杆横向型波纹补偿器的拉杆延长,还可吸收拉

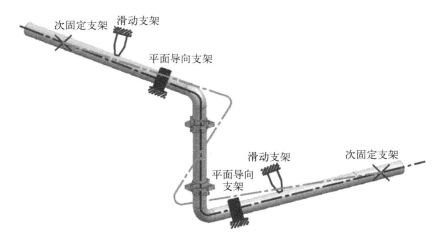

图 2.59 一组万向铰链型波纹补偿器吸收空间 Z 形管段的位移布局方案

杆包容的管道热变形产生的轴向位移。

用大拉杆横向型波纹补偿器吸收平面 Z 形管段的位移,布局方案见图 2.60。

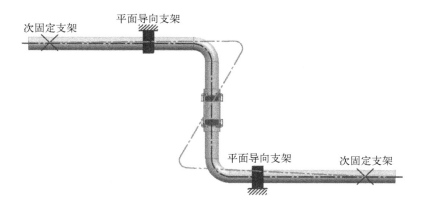

图 2.60 大拉杆横向型波纹补偿器吸收平面 Z 形管段的位移布局方案

用大拉杆横向型波纹补偿器吸收空间 Z 形管段的位移,布局方案见图 2.61。

(2) L 形管道布置。

对于 L 形管道,需要同时吸收 L 形管道长臂和短臂的轴线方向位移,一般采用角向型波纹补偿器、横向型波纹补偿器或曲管压力平衡型波纹补偿器补偿两个方向的复合位移。

用三个角向型波纹补偿器吸收 L 形管段的位移,布局方案见图 2.62。

用大拉杆横向型波纹补偿器吸收 L 形管段的位移,布局方案见图 2.63。

用曲管压力平衡型波纹补偿器吸收 L 形管段的位移,布局方案见图 2.64。

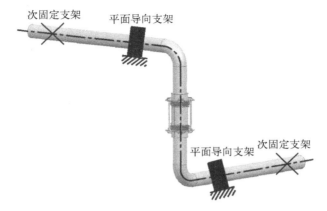

图 2.61 大拉杆横向型波纹补偿器吸收空间
Z 形管段的位移布局方案

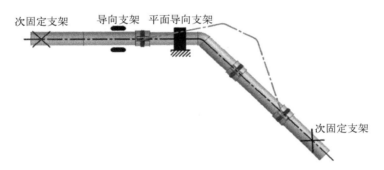

图 2.62 三个角向型波纹补偿器吸收 L 形管段的位移布局方案

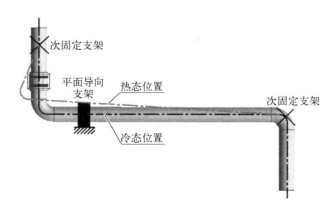

图 2.63 大拉杆横向型波纹补偿器吸收 L 形管段的位移布局方案

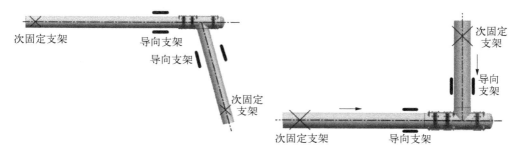

图 2.64 曲管压力平衡型波纹补偿器吸收 L 形管段的位移布局方案

（3）U 形管道布置。

对于 U 形管道,可以利用次固定支架将 U 形弯分解成两个 L 形弯进行补偿,当 U 形弯间的管段较短,无法设置次固定支架(或认为必要性不大)时,可用两个角向型波纹补偿器吸收立式容器与立管之间的不同垂直位移量,布局方案见图 2.65。

2.5.4 管道应力分析

在管道布置的初步方案基础上,通过管道的应力计算对管系应力、管道机械振动等内容进行力学分析,适当调整管道的走向、支撑条件及热补偿方案,以达到满足管道机械强度和刚度要求的目的,管道应力设计进行得好坏直接影响到管系的安全可靠。

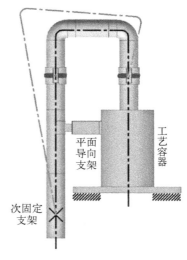

图 2.65 两个角向型波纹补偿器布局方案

气源系统管道工程设计、计算的基本过程是根据试验工艺流程及空间布局要求,综合考虑管道走向、布局、管道分段补偿方案及管支架类型设计(包含检修平台、通道等)。根据确定的布置方案绘制轴测图,将管道 3D 模型图输入管道力学计算软件,同时输入的还有管道参数表及支(吊)架设置。当管道力学分析不能满足要求时,往往需要通过调整管道热补偿方法来满足,管道计算的流程框图见图 2.66。管道设计时应优先考虑自然补偿,大口径管道采用自然补偿往往受制于场地空间限制,多采用补偿器补偿,采用补偿器补偿时需根据布局要求选择合适的补偿器类型,使管道布置美观、协调,可以采用热管预拉、冷管预压等措施控制建设成本。

管道应力分析的核心是管道的强度和刚度设计,包括管道及管件的强度、刚度是否满足要求,相连设备接口的载荷条件是否满足要求等。根据作用荷载的特性以及研究方法的不同,可将管系的力学分析分为两大类,即静应力分析和动应力分析,静态分析包含一次应力和二次应力、弹簧设计、设备接口作用力、支吊架受力分

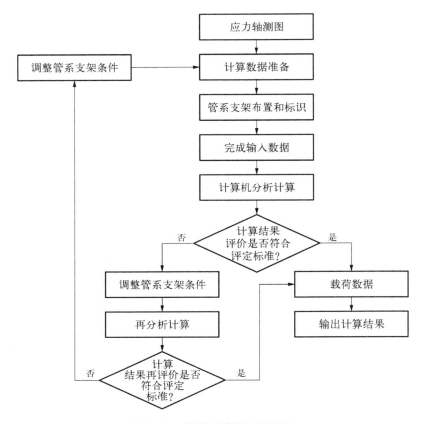

图 2.66　管道计算的流程框图

析,膨胀节选用等,动态分析包含模态、时程效应、基震频率、安全阀泄放、水锤等分析。目前 Caesar Ⅱ、Bentley AutoPipe、PipeNet 等压力管道应力分析软件的应用,大大方便了压力管道的应力分析工作,图 2.67 为某气源厂房空气管道采用 Caesar Ⅱ

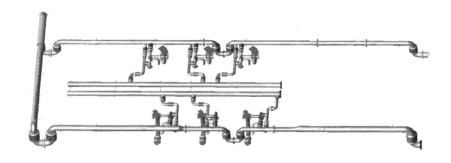

图 2.67　空气管道 Caesar Ⅱ 3D 模型图

软件绘制的 3D 模型图。

　　航空发动机试验设施配套的气源系统的空气管道往往通径大,部分超出了通用管道设计规范,大量管道的管件无法按通用设计手册或规范直接选用,需要对管件的补强进行非标设计,真空管道还必须进行负压稳定性计算,可通过环筋的设计增强管道的抗失稳性。

　　管件非标设计及真空管道负压稳定性计算可利用压力管道应力分析软件(如 Caesar Ⅱ)对管系进行系统柔性分析,提取管件局部接口应力及荷载,再通过 ANSYS、NOZZLE PRO、ABAQUS 等有限元分析软件对管件建立三维模型以进行有限元力学分析,经过分析和迭代直至管道的柔性计算、强度、刚度均满足规范要求,计算能力足够的情况下也可以对管道进行整体建模分析,由于建模、网格划分及计算工作量巨大,并不建议采取整体建模方案。图 2.68 为管道整体建模分析示意图,图 2.69 为真空管道采用 ABAQUS 的屈曲分析模块进行负压失稳分析的 3D 模型图。

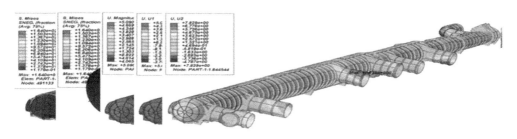

图 2.68　管道整体建模有限元分析模型图

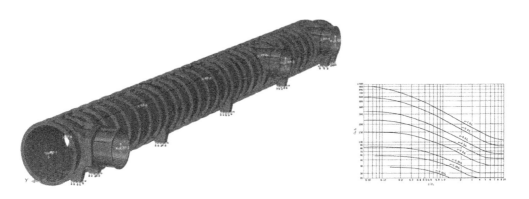

图 2.69　ABAQUS 的屈曲分析模型图

2.6　其他系统配置

2.6.1　进气系统

气源系统中,工艺空气在大气压力下经过空气过滤、消声器被空气压缩机组吸入后进行增压。进气系统就是由空气过滤装置、消声设备等组成的,它的主要功能就是对压缩机吸入的工艺空气进行过滤,分离出固体杂质等异物,以保证工艺空气的品质,消除和隔离噪声向外界传递。因此工艺空气的洁净度要求直接影响过滤系统的精密程度,从而影响过滤系统的工程建设成本,在航空发动机试验中,一般要求过滤精度达到 60 μm,就能满足工艺空气的洁净度要求。

进气系统按照工艺流程可分为集中式进气系统和单体式进气系统两种。集中式进气系统就是多台压缩机组统一提供洁净的空气。分体式进气系统就是单台压缩机组提供洁净的空气。

1. 进气系统主要参数的确定

对于气源使用的吸气过滤室,根据具体情况,可在站内设置 1 个或设置与机组同样的数量。过滤室内所装的过滤器一般采用单元过滤网格。过滤器的含尘量为 1.0 mg/m³,终阻力不大于 300 Pa。过滤器所需的面积,根据选用的不同过滤材料及其允许的流速范围,按式(2.6.1.1)确定:

$$F = \frac{KQ}{60\omega} \tag{2.6.1.1}$$

式中,F 为过滤器面积,m²;Q 为过滤空气量,m³/min;ω 为空气通过过滤器的流速,m/s;K 为通过过滤器的空气最大流速和平均流速的比值。

常用几种滤料的通过流速及通过空气量范围见表 2.9。

表 2.9　常用几种滤料的通过流速及通过空气量范围

过滤材料	通过空气量/[m³/(m²·h)]	通过流速/(m/s)
金属网	4 000~6 000	1.11~1.65
纤　维	2 000	0.55
织　物	100~200	0.028~0.056

空气的过滤方式多种多样,如滤芯式、油浸式、滤网式、卷式等,其结构形式可采用单室布置、独立建筑、进气过滤箱等形式,具体选取时取决于工艺空气允许的压力损失和流量的大小以及不同的气候条件,同时还应考虑安装维护、场地大小、

是否扩充、建设成本等因素的影响,根据环保要求还需采取降噪措施。中小流量压缩机进气可选用进气过滤箱、金属进气塔等形式,大流量压缩机进气可选用单室布置、独立建筑等方式。

2. 集中式进气系统

工作原理和工艺流程(以独立建筑的油浸式过滤器为例)如下。

该实例是一种典型的集中式进气的结构(图 2.70),采用的是独立建筑的形式,吸气过滤室设在地上,进气地沟设置在地下,百叶窗、油浸式过滤装置等设置在吸气过滤室内,地下的进气道与多台压缩机组相连接。

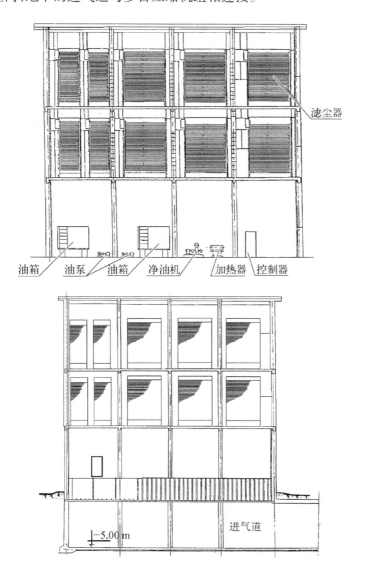

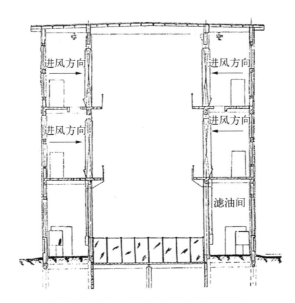

图 2.70　独立建筑的油浸式过滤系统

当压气机供气时所需的空气经气源进气塔两侧墙上的百叶窗进入塔内,穿过挂满机油的滤尘器,变成清洁的空气,再通过消声器进入进气道。

滤尘器电动机旋转,带动滤网转动,将滤网上黏附的尘粒带到底部油槽中洗净,并挂上新油。

起动滑油系统油泵,可以直接冲洗旋转滤网上的尘粒,并挂上新油,同时向油槽内补充油量。

3. 单体式进气系统

工作原理和工艺流程(以单室布置的卷式过滤器为例)如下。

该实例是一种典型的单体式进气的结构(图 2.71),在压缩机厂房内每台机组单独设置吸气室的结构,百叶窗设置在压缩机厂房的外墙上,卷式过滤器、消声器等设置在吸气室的上部,压缩机组的进气管道伸入吸气室的下部。

当压气机供气时所需的空气经厂房外墙上的百叶窗进入室内,穿过卷式滤尘器的滤布,变成清洁的空气,再通过消声器进入吸气室下部的压缩机组的进气管道内。

当过滤布前后的压差报警时,卷式过滤器电动机旋转,带动滤布卷动,将黏附尘粒的滤布自动换下,并换上新的滤布。当滤布用完后,整卷进行更换。

4. 进气系统的设计

1)结构形式的选取

单体式进气系统可选择配置一个吸气室或采用进气过滤箱的形式。与集中式

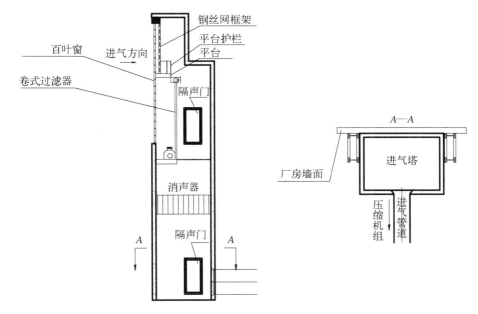

图 2.71　单室布置的卷式过滤器

进气系统相比其主要优点是：建筑面积小,造价低,对机器间的自然通风和采光影响小,同时易于实现机组的扩展。适合于中、小型离心式压缩机的吸气过滤。

集中式进气系统可选择独立建筑集中进气的形式。可根据不同的要求将进气道设置在地下或地上。但土建费用大,占地面积多,吸气管道长,阻力损失也相应增加,一般用于吸气过滤装置复杂的大型压缩机组,受限于过滤器在设计时的能力,因此不易于实现新增机组的扩展。

2）进气系统的设计要点

（1）进气环境的选取。通常进气应从温度低、湿度小及洁净的场所吸取。对于空气压缩机,进口空气温度越低,压缩机的工作效率就越高。在相同功耗下,压缩机进口空气温度每降低 3℃,排气量就可提高 1%。因此,压缩机吸气口应设在阴凉的位置,吸气管不能靠近热源或热力管道,同时进气应考虑进气环境及冬季、夏季、海拔等相关技术参数。必要时,对室外受烈日直射的室外进气管刷反光漆。在一些有条件的企业中,还可利用一些工艺中的多余冷媒来冷却压缩机进口气体。

（2）合理选取过滤形式。根据进气环境的特点,首先要考虑过滤系统的运行经济性,在空气较为洁净的环境中,可选用一次性使用的纸质、纤维布等过滤材料;对于一般洁净的环境,可选用金属网、油浸式等采用清洗、反冲等方法可反复使用的过滤材料;处于多风沙地区或环境粉尘大的压缩空气站,吸气过滤可采用多级过滤,一般采用两级。

（3）合理布置进气管道。压缩机组的吸气管设计时应有较大管径和弯曲半径,尽可能减少管长和变向,定期清洗空气过滤器,从而达到减少阻力、提高进气压力,进而提高排气量的目的。

2.6.2　排气放空系统

空气压缩机组排气放空系统主要用于机组起动排气、防喘放气和抽气工作时的排气放空。因此与进气系统类似,也分为集中式排气系统和单体式排气系统。集中式排气系统采用多台压缩机组共管排气,排入公用排气塔的方式,单体式排气系统采用单台压缩机组独立排气的方式。工艺设计时,供气系统一般采用集中式排气的方式,而大流量抽气系统一般采用单体式排气的方式,主要原因是供气时的排气放空一般是起动、防喘等非工作状态,因此对排气阻力的要求不高。而抽气时的排气放空一般是工作状态,要求排气阻力要尽可能小,否则影响压缩机组的实际工作性能。排气塔结构见图 2.72。

排气放空管道流速设计不宜过高(应小于 60 m/s),否则补偿器寿命降低,管道噪声增大,因此应加大管径,降低气体流速,同时放空口处应设置排气开口扩压器,降低排气噪声和排气反力。

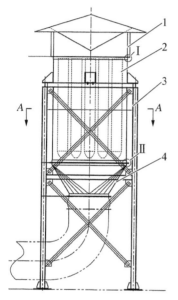
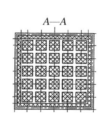

1-雨棚;2-消声器;3-支架;4-进气管道及补偿

图 2.72　排气塔结构

排气塔需要解决排气消声达标的问题。由于航空发动机试验设备的流量调节范围大,机组起停频繁,空气流量大,一般采用排气消声塔,按国家标准制定噪声指标。

在排气塔内设置排气消声装置时,空气通过消声器的流速一般不大于 30 m/s,设备的噪声声压较大时基本在 500~1 000 Hz 频段,考虑人耳对噪声声压的感受差异,消除噪声的重点应集中在 2 000 Hz 以下,一般要求室外噪声应低于 80 dB,厂界噪声应低于 55 dB。除在排气塔内设置消声器以外,还需对放空阀门和放空排气管道外壁进行隔噪处理。

第3章
空气处理系统

3.1 概　　述

高空模拟试验要求对发动机供给其所需的空气,该空气的压力、温度、流量等参数需满足相应的要求,以实现对飞行高度、飞行速度(马赫数)的地面模拟。为达到此目的,从气源系统供来的压缩空气,在进入高空模拟试验舱之前,必须首先经过干燥、降温、加温等一系列处理流程,以满足发动机模拟试验状态的要求。通常将对压缩空气进行干燥、降温、加温等处理的设备设施统称为空气处理系统。

3.1.1　空气干燥系统

1. 干燥流程

由于气源系统空气压缩机组供出的空气通常为饱和或接近饱和的空气,含湿量很大。在发动机做低温状态或自由射流等试验时,因进入试验舱的空气温度、压力等参数的变化,压缩空气中的水蒸气将析出成为液态水,在合适结冰的条件下将会结冰,对发动机或试验设备可能造成不利影响;同时,因模拟发动机的高空飞行状态,高空大气本身具有含湿量低的特征。因此,对压缩空气进行干燥除湿处理是空气预处理系统的第一道工序。目前国内外对大流量压缩空气的干燥除湿处理,按照处理原理的不同,通常分为冷冻法与吸附法两种工艺。根据相关资料,国外航空发达国家通常采用冷冻法进行干燥除湿,这种方法在获得干燥空气的同时,附带着还能对空气进行一定程度的降温,在模拟"浅"低温试验状态时可不投入深度降温设备。我国因受限于大型制冷降温设备的研发制造水平,经多年摸索实践,目前采用冷冻-吸附联合干燥方式,即先把空气降温至 5~10℃,再使空气进入吸附装置中进行吸附除湿,最终获得满足发动机试验需要的干燥空气。

空气干燥系统的主要作用是去除压缩空气中含有的水蒸气,当干燥后的空气含湿量为零时自然是最理想的,但要达到这个指标需要付出能源和设备的巨大代价,实际上世界范围内也没有哪一家航空发动机试验研究机构按理想的零指标去建设它的空气干燥系统。那么,把压缩空气干燥到什么程度是适宜的呢?要回答这个问题,需要从为什么航空发动机高空模拟试验需要干燥空气的源头来探讨。

2. 工艺参数

当飞机在高空飞行时,如果是无云天气,则无须考虑水分对飞机和发动机的影响;但若空中存在云层或云块,而且这些云处于零温度线以上的高度,当飞机做穿云飞行时,组成云的微小水滴(因处于0℃以下又没有结冰,故称为过冷水滴)碰撞在发动机进口处,这种碰撞破坏了过冷水滴存在的物理基础,使得发动机进口处迅速积冰,如图3.1所示。这种积冰将导致发动机的进口流场畸变恶化,部件效率下降,发动机的工作性能降低;积冰块如果脱落,则会损伤发动机,严重时可能造成飞机坠毁的重大事故。

图 3.1　发动机进口的积冰现象

在地面设备上进行高空模拟试验时,同样要避免积冰现象的产生。而根据气象统计数据,若气温下降,空气中的水蒸气析出成为液态水,当液态水含量达到0.1 g/m³ 以上时,可形成肉眼可见的云雾。考虑自然空气中存在的颗粒物、油滴等对成雾的影响,在模拟试验领域形成一个不成文的共识:在较"干净"的空气中形成云雾的液态水含量为 0.1 g/kg$_{干空气}$。因此,如果把空气干燥至含湿量为0.1 g/kg$_{干空气}$,则其后无论空气温度下降到什么程度,其析出的液态水含量始终不会超过云雾形成的条件,就如同飞机始终在无云的天气飞行,从而可保证模拟试验中发动机的安全。

工程上常用露点来表征空气干燥度,0.1 g/kg$_{干空气}$含湿量的对应大气露点为−38℃,因此空气干燥系统指标可以确定为−38℃的大气露点。那么,这个干燥指标是否合理呢?相关资料表明,英国、美国、俄罗斯等国的发动机高空模拟试验设施的空气干燥系统指标基本为0.1 g/kg$_{干空气}$;我国原有及新建的高空模拟试验舱的空气干燥系统也采用这个指标。多年使用经验表明-38℃的大气露点的干燥指标是合理足够的,0.1 g/kg$_{干空气}$的含湿量可保证在高空模拟试验要求的低温(通常为-70～-50℃)条件下,在空气管道、过滤器、整流装置、发动机进气口等处不会发生结冰现象,同时也不会堵塞测量传感器。在此基础上盲目提高空气干燥系统指标参数要求,除增加设备建设经费、增大能源和物料消耗之外,并无实际有效意义。

3. 空气干燥系统工艺流程配置

常用的干燥工艺有冷冻干燥、吸附干燥,以及冷冻-吸附联合干燥。

国外航空发动机试验器的空气处理方案多采用冷冻干燥的方案。如美国ASTF高空台采用四级降温干燥,使用一个大的换热器,其中又分为五级,其中前四级进行降温干燥,第一级采用50%的乙二醇水溶液作为冷却介质,将温度从160℃降至32℃、湿度降至10.86 g/kg;第二级采用20%的乙二醇水溶液作为冷却介质,将温度降至3.3℃、湿度降至1.72 g/kg;第三级和第四级均采用RC-30(亚甲基氯化物)作为冷却介质,第三级将温度降至-17.8℃、湿度降至0.29 g/kg,第四级将温度降至-31℃、湿度降至0.078 g/kg,第五级达到了干燥空气的目的,见图3.2。在

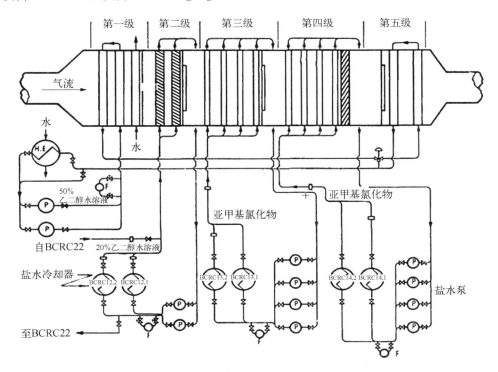

图3.2 冷却干燥器结构示意图

第三级、第四级还使用了旋转除冰系统,使用乙二醇喷雾进行除冰。

目前国内常采用冷冻-吸附联合干燥方式,其简易工艺流程配置见图3.3。

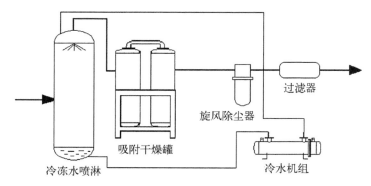

图 3.3 冷冻-吸附联合干燥工艺流程示意图

冷冻-吸附联合干燥工艺流程如下:空气进入初级制冷设备中进行初冷,该设备通常为喷淋塔,也可采用热交换器;初冷可将空气降温至 5~10℃,此过程可析出大量水分;初冷后的空气进入吸附干燥罐进行吸附干燥,吸附剂通常采用硅胶、活性氧化铝等;干燥后的空气经旋风除尘器、过滤器除去混杂的颗粒物之后,已符合试验需求的参数要求、品质,此时可通往试验设备或进一步深度降温。

初级制冷设备的冷源来自冷水机组,该机组可将水冷却至 3~5℃,通过循环泵供往喷淋塔或热交换器。

冷冻干燥工艺流程配置见图3.4。

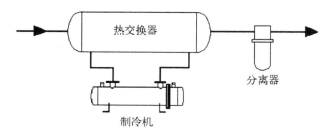

图 3.4 冷冻干燥工艺流程示意图

冷冻干燥工艺流程如下:空气进入热交换器制冷,在冷却过程中析出水分,以获得干燥空气。如果空气压力为 200~300 kPa(绝对压力),当温度降低至-25℃左右时,其含湿量约为 0.1 g/kg$_{干空气}$,对应大气露点-38℃,可满足试验或进一步降温的要求。冷冻干燥的冷源来自制冷机组。

3.1.2　空气降温系统

1. 降温流程

压缩空气经干燥除湿处理之后,如果试验状态要求的发动机进口温度较低,还需对压缩空气进行降温处理,以获得-90~0℃的低温空气。大流量压缩空气的降温与常用的空调降温原理不同,一般利用压缩空气本身具有的内能做功,以降低空气总能量,从而获得低温空气。国际上常用的空气降温设备为 GE 公司的膨胀涡轮,压缩空气进入膨胀涡轮带动负载端做功(负载端通常为油泵或空气压缩机,通过对流体做功来消耗压缩空气能量),可获得低至-90℃的低温空气。我国目前在大型膨胀涡轮研发、生产方面与国际先进水平相比尚存在较大差距。另一种压缩空气的降温方法为气波制冷,通过独特的设计,使压缩空气形成激波进行做功,从而消耗空气能量,同样可获得满足需要的低温空气。气波机与膨胀涡轮相比,存在原理先进、结构简洁、配套简便、使用维护方便等优点,在大多数空气降温领域具备完全取代膨胀涡轮的能力。

2. 工艺参数

空气降温系统的作用是对空气进行降温处理,以获得满足试验状态要求的低温空气,从而达到模拟飞行高度的目的。众所周知,从地面(海平面)开始,随着海拔的增加,地球周围的大气被划分为四个具有显著不同特点的气体层,分别称为对流层、同温层(平流层)、中间层(电离层)和外大气层,各层之间逐渐过渡,并无明显的分界面。国际标准化组织(ISO)制定的国际标准《标准大气》(ISO 2533—1975)是目前最具代表性的标准大气。标准大气是一种理想化的大气条件,实际上不同地域的大气条件都是不尽相同的,即各地域大气都是非标准的。因为飞机在非标准大气中飞行,所以航空发动机实际上是在非标准大气条件下工作的。我国的非标准大气条件由《气候极值　大气温度极值》(HB 5652.1—1981)确定,其中明确了温度的几个极限条件:

(1) 地面大气最高温度为 58℃,最低-68℃;

(2) 同温层高度为 16~24 km;

(3) 同温层大气温度为-86~-34℃。

航空发动机的高空模拟试验不仅需静态模拟标准或非标准大气条件,还因为飞行是一个动态的过程,模拟飞行状态参数需要按气体动力学原理来确定。基本的飞行状态可以用两个参数来确定:飞行高度和速度。试验模拟的飞行高度和速度由发动机的进口气流总压和总温综合确定。进口气流总温可按式(2.2.1.2)确定。

从式(2.2.1.2)可以看出,模拟高空试验的进口气流总温实质上是模拟飞行高度对应的大气温度,该大气温度需按飞行速度进行修正,每次模拟试验的进口气流总温参数可按式(2.2.1.2)来确定。试验设备的建设则需总体统筹考虑已明确的试验对象,同时还需兼顾规划的未来可能的试验对象的飞行状态,从而确定试验设备的性能指标。通常对于大涵道比涡轮风扇发动机的模拟高空试验,其低温试验状态下的进气温度为-70~-50℃,试验设备的空气降温系统需要能够满足此指标的要求。

3. 空气降温系统工艺流程配置

在空气干燥系统的工艺流程说明中可以看到,空气初级冷却或浅度降温可采用制冷机组,该机组的原理与中央空调采用的制冷机组相同,通过制冷剂(氟利昂)的压缩、冷凝、蒸发循环来冷却载冷剂(根据温度不同,选择水或乙二醇溶液作为载冷剂),再通过载冷剂与空气的热交换对空气降温。但是,由于制冷机组需要消耗电能,在浅度降温时尚可接受;如果空气深度降温也采用制冷机组,其电力消耗是相当惊人的。为降低能源消耗,大流量空气的深度降温通常采用降低气体内能的方式,即利用气体内能(压力能)对外界做功,消耗气体自身内能,从而降低气体温度。

目前膨胀涡轮是国际通用的大流量气体深度降温设备,我国在大流量膨胀涡轮研发制造方面与国际先进水平之间尚存在一定差距。我国在大流量气波制冷机领域取得了显著成果,可以认为我国在大型气波机方面处于世界领先水平,各种规格的气波机已在石油化工、航空航天等领域得到广泛应用。

空气的干燥处理是降温的必要流程,需要深度降温的空气都必须经过干燥处理流程并达到-38℃的大气露点,否则多余水分进入降温设备并在降温过程中析出后,在低温下会迅速结冰,将堵塞传感器、破坏降温设备,冰块或冰碴一旦进入试验设备管道,就会沿管道进入试验发动机,将会对发动机造成破坏。

干燥空气经深度降温设备(膨胀涡轮、气波机等)降温,可达到-70℃以下的低温,此时可直接供往试验发动机,或与另一路常温干燥空气进行掺混以达到试验状态要求的温度后再供往试验设备。

3.1.3 空气加温系统

1. 加温流程

当模拟高速飞行状态时,因飞行中的气动加热效应,发动机进口空气需处于高温状态,因此需对压缩空气进行加温处理。对于进入发动机的空气,常采用间接加温炉进行加温的方法。间接加温炉分为两种:燃料加温炉或电加温炉。燃料加温炉采用燃油或天然气作为燃料,被加温空气通过换热获得要求的温度。随着燃烧技术设备的进步,作为加温炉关键部件的自动化燃烧机已达到很高的燃料利用水平,新一代燃料加温炉的总体热效率可达到90%以上,与上一代燃料加温炉(总体热效率低于40%)相比,其总体热效率、自动化水平、结构维护性等已有了巨大进步。电加温炉因具有环保性、良好的温度调节性,目前正在得到越来越广泛的应用。在特定的超高温度领域,不宜使用燃料加温炉,电加温炉正好可大显身手。

2. 工艺参数

空气加温系统用以模拟发动机在高速飞行时进口气流温度上升的现象,同时在发动机零部件的模拟试验中,因大多数零部件为"热端"部件,其进口气流也需要加温。零部件试验需要的加温程度通常会大大高于发动机整机试验的加温程度。

当飞机在大气中做超声速飞行时,形成的激波与机体之间会产生高温压缩气体,这种气体对机体有加热的作用;机体表面与空气的摩擦也会产生热量。这两种加热效应导致飞机表面的温度会随着飞行速度(马赫数)的提高而上升,当飞行马赫数为 2.0 时,飞机机头温度会超过 100℃;当马赫数提高到 3.0 时,飞机表面温度可以达到 350℃,这种现象称为"热障"。飞机发动机进口与大气直接接触或与预压缩之后的空气接触后,其温度将会等于或高于机体表面温度。这就是做发动机高空模拟试验时,在超声速飞行状态需要对进口空气进行加温的原因,加温程度可以按式(2.2.1.2)计算确定。

对发动机主要部件做模拟真实工况试验时,各部件要求的进口温度是不同的:风扇与发动机整机进口条件基本相同;高压压气机位于风扇之后,其进口温度的确定还需考虑风扇的压缩加热作用;主燃烧室的进口温度为高压压气机的出口温度,现代发动机总增压比已达到 25～30,此时空气被压缩之后温度已相当高;高压涡轮进口燃气为经过主燃烧室燃烧加温后的燃气(此时已不能称为空气),温度通常为 1 600～1 800 K,甚至可能高达 2 000 K。

空气加温系统需要满足发动机整机和主要部件的气流温度和品质需求,运行中会消耗大量能源和燃料。曾有人提出按发动机核心机的结构和主要部件的次序建设零部件试验器,即在压气机试验器之后为主燃烧室试验器,其后是高压涡轮试验器,各试验器之间用空气管道连接起来。压气机对空气进行压缩加温之后,正好达到主燃烧室的进口气流条件,此时可进行主燃烧室试验;燃烧之后的燃气达到了高压涡轮的进口气流条件,可进行高压涡轮试验。这样的试验器建设方式可大大节约试验能源,但因为试验组织、工况匹配等种种原因,目前在世界范围应用较少,仅英国国家燃气涡轮研究院的压气机试验器大体按这种方式进行建设,其排气可直接通往涡轮试验器(中间有加温装置,可以使用通用加温器,也可使用该涡轮配套的发动机上的燃烧系统),从而使压气机和涡轮可匹配为一对一共同试验,可节约相当部分的能源,在资源紧张的情况下其效益是相当可观的。

3. 空气加温系统工艺流程配置

当发动机或零部件试验件的试验状态需要高温空气时,动力站供来的压缩空气通常不需要进行干燥处理。但在某些试验状态中,即便是高温空气,也需要先进行干燥处理。对干燥处理流程的需求取决于试验状态是否存在结冰的风险。

加温主要采用间接加温、直接加温和电加温。按照试验类型、加温温度等条件的不同,选择不同的加温方式。采用燃烧燃料的间接加温炉是最常用的加温设备,在国际国内均得到广泛应用。近年来,大流量电加温炉在国内开始迅速发展,多用于需要超高温度的领域。直接加温采用直接燃烧空气的方法,使加温后的空气品质产生变化,多用于涡轮试验器、疲劳试验器等方面。

使用燃料的间接加温炉可将空气加温至 $500 \sim 550℃$,电加温炉可将空气加温至 $700℃$ 以上。而采用燃烧空气的直接加温方法可达到航空发动机燃烧室的出口温度,是目前可达温度最高的加温方式。

3.2 空气干燥系统配置

3.2.1 空气干燥过程基本原理

空气通常可以视为干空气加上水蒸气组成的混合物,一般可称为湿空气。干空气的主要成分是氮气、氧气、二氧化碳等多种气体,成分比较稳定,可以看作一种稳定的混合物。水蒸气的含量则变化较大,当气温较高时,水蒸气在地球表面的浓度最高可以达到 4%,随着高度的增加和温度的降低,水蒸气含量会骤降。

用湿度来表示空气中含有水蒸气的多少。湿度分为绝对湿度与相对湿度。单位体积的空气中含有水蒸气的量为绝对湿度,单位通常为 $g/m^3_{空气}$。因空气体积随温度的变化而变化,采用绝对湿度往往给实际运用带来不便,因此在工程计算中引入含湿量的概念来表示空气中水蒸气的含量。

含湿量 d: 指空气中水蒸气密度与干空气密度的比值,即 $1\,kg$ 空气中含有的水蒸气的量,其计算公式为

$$d = 622P_q/(B - P_q) \qquad (3.2.1.1)$$

式中,d 为含湿量,$1\,kg$ 空气中含有的水蒸气量,$g/kg_{干空气}$;P_q 为水蒸气分压力,水蒸气独占空气体积时所产生的压力,Pa;B 为大气压力,Pa。

相对湿度 φ: 由于含湿量反映空气中水蒸气的绝对含量,但不能表示空气的吸湿能力,所以引入相对湿度来表示空气中水蒸气的相对含量。相对湿度就是在某温度下,空气中水蒸气分压力与同温度下饱和空气的水蒸气分压力之比,反映了在该温度下空气中水蒸气接近饱和的程度。相对湿度越小,表示空气离饱和状态远,空气干燥,吸收水蒸气的能力强;相对湿度大,则表明空气接近饱和状态,空气潮湿,吸收水蒸气的能力弱。当相对湿度为 0 时,空气为绝对干空气;当相对湿度为 100% 时,空气为饱和空气,此时空气不能再容纳多余的水蒸气,多余的水蒸气将以液态水的形式析出。相对湿度的计算方法见式(3.2.1.2):

$$\varphi = (P_q/P_{qb}) \times 100\% \qquad (3.2.1.2)$$

式中，φ 为相对湿度，%；P_q 为水蒸气分压力，Pa；P_{qb} 为空气的饱和水蒸气分压力，Pa。

相对湿度与含湿量的关系见式（3.2.1.3）：

$$\varphi = (d/d_b) \times 100\% \qquad (3.2.1.3)$$

式中，d_b 为饱和含湿量，g/kg$_{干空气}$。

当未饱和空气被冷却时，虽然其实际含湿量不变，但随着空气温度的降低，对应的饱和含湿量也相应降低，则空气的相对湿度增大。当空气相对湿度增大到100%时，空气处于饱和状态，如果继续降低空气温度，则会有液态水析出，这个当空气中的水蒸气含量达到饱和时的温度称为露点温度，即空气开始结露时的温度。随空气压力的不同，露点又分为大气露点（又称常压露点，即空气压力为大气压时的露点）和压力露点（通常为空气压力高于大气压时的露点），工程上通常使用大气露点表征空气干燥度。

露点具有以下一些特征。

（1）空气中的水蒸气含量达到饱和时的温度，即为露点温度。

（2）水蒸气含量未达到饱和时，气温一定高于露点温度。

（3）当空气温度高于该压力下的露点温度时，空气中无液态水。

（4）达到或低于露点的自然现象：云、雾。

大气露点与含湿量两个概念都可用于表示空气的干燥度，二者可以通过查表或计算的方式相互转换。例如，要求空气的含湿量为 0.1 g/kg$_{干空气}$，其对应的大气露点为−38℃，这两个不同的数据表示的空气干燥度是完全一致的。

不同压力、不同温度下的饱和含湿量见图 3.5，从图中可查出给定压力、温度下的饱和含湿量数值。

工程上需要精确测量空气的干燥程度（即空气湿度）。湿度测量涉及复杂的物理–化学理论和计算方法，虽然表面上测量方法非常多，但对于每种方法都需注意其应用范围，合理选择测量方法和传感器。如果采用露点法

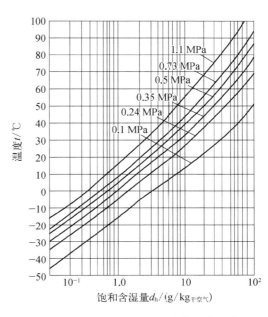

图 3.5　不同压力、温度下的饱和含湿量

来测量空气湿度,其实质就是测量空气达到饱和时的温度,从而得出空气的含湿量,是采用热力学原理的直接测量方法,具有准确度高、测量范围大等特点。现代常用的镜面露点仪的工作原理是:使一个镜面处于被测的样品空气中降温,直至镜面出现露滴,测出此时的镜面温度,即被测空气的露点温度。除镜面露点仪之外,根据露点测量的原理不同,还有电传感式露点仪、电解法露点仪、晶体振荡式露点仪、红外露点仪、半导体传感器露点仪等多种测量仪器。

从空气的组成成分可以看到,空气干燥的过程实质上就是减少空气中含有的水蒸气量的过程。空气干燥方法有吸附法、冷冻法、吸收法、压缩法等多种方法,通过工程建设费用、运行能源消耗等多方面的权衡和综合比较,工程上常用的干燥方法是吸附法和冷冻法两种。

1. 吸附作用的原理

吸附作用是两相交界面上的物质分子浓度自动发生变化的自然现象。研究表明,吸附现象不仅发生在固-气界面上,在液-气界面、固-液界面上同样也会发生。整个吸附体系是由吸附剂和吸附质组成的,将具有一定吸附能力的材料称为吸附剂,将被吸附的物质称为吸附质。在压缩空气干燥中,常用吸附剂有硅胶、活性氧化铝和分子筛,均匀混合在压缩空气中的水蒸气是吸附质。吸附剂与吸附质一旦接触便会自发地产生吸附现象,这是吸附作用的一个重要特点。在压缩空气干燥中,水蒸气被吸附的过程是不需外界提供任何能量的自发过程。吸附剂和气体或液体混合物相接触时,伴随吸附过程所产生的热效应称为吸附热,所有的吸附过程都是放热反应。

吸附剂之所以具有吸附能力,是因为其表面具有过剩的能量——称为表面自由能。由于液-气界面上存在表面张力,固-气界面、固-液界面上也存在性质相同的界面张力,界面上的表面层分子比内部分子具有更多能量,这部分多余的能量就叫做表面自由能。表面张力或界面张力的减小是吸附作用发生的热力学原因。按照热力学定律,在自然界中凡是能降低自身能量的作用都是可以自发进行的。吸附剂表面吸附其他介质的分子,这个过程的结果降低了吸附剂自身原先所拥有的表面自由能,所以吸附作用能自发进行。

按照吸附剂表面与吸附质分子间作用力的不同,吸附可分为物理吸附及化学吸附两种。对于物理吸附,吸附剂和吸附质之间通过分子间力(也称范德瓦耳斯力)相互吸引发生吸附;在化学吸附中,被吸附的分子与吸附剂表面的原子发生化学作用,在吸附剂和吸附质之间会发生电子转移、原子重排或化学键的破坏与生成等现象。本书讨论的吸附都属物理吸附的范畴。物理吸附具有下列特点:

(1)物理吸附作用力小,被吸附的气体分子比较容易重返气相,即比较容易脱附或解吸;

（2）物理吸附的过程一般都是可逆的,吸附和脱附的速度都很快,吸附剂与吸附质一经接触,立即发生吸附作用;

（3）所有的吸附过程都是放热反应,物理吸附放出的吸附热比化学吸附少,其热量接近吸附质液体状态下的汽化热或气体状态时的冷凝热;

（4）物理吸附没有选择性,任何固体可以吸附任何气体,区别在于吸附量的不同(吸附量太小的吸附作用没有实际应用价值);

（5）物理吸附与凝聚有关,只有在低于吸附质的沸点时,物理吸附作用才能自发进行。

伴随着吸附过程的热效应称为吸附热,它是表征吸附现象的特征参数之一。吸附热可以比较准确地表示吸附剂的活性及吸附能力的强弱。物理吸附的吸附热接近其吸附质的汽化热,它首先由吸附质的性质决定,其次受吸附剂性状的影响。

对于物理吸附来说,加压、降温有利于吸附,降压、升温有利于脱附或吸附质的再生。按照吸附剂再生方法的不同,可将吸附分成两类:变温吸附(thermal swing adsorption,TSA)和变压吸附(pressure swing adsorption,PSA)。变温吸附是在较低温度下进行吸附,在较高温度下将被吸附的气体从吸附剂中脱附出来,由于常用吸附剂的比热容较大而热导率较小,加温和冷却所需的热量和冷量较大,需要配备相应的加热和冷却设施。变压吸附是在吸附质分压下进行吸附,在较低分压(甚至真空状态)下脱附的过程,由于吸附循环周期短(几分钟),吸附热来不及散失即可供脱附用,吸附床的温度变化小,可近似看作等温过程。

吸附剂是实现气体吸附分离过程的基础。在压缩空气干燥中,除常用的吸附剂硅胶、活性氧化铅和分子筛之外,还使用活性炭来吸附空气中的残余油蒸气及各种化学异味气体杂质。虽然任何固体表面对任何气体分子或多或少都存在吸附作用,但不是任何固体都可以作为吸附剂来使用的。有应用价值的吸附剂应具备下列条件:

（1）有强的吸附能力,即要求有大的比表面积;

（2）不与吸附质和其他相接触的介质发生化学反应;

（3）有良好的机械强度及热强度;

（4）易再生,不易劣化;

（5）具有商业性生产规模和比较低廉的价格。

吸附剂最主要的性能指标是大的比表面积,因为气体的吸附是纯物理吸附,即范德瓦尔斯吸附,这种吸附只发生在固体表面几个分子直径的厚度区域,固体单位表面面积所吸附的气体量非常少,所以作为工业用的吸附剂,必须有足够大的比表面积以弥补不足。优秀吸附剂具有发达的微孔结构,因此拥有非常大的比表面积。表 3.1 列出了压缩空气干燥中常用的几种吸附剂的特性参数。

表 3.1 常用吸附剂的特性参数

吸附剂	吸附热/ (kJ/mol)	比表面积/ (m²/g)	堆积密度/ (kg/L)	密度/ (kg/L)	平均 孔径/ nm	动态 吸附率/ %	机械 强度	水滴 稳定性
硅胶	53.6	500~600	0.4~0.7	1.2	20~40	5~8	普通	不稳定
活性氧化铝	51.9	250~300	0.7~0.8	2.3~3.3	40~50	4~6	高	稳定
分子筛	75.3	800~1 000	0.72	1.1	4.8	8~15	有限	不稳定

硅胶的主要成分是 SiO_2，它是一种比较理想的吸附剂，杂质少，具有较高的化学稳定性，耐热性也很好。缺点是当吸附的水蒸气凝成水滴或遇到液态水时，硅胶颗粒容易破碎，特别在有压力存在的情况下更为明显。

活性氧化铝由三水合铝 $Al(OH)_3$ 或三水铝矾土加热脱水而成，对水有较强的亲合力，在一定条件下对空气的吸附干燥可达大气露点 $-70℃$ 以下。活性氧化铝的再生温度比分子筛低得多，具有很高的表面硬度和抗压强度，在遇到液态水时或压力作用下不易破碎，在交变压力作用下不易磨损，很适宜作压缩空气的吸附剂。

分子筛泛指具有均一微孔，且能够有选择性地吸附直径小于其孔径分子的一大类吸附剂的统称，常用的沸石分子筛是一种结晶硅铝酸盐的多水化合物。分子筛的主要特点是具有单一的表面孔径，比孔径小的分子可以通过微孔进入孔穴内，吸附于孔穴表面；比孔径大的分子则不能进入，从而按分子直径不同可以把混合物分离开来，分子筛由此而得名。分子筛对水有极大的亲合力，又有非常大的比表面积，在压缩空气含水量较低或温度较高时均有较强的吸附能力，可用于深度干燥。分子筛的缺点是机械强度有限，抗水滴性能不强，在压力作用下容易破碎，长期使用后堆积密度可增加 20% 以上，另外，其再生能耗也比活性氧化铝高。在处理水分负载高或干燥度要求高的压缩空气时，先用活性氧化铝进行预干燥，再用分子筛进行深度处理，这是工程上常用的处理方法。

2. 冷冻干燥的原理

冷冻干燥就是利用制冷设备对压缩空气实行强制冷却，使空气温度达到露点以下，空气中的水蒸气会凝结成水滴析出，达到除水干燥的目的。目前，空气干燥常用吸附法和冷冻法。吸附法处理的空气能达到很高的干燥度（大气露点可达 $-70℃$，压缩空气质量可达一级），适用于要求干燥度很高的场合。但吸附剂对油比较敏感，含油量大时，吸附剂会失去作用，所以吸附法需与无油空压机配套使用或在吸附前进行除油处理。

目前，随着技术的进步，制冷机的成本降低，可靠性提高，使得冷冻干燥的应用日益增多。冷冻干燥的运行费用小,总能耗为吸附法的 1/3 左右,使用时基本不受压缩空气进气温度、压力的严格限制,处理后的干燥度足以满足一般工程的需要。另外,冷冻式压缩空气干燥机(以下简称冷干机)可以与有油空压机配套使用。当前,冷干机已日益成为主要的空气干燥设备。

由空气的性质可知,空气的饱和含湿量 d_b 的值会随空气温度的下降而减小。如图 3.6 所示,若将未饱和的空气(含湿量为 d)冷却,温度从 t 降至 t_1,湿空气由未饱和变成饱和,此温度下对应的空气饱和含湿量为 d_{b2}(数值上等于 d),继续冷却,空气的饱和含湿量就沿饱和含湿量线下降至 d_{b3},空气的温度降至 t_2,因 d_{b3} 小于 d_{b2}(即小于 d),多余的水蒸气就会凝结为液态水析出。

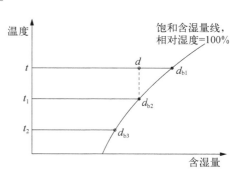

图 3.6　空气中的水蒸气凝结析水原理图

空气冷却通常用两种方式:在制冷系统的蒸发器中直接冷却,以及通过载冷剂间接冷却。两种方式都是与空气进行换热以降低空气温度,最终获得的干燥空气温度较低。在不需要低温空气的运行工况下,为充分利用空气的冷量,通常会在热空气进口处设置换热器,用出口的冷空气对进口的热空气预冷,这样可减少制冷机的功率,达到节能的目的。空气在冷却过程中凝结出的液态水可以带走空气中混杂的油质和尘埃,聚成水流从排水口排出,从而起到净化空气的作用。

3.2.2　吸附干燥法

在前面的吸附原理中已经讲到,按照吸附剂再生方法的不同,可将吸附分成变温吸附(TSA)和变压吸附(PSA)两类。根据这两种吸附原理,工程上发展出加热再生干燥器和无热再生干燥器,两类干燥器均得到了广泛应用。加热再生干燥器(TSA 原理)是利用吸附剂在低温时吸附水分,在高温下将所吸附水分脱附的特点使吸附剂再生。无热再生干燥器以变压吸附(PSA)为基础,在气体混合组分中高水分分压时吸附水分,低水分分压时将所吸附的水分脱附,使吸附剂再生。

为实现不间断供气,将吸附干燥器设计成双塔结构是一种常规手段,双塔中一个塔在进行吸附时,另一个塔同时对吸附剂进行再生,经过一定时间后双塔工况进行自动切换。一个塔从吸附操作开始,经过再生、均压等工序,到下一次吸附操作开始的时间间隔称为干燥器的工作周期。无热再生干燥器的工作周期一般很短,仅为几分钟到 10 min。加热再生干燥器由于吸附剂升温和降温时间很长,工作周期可长达几小时以上,根据工况需要和设备投资的综合权衡,大型加热再生干燥器通常采用单塔结构。无论无热再生干燥器还是加热再生干燥器,除再生气来源不

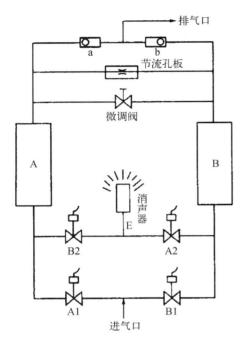

图 3.7　无热再生吸附干燥流程示意图

同外,两种干燥器的工作流程基本上是一致的。

图 3.7 是目前应用比较广泛的四阀结构的无热再生吸附干燥的流程示意图。

无热再生吸附干燥流程为:开机后,A 塔吸附运行,B 塔再生(脱附)运行。此时进气阀 A1 打开,压缩空气进入 A 塔,混合组分中的水蒸气被 A 塔内的吸附剂所吸附,干燥后的压缩空气通过单向阀 a 进入排气口送往用气设备。在进气阀 A1 打开后的几秒,接于 B 塔底部,用来提供 B 塔再生气排出通道的截止阀 A2 也打开,来自 A 塔的一部分低水分分压的干燥空气通过节流孔板(及与之并联的微调阀)从上部进入 B 塔,作为再生气自上而下逆向流动。原先已被 B 塔吸附剂所吸附的水分在低水分分压环境中得以脱附,并随低压再生气流经阀 A2 及消声器 E 排出塔外,B 塔内的吸附剂由于脱除水分而获得活性再生。在 A1 阀关闭前,A2 阀先行关闭,使 B 塔在这段时间里得以增压(为了缩短增压时间,有时在 A1 阀关闭前,B 塔进气阀 B1 先行打开),在双塔压力平衡后(这样做的目的是使工序切换过程中不致由于气压的突然变化而影响供气),A1 阀关闭,B2 阀相继打开,干燥器进入 B 塔吸附、A 塔再生的下半个周期。无热再生吸附干燥的半周期一般设定为 2~5 min。

在无热再生干燥器中,再生过程是一步到位的,即水分在重返气相的过程中连续被再生气带出塔外,吸附剂同时获得再生。在实际操作中,再生所需时间由再生气供给时间及增压时间两部分组成。这样,在再生总时间不变的前提下,改变再生气供给时间与增压时间之间的比值就能改变再生气的消耗量。

加热再生干燥器的工作流程与无热再生干燥器并无原则性的不同。加热再生干燥器按变温吸附(TSA)原理进行吸附剂再生,需将取自环境的再生空气加热,这就需要额外增加一套再生气供气设备和加温设备——常用风压较高的罗茨式鼓风机提供再生气(目前随技术进步,离心式鼓风机开始得到广泛使用),用电加温器将再生气加热到所需温度,因此加热再生干燥器的结构比无热再生干燥器复杂,同规格设备的体积也显得更大一些。加热再生干燥器的加热功率需要进行控制,以免吸附剂因温度过高而提前老化。此外,因吸附剂再生后的冷吹程序是必需的,冷吹气量和时间将直接影响加热再生干燥器的再生能耗和成品气的露点指标。

双塔加热再生吸附干燥流程为：加热再生干燥器的工作原理是根据变温吸附原理去除压缩空气中的水分,使干燥器的一个塔体处在工作压力状态下,对空气进行吸附干燥,此时该塔内空气中的水蒸气分压力高于吸附剂表面的水蒸气分压力,水蒸气向吸附剂表面转移,并逐步提高吸附剂表面的水蒸气分压力,最后达到平衡,这就是吸附干燥过程。而另一个塔体处在低压状态下,对吸附剂进行脱附再生。此时该塔内再生空气中的水蒸气分压力低于吸附剂表面的水蒸气分压力,水蒸气由吸附剂表面向空气中转移,并逐步降低吸附剂表面的水蒸气分压力,最后达到平衡,这就是脱附再生过程。加热再生干燥器利用加热的方式使再生空气的温度得到提高,从而加速了水蒸气由吸附剂向空气中转移,提高了吸附剂再生的效率并缩短了再生时间。两塔干燥、

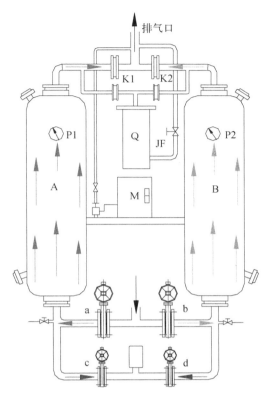

图 3.8　双塔加热再生吸附干燥流程示意图

再生循环交替运转,可连续提供干燥空气。双塔加热再生吸附干燥流程见图 3.8。

图 3.8 中,A 塔吸附运行,B 塔再生运行,压缩空气经过蝶阀 a 进入 A 塔,经吸附剂吸附干燥后,由止回阀 K1 排出满足要求的干燥空气;与此同时,一小部分干燥压缩空气作为再生气通过 JF 阀进入加温器 Q,被加热至设定温度的气体进入 B 塔解吸潮湿的吸附剂,使吸附剂再生,潮湿的再生空气通过排放阀和消声器排到大气中,这一再生阶段称为加热阶段。加热再生持续一段时间后,出口再生空气温度达到设定值,加温器 Q 停止加热。未加热的再生干燥空气进入 B 塔内对吸附剂床层进行冷却,使其恢复至吸附时的温度,这一阶段称为冷吹阶段。冷吹结束后,B 塔进行均压,最后完成整个 B 塔的再生过程,此时整个工作流程的上半个周期完成。下半个周期和上半个周期一样,只是 B 塔吸附运行,A 塔再生运行。

双塔加热再生吸附干燥方式可满足连续供给干燥气的需求,但在运行中一小部分干燥压缩空气(通常不超过总气量的 10%)作为再生气被消耗了。如果要节约这部分压缩空气,则需在图 3.8 的基础上另外增加一套再生气供气设备和相应

的管道、阀门等。需要注意的是,这种新增再生气的加热再生吸附干燥的冷吹流程需要进行闭式循环,此时需增加气-水换热器对闭式循环的冷吹气进行降温。

如果不要求设备连续供气,也可采用单塔加热再生吸附干燥的方式以节约设备投资。当干燥器运行一段时间后,出口空气的干燥度下降,此时需停止吸附流程,切换为再生流程,通过外加风机从环境吸入空气加热后用于吸附剂再生,再生气排放口达到要求温度后进入闭式冷吹流程,在完成整个再生流程后才可继续吸附干燥。

目前还出现了一种微热再生干燥器,这种干燥器综合了上述无热再生和加热再生两种干燥器的特点,即再生气取自本身制备的低水分分压的干燥空气(如同无热再生干燥器),又用外加温器对再生气进行"微"加热(即加热温度未达到吸附剂脱附所需的最低温度)——其目的旨在节约再生气消耗。这种干燥器在分类上可以列入加热型的变压吸附干燥器,其能提高低水分分压再生气的温度,再生气能比常温下携带更多的水分,可缩短再生时间,从而降低再生气消耗量。微热再生干燥器在运行流程上与加热再生干燥器基本相同。除加热温度稍低、加温脱附与冷吹的时间分配上与加热再生干燥器略有不同之外,就整个流程而言,二者并无不同。加热再生干燥器所遇到的问题,在微热再生干燥器中也同样存在。

3.2.3　冷冻干燥法

前面已描述过冷冻干燥法的原理,即冷冻干燥就是对压缩空气实行强制冷却,使空气温度达到露点以下,空气中的水蒸气会凝结成水滴析出,从而达到除水干燥的目的。

冷却压缩空气的冷量来自制冷机,空气冷冻干燥最直接的方法是,把空气引入制冷机的蒸发器中进行冷却,当空气冷却至所要求的压力露点后,多余的水蒸气凝结成液态水析出。经冷冻处理后的空气是温度较低的干燥空气,为了充分利用其冷量,通常还会增加空气-空气换热器,用出口的冷空气对进口的热空气进行预冷,这样做可以减少制冷的功率,达到节能的目的。同时由于最终出口空气的温度升高,处于非饱和状态,便于后续使用。因此,空气的冷冻干燥处理流程通常需要两个换热器(空气-空气换热器和蒸发器)串联而成。其流程为:从空压机供来的湿热压缩空气首先进入预冷器(空气-空气换热器),被从蒸发器出来的干冷压缩空气预冷后进入蒸发器,在蒸发器中被制冷系统强制冷却,达到露点温度,压缩空气中的水蒸气凝结成水滴(带走油质和尘埃),聚成水流由排水阀自动排出,净化后的干冷空气经预冷器提高温度后进入使用设备。

直接蒸发式冷干机结构原理示意图见图3.9。

制冷机主要由压缩机、冷凝器、膨胀阀和蒸发器等部件组成。制冷工质(制冷剂)是氟利昂,制冷剂在压缩机内被压缩成为高压气体,经冷凝器冷凝后放出潜热

变为高压液体,再经膨胀阀膨胀降压,制冷
剂就在蒸发器的低压下汽化,液态制冷剂汽
化时会吸收大量的热量,蒸发器实际上是一
台热交换器,压缩空气的热量在蒸发器内被
制冷剂吸收,从而达到冷冻干燥空气的
目的。

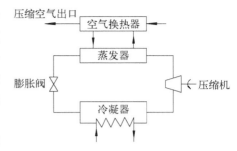

图 3.9 直接蒸发式冷干机
结构原理示意图

图 3.9 为采用蒸发器直接冷却空气的
冷冻干燥流程,除此之外,当空气流量大、制
冷机与空气系统不便合并布置时,也常用间
接冷却方式,即蒸发器先冷却载冷剂,再输送载冷剂到空气换热器、喷淋塔等换热
装置中对空气进行冷却。间接冷却方式多用于非标、大流量或高压空气,航空航天
大型试验设施等领域,有着设备布置灵活、制冷机可选用成套货架产品等优点,但
因流程中存在两次换热过程,以及载冷剂输送管路上不可避免的冷量损失,其总制
冷效率略低于直接冷却的方式。在大型工程中使用冷冻法干燥空气时,应该根据
设备功能、总体布局、使用方式、建设投资等因素进行综合权衡,选择最合适的冷却
方式。

3.2.4 典型空气干燥系统实例

某航空发动机试验基地需对大型压缩机组供出的压缩空气进行干燥除湿处
理,以用于后续降温或掺混流程。经方案论证,确定采用冷冻-吸附联合干燥方案,
工艺原理见图 3.3,其流程如下。

1. 确定供气参数

气源压缩机组供出的压缩空气经机组后冷器降温至 40℃,压力约 300 kPa(绝
对压力)。

2. 喷淋降温

采用喷淋塔作为空气的初级降温设备,在喷淋塔中空气与冷水机组制备的 3~
5℃的冷冻水进行直接换热,空气被冷却至 5℃左右。采用喷淋塔还有两个额外的
好处:一是由于空气与冷冻水直接接触,空气中混杂的油质、尘埃等会被水带走,
可以起到净化空气的作用;二是空气从 40℃降温至 5℃,将会有大量液态水从空气
中冷凝析出,如果这一降温过程中采用换热器,则需增设冷凝水排放装置,而采用
喷淋塔降温时,因直接使用水作为载冷剂,冷凝水可直接进入载冷剂中,无须额外
增加处理设备或装置。在喷淋塔中通常空气从下往上流动、冷冻水从上向下喷淋,
空气与冷冻水做相对流动以增加换热效率。在喷淋塔上部设置气水分离器(或除
沫器),用于除去空气中混杂的微量液态水,可使出口空气的含液态水量降至
0.15 g/kg 以下。

工程上常用的喷淋塔为填料塔,内部设置液体分布器,将冷冻水均匀分配到填料表面,空气和冷冻水可以更好地接触,发挥填料的最大效率。填料通常为散装塑料鲍尔环或不锈钢规整填料。规整填料与散装填料相比,具有更大的比表面积,能有效降低喷淋塔高度,还有压降低、流通量大、分离效率高等特点。对于喷淋塔顶部的气水分离器,以前常用网状除沫器,现在已经有更高效的折板除沫器,分离效率高,阻力小,并且可分离尺寸较小的水滴(最小可达 3 μm),可有效除去空气中游离的液态水。

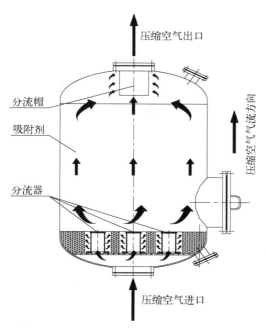

图 3.10　轴向式干燥塔结构示意图

图中标注:压缩空气出口、分流帽、吸附剂、分流器、压缩空气进口、压缩空气气流方向

3. 吸附干燥

经过喷淋塔降温之后的空气为温度约5℃的饱和空气,经管道输送进入干燥塔中进行吸附。干燥塔从结构上分为两种:轴向式和径向式,图 3.10 为一种轴向式干燥塔结构示意图。

轴向式干燥塔底部通常应设置气流分布结构(分流器)。压缩空气进入干燥塔后,先减速扩散,然后通过若干均匀分布的分流器,确保压缩空气在干燥塔内均匀平稳地流过吸附剂床层。气流均匀分布可保证压缩空气同吸附剂的接触时间足够,以达到出口空气达到规定露点温度的目的,同时也降低了气流对吸附剂的冲击,减小了吸附剂间的磨耗,提高了吸附剂的使用寿命。

对于流量大、压力低的饱和空气,因空气达到设计要求的露点温度时析出的液态水过多,吸附剂用量很大,如果采用图 3.10 中的轴向式干燥塔,则塔体直径过大,给设备设计和布置造成不便。在这种工况下,可采用径向式干燥塔,即干燥塔内设置内筒和外筒,吸附剂装填在内、外筒之间的环隙里面。内筒、外筒壁上均匀开有小孔,可使空气通过。空气首先进入内筒,然后穿过内、外筒之间的吸附剂床层,干燥后的空气进入外筒与干燥塔壳体之间的环隙,最后从收集管道流出。吸附剂再生时,再生空气流向则与干燥空气相反。

径向式干燥塔与轴向式干燥塔相比,具有更大的吸附剂床层通过面积、较低的床层厚度,气流通过床层的流速较低,在保证吸附效果的同时降低了床层阻力。对于大流量空气的干燥,径向式干燥塔往往只需要一台设备,而对于轴向式干燥塔,为降低气体流速,需要将多台设备并联使用,增加了设备投资和占地面积。

4. 分离除尘

经过吸附干燥的压缩空气不可避免地会混杂吸附剂粉尘,所以在吸附之后需要增加分离除尘的工艺。旋风除尘器是利用旋转的含尘气体所产生的离心力,将粉尘从气流中分离出来的一种干式气固分离装置,具有除尘效率高、结构简单、加工制造容易、压降适中等特点。

旋风除尘器的矩形进气道沿切线方向进入除尘器筒体,粉尘在离心力作用下被抛向除尘器壁面,随旋转气流向下做旋转运动,大部分气流受除尘器下部反射屏的反射作用,会旋转上升经排气管流出。小部分气流随粉尘经过反射屏和除尘器锥体之间的环隙进入灰斗,气体速度降低,在惯性作用下粉尘被灰斗捕捉,气体则经反射屏透气孔至排气管排出。

5. 过滤

经旋风除尘器分离之后的空气,残存有微量的固体颗粒,如果对空气洁净度要求很高,则在旋风分离之后还需设置高精度过滤器,以保证供给试验器的空气洁净度。过滤器的设计、选型应综合考虑过滤颗粒度、压力损失、滤网强度等因素。在过滤器底部还应设置排灰口,用于排出被滤网拦截的颗粒物。在长期使用后,过滤器的滤网会被堵塞,在设计中应考虑滤网的清洗措施。为监控过滤器的堵塞状态,在滤网前后通常可设置压差传感器,在压差超过设定值时报警。

6. 确定排气参数

当进口空气温度为 40℃,压力约 300 kPa(绝对压力)时,经过喷淋降温、吸附干燥、分离除尘、过滤之后,达到 -38℃ 的大气露点,压力下降 10~30 kPa,温度为 10~15℃。

7. 吸附剂再生

吸附剂再生系统主要包括风机、电加温器、水冷器、阀门、管道、膨胀节等。

吸附剂再生时,再生空气由风机从外界吸入,经电加温器加温至设定温度后,进入干燥塔对吸附剂进行解吸,使吸附剂再生,潮湿的再生空气通过排放阀和消声器排入大气,这一再生阶段称为加热阶段。加热持续一段时间后,出口的再生空气温度达到设定值,认为解吸已经完成,电加温器停止加热,进入冷空气强制降温的冷吹阶段。为了防止吸附剂在冷吹过程中吸湿,采用闭式循环的方式进行冷吹,此时大气进气阀和再生放空阀都关闭,风机持续工作以维持空气在系统中的循环。被吸附剂加热的循环空气,经水冷器冷却降至 40℃ 左右进入风机,增压后再经水冷器冷却至 15℃ 左右进入干燥塔对吸附剂床层进行降温。当干燥塔出口温度降至 30℃ 以下时,整个再生流程结束。为提高冷吹阶段的效率,风机后的水冷器宜采用冷水机组制备的冷冻水进行冷却。再生流程见图 3.11。

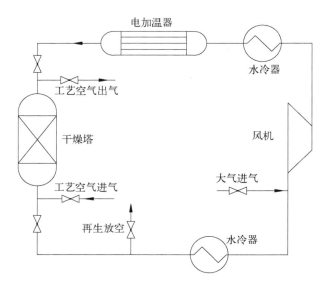

图 3.11   吸附剂再生系统流程示意图

3.3   空气降温系统配置

3.3.1   空气降温过程基本原理

航空发动机的高空模拟试验需要模拟标准与非标准大气环境,模拟低温试验时就需要经常用到空气降温系统。空气降温系统的作用就是降低气源系统供来的压缩空气的温度。

1. **热量传递降温**

通过热量传递而导致的降温过程是在生活中可以直观感受到的自然现象。热量传递只存在于不同温度的两物体或同一物体的不同部位之间,当温度相同达到热平衡状态时,认为不存在热量的传递。热量传递有热传导、对流传热、辐射传热三种基本方式。热传导是通过物质的分子、原子或电子的移动或振动来传递热量,流体中的热传导则与分子的动量传递相类似。对流传热是通过流体微团的宏观运动来传递热量,所以只存在于流体中,而且在传递热量的同时伴随着动量的传递。辐射传热是通过电磁波来传递热量的,从理论上来说,不需要物质作为传递媒介。

因热量传递的发生需要不同的温度,根据这一基本条件,要通过热量传递降低空气温度,则需要一种比要求温度更低的冷却介质,这种介质通常称为载冷剂或冷媒。载冷剂的低温状态是通过制冷机组来实现的。制冷机组的原理见图 3.12,它由压缩机、冷凝器、蒸发器、节流装置等主要部件组成,通过管道连接形成一个封闭的自循环系统,系统中充注有制冷剂(现有制冷剂通常为各种牌号的氟利昂),在压缩机的压缩作用下完成在整个系统中的循环。

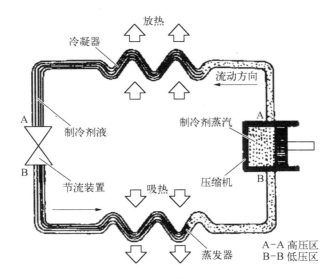

图 3.12　制冷机组原理

制冷剂在系统循环中经历了 4 个热力过程。

(1) 蒸发过程:低压制冷剂在蒸发器中吸收被冷却物质(载冷剂)的热量而汽化,成为低压蒸汽,使被冷却物质(载冷剂)的温度降低,从而制冷。

(2) 压缩过程:蒸发器中的制冷剂低压蒸汽被压缩机吸入,在压缩机中压缩之后,温度、压力都上升,然后排入冷凝器。

(3) 冷凝过程:蒸汽状态的制冷剂在冷凝器中排出吸收的热量,冷凝成为液体;冷凝器其实是一个换热器,需要与外界空气或外加的冷却水进行换热,大功率制冷机组仅仅依靠空气换热是不够的,需要连接冷却水管道,依靠大量的冷却水才能带走相应的热量。

(4) 节流过程:节流是一个降压过程,用节流装置来减小流量、降低压力,在小型空调中可以用毛细管来节流,大功率制冷机组通常用膨胀阀来节流。

在压缩机的持续运行中,上述 4 个热力过程连续不断地循环运行,从而实现制冷。有效的制冷结果在蒸发器中实现,因载冷剂与制冷剂在蒸发器中的热交换,从蒸发器出来的载冷剂已经处于低温状态,可以把制冷机组产生的冷量带到热交换器或喷淋塔。因为载冷剂与需降温空气的温度差的存在,二者之间根据热交换装置的不同,会发生间接或直接的热交换,空气把热量传递给载冷剂(也可以认为载冷剂把冷量传递给空气),空气自身内能下降,在宏观上的测试中就会发现空气温度降低了。

2. 内能消耗降温

在热量传递的降温模式中,始终需要存在外加冷源以制造与空气之间的温度差,采用制冷机组的外加冷源在工程上最常用,但制冷机组需要消耗大量的电力能源,对于大流量、长时间的空气降温,采用制冷机组的方式在节能方面是很难接受的。由于压缩机组供出的压缩空气往往具有较高的速度和压力,即其内部具有较高的动能和势能,如果从降低内能的角度出发,寻求一种自动消耗空气内能的降温方式,则整个空气降温系统的能源消耗可以得到极大的缓解。

涡轮膨胀机又称为膨胀涡轮,是一种利用气体自身内能对外做功,从而降低能量获得低温的一种机械。涡轮膨胀机利用压缩气体膨胀降压时向外输出机械功,使气体温度降低。涡轮膨胀机是利用空气流动时速度的变化来进行能量转换的,也称为速度型膨胀机,它产生冷量,获得低温,目前已是低温装置中的标准产冷部件。涡轮膨胀机的应用十分广泛,既可以用于空分领域、空调设备、低温环境模拟以及氢、氦的液化制冷,还可以作为能量回收机械来使用。

涡轮膨胀机由一台单级离心涡轮(膨胀端)和一台位于同轴的起负载作用的单级离心式压气机(增压端)组成。压缩空气在涡轮膨胀机中绝热膨胀,同时高速气流冲击离心涡轮并使得涡轮高速旋转,通过主轴带动另一端的负载压气机对外做功。涡轮膨胀机的主要工作是在喷嘴及叶轮中完成的。喷嘴是由多个精心设计的叶片组成的喷射通道,当高压气体通过喷射通道时,由于膨胀的作用,通道内气体的速度迅速上升并可能达到声速,而气体的压力和温度下降很快,从而达到膨胀降温的目的。喷射出来的高速气体作用在涡轮上,使涡轮高速转动,气体从半径方向流入,从与主轴轴线平行方向流出,称为径流涡轮。涡轮上每两个叶片之间形成一个气体通道,且通道逐渐扩大,当高速、低温的气体通过时,由于涡轮高速转动,气体的速度下降很快,同时气体在不断变大的通道中流动时,压力也进一步下降,气体的内能降低,气体的温度进一步降低,从而达到降温制冷的目的。涡轮的转动带动同轴上另一端的压气机转动,压气机叶轮旋转并压缩外界气体,不仅消耗了主轴传来的功,也控制了膨胀机的主轴转速,使其不产生"飞转"。涡轮膨胀机实质上就是利用压缩空气流动时的速度变化来进行能量转化的装置,其结构见图 3.13。

涡轮膨胀机具有降温制冷能力强的特点,压缩空气通过涡轮膨胀机前后的温差最高可达 100℃,涡轮膨胀机出口温度可达-90℃以下。同时涡轮膨胀机还具有节能的特点,整个工作过程中除油泵、密封气、冷却水之外,无须消耗其他任何动力,直接的动力运行费用较低。

我国目前在大型涡轮膨胀机的研发、生产方面与国际先进水平相比尚存在一定差距,大流量空气降温用的涡轮膨胀机主要还依赖进口。但消耗空气内能的降温方式并非只有涡轮膨胀机一种方法,另一种方法为气波制冷机,通过独特的设计,使压缩空气形成激波进行做功,从而消耗空气内能,同样可获得满足需要的低温空气。

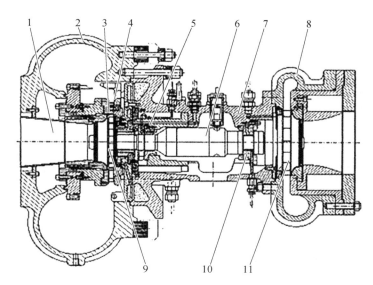

1-扩压器;2-膨胀机蜗壳;3-喷嘴压紧机构;4-转动喷嘴;5-内轴承;6-主轴;7-机壳;8-压气机蜗壳;9-工作轮;10-外轴承;11-增压轮

图 3.13　涡轮膨胀机结构

气波制冷机(gas wave refrigerator)也叫热分离机(thermal separator)是 20 世纪 60 年代末至 70 年代初新兴的一种制冷机械,由法国 ELF 公司和 BERTIN 公司发明。它是将压缩空气工质的压力能转换成速度能,并做压缩功,通过激波和膨胀波的运动,实现冷热分离,从而达到降温制冷的目的。这种新型制冷机械具有结构简单,易于加工,操作维护方便,造价低廉,不怕带液工作,工况适应性强等优点。对于其热效率,国产机为 40%~70%,国外报道可达 80%~90%。因此,法国 NAT 公司(70 年代中期由 ELF 及 BERTIN 联合法国石油研究所成立)推出其研究成果后,很快就在日本、中国和苏联等国家先后引进、开发和应用。现在,气波制冷机主要用于石油天然气部门、航空航天试验设备等方面,具有广阔的应用前景。大连理工大学胡大鹏教授的团队多年来致力于气波制冷机技术的研究与实际应用,取得了显著成效,目前在大型气波制冷机领域处于国际领先水平。多年实际应用表明,气波制冷机与膨胀涡轮相比,存在原理先进、结构简洁、配套简便、使用维护方便等优点,在大多数空气降温领域具备完全取代膨胀涡轮的能力。

3.3.2　换热降温

在工程上采用换热降温方案时,需计算换热量、换热系数等。下面对需进行的计算过程进行粗略的介绍。

1. 空气的焓值

空气的焓值是指空气含有的总热量,通常以干空气的单位质量焓值为基准,称为比焓,工程上简称为焓。可以根据空气在热传递过程中焓的变化,来判断空气是得到热量还是失去热量。焓增加表示得到热量,温度上升;焓减少表示失去热量,温度下降。

焓的符号为 H,单位是 kJ/kg$_{干空气}$。空气的焓值等于 1 kg 干空气的焓值与其含有的水蒸气的焓值之和。空气焓值的简捷计算经验公式如下:

$$H = (1.01 + 1.84d)t + 2\,500d \qquad (3.3.2.1)$$

式中,H 为空气焓值,kJ/kg$_{干空气}$;t 为空气温度,℃;d 为空气含湿量,kg/kg$_{干空气}$;1.01 为干空气平均比定压热容,kJ/(kg·K);1.84 为水蒸气平均比定压热容,kJ/(kg·K)。

在式(3.3.2.1)中,$(1.01 + 1.84d)t$ 是随温度变化的热量,称为"显热";而 $2\,500d$ 是 0℃ 时 d(kg)水的汽化潜热,它仅随含湿量变化,与温度无关,称为"潜热"。式(3.3.2.1)很清楚地表示出焓值仅与空气的温度、含湿量有关,与压力等参数无直接关系;但压力会影响空气的含湿量,同时也就间接影响了空气焓值。

在计算空气经过换热器的换热量时,通过焓值的差的绝对值来计算空气侧的换热量相对简便,见式(3.3.2.2):

$$Q = M \times |H_{\text{out}} - H_{\text{in}}| \qquad (3.3.2.2)$$

式中,Q 为换热量,kW;M 为空气质量流量,kg/s;H_{out} 为换热后的空气焓值,kJ/kg;H_{in} 为换热前的空气焓值,kJ/kg。

不仅对于空气换热,气-液两相换热也可以使用式(3.3.2.2)来计算。

2. 换热装置

喷淋塔是一种空气与冷却水直接接触的换热装置,为竖直的压力容器,压缩空气从下向上流动,冷却介质(冷冻水或低温冷媒)向下喷淋,二者接触后发生热交换。为增加气-水接触的比表面积,喷淋塔内常采用金属或非金属复合材料做成的填料,填料形状为蜂窝状或其他形状,结构为散装型或规整型,通常规整结构的接触换热面积更大,热湿交换效率可达 95% 以上。喷淋塔除可对空气实现换热处理过程外,还可达到净化空气的效果,能有效地除去混杂在空气中的大于 5 μm 的微粒,分离效率在 95% 以上。同时,在实现相同净化效果的情况下,其阻力小于空气过滤器。

填料型喷淋塔的简易模型见图 3.14。

在工程上最常用的换热装置并不是喷

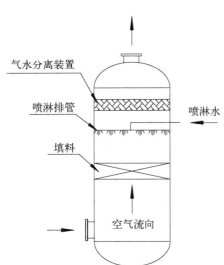

气水分离装置

喷淋排管

填料

喷淋水

空气流向

图 3.14   填料型喷淋塔模型示意图

淋塔,而是各种各样的换热器。换热器是将热流体的一部分热量传递给冷流体的设备,又称为热交换器。换热器在工业生产中占有重要的地位,在大部分生产中换热器可作为加温器、冷却器、散热器、冷凝器、蒸发器、再沸器等,其应用非常广泛。从广义上来说,喷淋塔也是一种换热器。

按热量传递方式的不同,换热器可以分为以下几大类。

(1)间壁式换热器:两种温度不同的流体在被间壁分开的空间里面流动,通过间壁的壁面导热,使分别位于壁面两边的流体之间传递热量。间壁式换热器有管壳式、套管式和其他型式等不同结构类型,是目前应用最为广泛的换热器。

(2)直接接触式换热器:又称为混合式换热器,在换热器中两种流体直接接触进行换热,如冷水塔、气体冷凝器等,上面介绍的喷淋塔就是一种典型的直接接触式气-液换热器。

(3)其他换热器:包括蓄热式换热器、流体连接间接式换热器、复式换热器等。

按结构的不同,换热器又可分为浮头式换热器、固定管板式换热器、U 形管板式换热器、板式换热器等。其中在工程上最常用的是管壳式(又称列管式)换热器、板式换热器。

管壳式换热器主要由壳体、管束、管板、封头等组成,壳体多为圆形,内部装有管束。管束为平行式或螺旋式,其两端固定在管板上。对于管壳式换热器内进行换热的两种流体,一种在管内流动,其流动行程称为管程;另一种在管外流动,其流动行程称为壳程。管束的壁面就是传热面。目前对换热量、换热效率要求高的管壳式换热器多采用螺旋管束设计,可以最大限度地增加换热面积和湍流效应,从而加大了换热效率。设计制作良好的管壳式换热器的最高换热效率可达 14 kW/$(m^2 \cdot K)$。

管壳式换热器在设计加工中的一个重要方面是管束和管板的连接方式,主要采用胀接、焊接等。胀接用于管、壳之间换热流体的渗漏掺混不会引起严重不良后果的工况,适用于材料焊接性能差、制作加工量过大等情况下,因胀接的塑性变形导致的残余应力在使用中逐渐消失,管端处的密封效果变差,所以胀接结构受到压力、温度的限制,一般情况下设计压力≤4 MPa、设计温度≤300℃,使用中不应有剧烈振动、温度急剧变化和明显的应力腐蚀。焊接结构生产简单、效率高、连接可靠,并且管束与管板的焊接对管板有增强作用,管孔的加工要求也不高,在设计中应优先采用;当换热介质有毒、有害、易燃、易爆,或两种换热介质混合会产生不良影响时,为确保接头密封,应采用焊接法。

3. 换热计算

换热器的主要设计任务是要确定设备的换热面积,以及空气、水进出换热器的状态,如温度、含湿量等。对于每一个换热器,都存在两种换热流体,对这两种流体

均存在如式(3.3.2.3)所示的换热量公式,该公式对两种流体的单独计算都是适用的:

$$Q = \rho c_p L \Delta t \qquad (3.3.2.3)$$

式中,Q 为换热量,W;ρ 为流体密度,kg/m^3;c_p 为比定压热容,J/(kg·℃);L 为空气流量,m^3/h;Δt 为传热温差,℃。

而针对换热器本身的换热量计算公式则如下:

$$Q = kA\Delta t_m \qquad (3.3.2.4)$$

式中,k 为换热系数,W/(m^2·℃);A 为换热面积,m^2;Δt_m 为平均传热温差,℃。

换热系数 k(在式(3.3.2.4)中其实为对流换热系数)在数值上等于流体与壁面之间的温度差为 1℃时,单位换热面积通过对流换热的热量的数值。

在误差允许范围内,平均传热温差 Δt_m 可近似计算如下:

$$\Delta t_m \approx \left[(t_{g1} + t_{g2}) - (t_{w1} + t_{w2}) \right]/2 \qquad (3.3.2.5)$$

式中,t_{g1}、t_{g2} 为空气进、出口温度,℃;t_{w1}、t_{w2} 为喷淋水进、出口温度,℃。

当采用喷淋塔作为气-水换热装置时,设定工况为用低温水对高温空气进行降温,则喷淋塔内空气放出的热量可按式(3.3.2.3)计算,该热量等于喷淋塔内空气与喷淋水的换热量(可按式(3.3.2.4)计算得出换热量)。当采用式(3.3.2.4)计算喷淋水获得的热量时,空气流量 L 与传热温差 Δt 由设计条件给出,喷淋塔中的传热系数 k 与空气流速、液气比 r 两个因素相关。传热系数 k 一般可采用如下经验公式计算。

对于顺流塔:

$$k = 2.25 \times 10^{14} Re^{-1.959\,833\,4} r^{-1.879\,901\,2} \qquad (3.3.2.6)$$

对于逆流塔:

$$k = 6.68 \times 10^{11} Re^{-1.651\,031\,09} r^{-1.681\,89} \qquad (3.3.2.7)$$

式中,Re 为雷诺数;液气比 r 是喷淋水流量和空气流量之比,而喷淋水流量又由液气比和空气流量确定。

为表征对流换热的强烈程度,物理学上引入了一个无量纲数 Nu,叫做努塞尔数。努塞尔数与对流换热系数、导热系数、垂直于传热方向的特征长度等物理值有关。对于每一个完成定型的换热模型,当其冷、热侧流体参数已定时,这个模型都对应有一个唯一的努塞尔数,这个努塞尔数也是这个特定模型的平均换热系数。如果要求不高,可以用式(3.3.2.8)计算努塞尔数:

$$Nu = CRe^m Pr^n \qquad (3.3.2.8)$$

式中，Re 为雷诺数；Pr 为普朗特数；C、m、n 为与换热模型相关的系数，在各种设计手册中给出了取值。

3.3.3　涡轮膨胀机降温

1. 涡轮膨胀机的等熵效率

涡轮膨胀机的降温过程实质上接近绝热等熵膨胀过程。作为降低温度、制取冷量用的低温涡轮膨胀机，它的目的是在一定膨胀气量下制取尽可能多的冷量，以满足低温设施的需要。在涡轮膨胀机中标志能量转换过程的接近理想程度的指标就是效率，理论上膨胀工质在给定的进、出口条件下可能实现的最大比焓降应为等熵比焓降 h_s，等熵比焓降是一个比较的标准。涡轮膨胀机进、出口实际比焓降与等熵比焓降之比称为等熵效率：

$$\eta_s = \Delta h / \Delta h_s \qquad (3.3.3.1)$$

式中，η_s 为等熵效率；Δh 为进、出口实际比焓降，kJ/kg；h_s 为等熵比焓降，kJ/kg。

2. 涡轮膨胀机的性能曲线

涡轮膨胀机特性曲线是在设计时预先估计降温性能变化，通过选择合适的设计参数而由试验结果整理绘制而成的。通常把 η_s 随 u_1/C_S（特性比）变化这一重要的关系曲线称为特性曲线（图 3.15）。特性比是指涡轮膨胀机叶轮进口处的圆周速度与涡轮膨胀机等熵理想速度之比，在其他参数不变的情况下它直接反映了转速对机组效率发挥的影响。u_1 只与叶轮转速有关，C_S 则与该涡轮膨胀机运行时的气体进、出口的热力参数有关，即

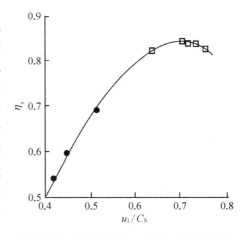

图 3.15　等熵效率与 u_1/C_S 特性曲线图

$$u_1 / C_S \propto n^2 / h_s \qquad (3.3.3.2)$$

式中，u_1 为叶轮进口处的圆周速度，m/s；C_S 为等熵理想速度，m/s；n 为叶轮转速，r/s。

当进口热力参数一定时，必须调整转速 n 使特性比维持在最佳值附近。

对涡轮膨胀机等熵效率影响的调节分为量的调节、质的调节两种情况，量的调节是指改变膨胀空气量，而质的调节是指改变涡轮膨胀机进、出口的热力参数。

需要特别说明的是，根据涡轮膨胀机的使用情况的不同，其性能曲线采用的参数是不同的。对于试验设施的气源系统来说，涡轮膨胀机的用途是对空气进行降

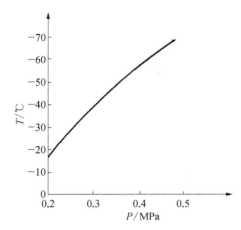

图 3.16　某型涡轮膨胀机进口压力-出口温度性能曲线

温,关注的参数是流量、进口压力、出口温度,其性能曲线是进口压力-出口温度曲线,等熵效率反而不是关注的重点。图 3.16 是某型大流量涡轮膨胀机在进口空气流量为 50~70 kg/s 时的性能曲线,横坐标为进口压力值,纵坐标为出口温度值。从该曲线来看,涡轮膨胀机的进口压力值越高,出口温度值越低。

3. 涡轮膨胀机的系统组成

涡轮膨胀机通常会将主机和分系统组合在一整套撬装系统上面,每个系统包括一台固定在钢结构基板上的涡轮膨胀-压缩机设备和辅助系统,包括润滑系统、密封气系统、仪表和控制系统。需要指出的是,润滑系统的油站和密封气系统的空压机组,并不会组合在撬装系统上面,而是布置在厂房内的其他地方,通过管道输送润滑油、密封气到主机撬装上的指定位置。涡轮膨胀机的重要组成部分如下。

1) 喷嘴(入口导向叶片)组件

涡轮膨胀端装有可变截面的进气喷嘴装置,也叫入口导向叶片,它的作用是将进入涡轮膨胀机的来流上将近 1/2 的总压头转化为动压头。可变喷嘴设计可在各种流量下保持高效率,其调整机构还可以精确地控制涡轮膨胀机组的流体流动。

变截面喷嘴位于膨胀端的机壳上,其设计要点是,无论在完全开启(最大流量)还是在完全关闭的情况下,在所有喷嘴位置处都能保持高流量的特征。喷嘴装置的另一关键要点是在运行中不应发生窜漏,这样就可减少整体的效率损失。

设计优良的喷嘴机构应具备以下特点:

(1) 精确的喷嘴开度控制;

(2) 最小限度的摩擦;

(3) 计算机控制的连续调整能力;

(4) 各种流量范围下的高效率,喷嘴叶片的曲面形状设计应尽可能降低能量损失。

2) 自动推力平衡系统

自动推力平衡系统用于调整涡轮膨胀机压缩端吸气时与压缩机叶轮背部之间的压差,以此来平衡涡轮膨胀机的轴向推力。系统用两个压力传感器来监测作用在止推轴承面上的液压力,从而判断推力负荷,并通过一个差压开关和一个液压活塞来调整、平衡推力。系统的调节可以使转动轴上只产生很小的轴向负荷,从而避免了对轴造成损坏，系统还应具有压差报警的特点。推力平衡系统原理示意图见图 3.17。

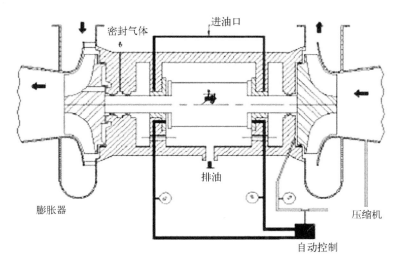

图 3.17　推力平衡系统原理示意图

3）叶轮

膨胀端和压缩端的叶轮通常采用离心式，在设计上应采取措施避免在设计转速和其他非设计但需稳定使用的转速下发生共振。对叶轮进行设计和试验时，应充分考虑振动、热量变化和旋转离心应力（在轮毂内和叶轮最大直径平面上应力最大）的影响。叶轮生产完成之后，应按标准进行转动和结构完整性试验。最大的叶轮应力不得超过叶轮原材料屈服应力的 80%，超速能力至少应为在最大持续工作转速的 120% 转速之下不得出现任何叶轮变形及结构完整性问题。叶轮实例见图 3.18。

图 3.18　叶轮实例

4）润滑油站

润滑油站包括油箱、油泵、冷却器、滤油器、管道、调节阀、冷却水系统等,用于为膨胀机轴系提供满足流量、压力、温度要求的润滑油。润滑油牌号为 ISO VG68 或相似型号。

5）密封气系统

涡轮膨胀机主机上的密封气系统包括压力控制阀、双密封气过滤器、流量计和不锈钢管道等。

密封气系统的气源由空压机、除尘/除油过滤器、干燥器、储气罐等组成。需要强调的是,因涡轮膨胀机为制冷设备,其内部的涡轮膨胀端部件处于低温状态,要求提供的密封气必须进行干燥除湿处理。由于涡轮膨胀机运行时需持续不断地提供干燥的密封气,干燥器通常采用双塔无热再生干燥器;干燥器出口空气的干燥度应达到压力露点$-40℃[0.8\ MPa(A)]$。储气罐主要起稳定气源压力的作用。

6）功率吸收装置

当需降温的空气进入涡轮膨胀机的膨胀端时,空气在涡轮膨胀机中绝热膨胀,高速气流冲击离心涡轮并使得涡轮高速旋转,通过主轴带动另一端的负载对外做功。根据涡轮膨胀机设计的不同,对外做功的负载通常采用压气机、油泵、发电机等实现主轴上功率的吸收,并控制涡轮膨胀机主轴转速以防止飞转。

采用压气机作为功率吸收装置,是大流量涡轮膨胀机常用的方式。如果气源压缩机组供出的压缩空气压力不够高,那么经过涡轮膨胀机之后的降温程度并不高。如某型涡轮膨胀机,空气进口压力为 0.26 MPa(绝对压力)、进口温度约$-26℃$时,出口压力为 0.09 MPa(绝对压力),出口温度约$-78℃$,温度降 Δt 约为52℃。当提高气源供气压力存在条件限制时,考虑利用涡轮膨胀机的功率带动增压压气机,对膨胀端进口空气先进行增压,提高空气压力,可以使膨胀端出口空气温度更低。涡轮膨胀机主轴上回收的功率通常是很高的,还是上面这台涡轮机组,其空气流量约 130 kg/s,主轴回收功率最大可达 7 300 kW。增压压气机压比为 1.6~2.7,对上述低压空气增压时,膨胀端进口空气压力最高可达 0.7 MPa(绝对压力),如果膨胀端出口压力保持在略高于大气压的状态(绝对压力约 1.0 MPa),这时涡轮机组的温度降 Δt 可达到90℃,即进口温度为10℃时,出口温度可低至$-80℃$。由此可见,利用涡轮主轴回收功率进行增压,是提高涡轮膨胀机降温使用效率的有效手段。

需要特别说明的是,增压涡轮机组的使用虽然提高了空气进口压力,但空气温度也随之上升,需要在进入膨胀端之前增加空气预降温处理工序。在实际运行中,增压涡轮机组增压端与膨胀端的工作匹配较为困难,管网系统的压力调节难度较大。如果并不看重涡轮回收功率的利用,增压端的空气压缩机可以直接从大气中吸入空气,增压后直接排入大气,这种方式虽然存在白白损耗功率的缺点,但设计和运行中膨胀端与增压端的匹配难度低,涡轮稳定工作范围更大(最低稳定转速约为 800 r/min),涡轮膨胀机的使用灵活性更好。

在不适合使用压气机作为功率吸收装置的条件下,在涡轮机组主轴上也可使用油泵,从油箱中吸入液压油,增压后又排入油箱,在对液压油增压的过程中,油液温度会上升,需要设置油冷却器。

使用发电机作为涡轮膨胀机的功率吸收装置在目前是一种有发展前途的方案。用于控制或耗散功率的发电机、电涡流测功器等经过多年的发展,技术已非常成熟。在涡轮膨胀机另一端采用发电机时,需配套对电网进行改造,使发出的电可以整流进入电网,得到有效利用;使用电涡流测功器时,对涡轮膨胀机转速的控制可以做得非常精确。

4. 涡轮膨胀机的现状

美国 Rotoflow 公司在涡轮膨胀机研发上长期处于领先地位,近年来,随着 Rotoflow 公司被 GE 公司兼并,国际上涡轮膨胀机的供货渠道逐渐被 GE 公司独家垄断。

国内研制、生产涡轮膨胀机已有五六十年的历史,多由空气分离行业研发,应用于空气分离、石油、石化等行业。航空发动机试验设施上使用的小型涡轮膨胀机也多由空气分离行业供货。

3.3.4　气波制冷机降温

气波制冷技术是一种利用气体的压力能产生激波和膨胀波使气体制冷的先进制冷技术,气波制冷机是根据气波制冷技术而研制的新型制冷节能机械。由热力学基本理论可知,压力气体降压时能量是可以回收的,这种能量即气体压力能。其利用的途径通常有两种:一种是动力利用,即通过直接的方式将气体压力能转化为机械能并输出做功;另一种是利用带压气体的压力能经膨胀后制冷。透平膨胀机属于前一种类型,而气波制冷机属于后一种形式。气波制冷机可在不需要任何外加动力驱动的情况下,完全利用装置进、出口气体的压差来使机器旋转,依靠压力气体射流对接收管内的驻留气做不定常膨胀功而制冷,故能在较低的转速下高效地工作,在气体膨胀产生冷量的同时还可输出热量。机器效率较高,现已达 70% 以上,具有结构简单,性能稳定,操作维护简便,制造、运行成本低,对流量和膨胀比适应范围宽,与透平膨胀机比较,在气液两相工况下使用具有相当的优势,已于 1989 年取得自主知识产权。

目前,已研究开发的气波制冷机产品可分为旋转式和静止式两大类,旋转式中又包括自旋式和电机驱动式两种。压力(绝对压力)为 0.3～30 MPa,膨胀比为 2～ 10,最大流量可达 14 kg/s,最低排气温度为−125℃。

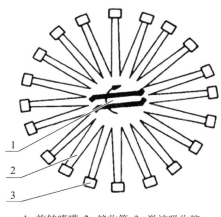

1—旋转喷嘴；2—接收管；3—激波吸收腔

图 3.19　气波制冷机结构示意图

1. 气波制冷机

1）结构组成

气波制冷机由主轴、机体和相当于气体分配器的旋转喷嘴及振荡接收管束等所组成。

气波制冷机结构见图 3.19。

2）工作原理及过程

机器工作时，带有压力的来流气体经空心轴进入气体分配器并在喷嘴处膨胀加速，从喷嘴出来的高速气体因分配器的转动而连续地改变方向，并以间歇方式依次射入喷嘴周围呈放射状均布排列的接收管中。在接收管内振荡并产生压缩波、激波和膨胀波，每根振荡管在两次射气间隔期间排气，振荡管内所形成的压缩波和激波会使管内气体产生高温，热量通过管壁向外界散发，同时产生的膨胀波使气体降温，即获得冷量使气体制冷，这是由于压力气体因膨胀做功而减少了能量，使得自身降温。运动到接收管封闭端的反射激波会被激波吸收腔吸收，这是为了避免产生反射激波而降低制冷效率。

这个过程可详尽形象地描述如下。

高速气流射向某一接收管的瞬间，射入的新鲜气体与接收管内原有的滞存气体之间形成一个接触面，该接触面可视为一个无质量的气体"活塞"；由于接触面两边气体的速度和压力都不相等，为满足接触面相容条件（即接触面两边气体的速度和压力相等），该"活塞"向前运动，在"活塞"的前方将出现同方向运动的激波。激波扫过之处，气体受到压缩，温度和压力提高，接收管从此形成热腔。在激波产生的同时，又一束膨胀波产生，作用于接触面后的气体，使该部分气体通过膨胀获得高速，静温下降，形成冷腔。该过程示意图见图 3.20。

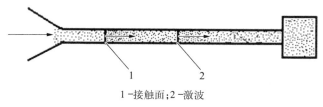

1—接触面；2—激波

图 3.20　喷射过程示意图

喷射停止后关闭接收管开口端（图 3.21），由于接触面与管口之间的气体随"活塞"向前运动，突然关闭管口，管口气流速度骤然降至零，因此从管口产生一束右行膨胀波，使管口与接触面间的气体进一步膨胀，静温下降，而激波进一步压缩管内气体,此时激波对气体做功的能量由管口与接触面之间的气体供给,又使得该部分气体总温下降。

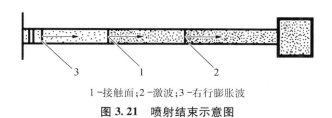

1-接触面;2-激波;3-右行膨胀波

图 3.21 喷射结束示意图

当接收管管口与低压排气管接通时,进入排气阶段。由于接收管的内外压不平衡,内部压力高于外部压力,同时又有一束右行膨胀波传至管内,使管口与接触面间的气体静温再度下降,变成冷气排出管外(图 3.22),冷气排尽时,接触面到达管口。运动到接收管封闭端的激波被激波吸收腔吸收,以免产生反射激波,影响降温效果。排气终止后一个工作循环结束,被激波加热的气体通过管壁向外界散热。

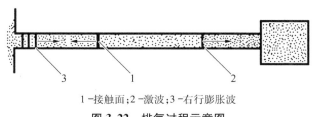

1-接触面;2-激波;3-右行膨胀波

图 3.22 排气过程示意图

简言之:在周期性激振作用下管内气体接受射入气体的压力能,并通过波系——激波、压缩波和膨胀波的相互作用完成不定常膨胀和能量转换,实现气体制冷。气波制冷机凭此机理、特点能够在较低的转速下高效地工作,从而避免了像透平膨胀机那样须在高转速下工作所带来的一系列不便。此外,该制冷机对气-液两相工质不敏感。

2. 多级气波制冷机

单级气波制冷机属于一次不定常膨胀制冷,其适合的膨胀比一般均不大于4。如果需要更大的制冷温降,或者有很高的余压可供利用,它们便不能适应,主要表现为等熵制冷效率急剧降低,其制冷温降随膨胀比的增加可能只有微小的增大,这主要是由这类机器的制冷机理及结构特点所限制的。若采用多台气波制冷机串联制冷,每一台的膨胀比虽可大为减小,满足大膨胀比的要求,但投资成本要增大,占地规模也要增加,且很可能因匹配不佳,使总体制冷效率提高不大。

1)原理及结构

多级气波制冷机是在气波制冷机基础上开发研制的新一代在高压大膨胀比工

况下仍能保持并提高制冷效率的单体非定常膨胀制冷机械。其技术原理与气波制冷机是一致的。同样是利用波的作用原理实现气体间的能量转换而获得冷量。

多级气波制冷机外形见图 3.23。

图 3.23　多级气波制冷机外形图

在机器的结构上,多级气波制冷机采用一套转动轴件,但相应地装有两个或两个以上同速旋转的气体射流分配器和具有两组或两组以上辐射排列或圆周排列的数米长的末端封闭的接收管,从第一射流分配器喷射出的气流先进入第一组接收管中做不定常膨胀,对接收管内的驻留气做功而制冷,制冷气返出接收管后再导入第二射流分配器中,从该分配器射出的气体再进入第二组接收管,制冷后再返出,依次类推。这样,在机内气体经过两次或两次以上的膨胀制冷后,可以产生很大的温降,即形成单机多级。每一级的膨胀比可大为减小,采用多级膨胀制冷,则每一级的膨胀比可以控制在 2~3,这对于非定常膨胀制冷机是最为适宜的。各单级制冷效率可以显著提高,从而制冷机的整机效率也随之提高。

由于多级气波制冷机由多级组成,所以各级之间的匹配组合就尤为重要和关键。为了提高机器的制冷效率,须对振荡频率、接收管管长、换热面积、喷嘴结构等主要参数之间的匹配进行优化。同时实际气体在膨胀冷却过程中,较重组分冷凝会产生液化,液化的气体将滞留在接收管内,引起机器效率的急剧降低,以上问题很难在单级气波制冷机中解决。多级气波制冷机在单台机器上实现了气体多次不定常膨胀,各级膨胀比可以优化确定,使整机具有最佳的匹配状态,克服了该类单级气波制冷机在一次大膨胀比下接收管入口处所不可避免地急剧增加的能量损耗,大量的研究结果和实际运行表明:膨胀比作为主要参数应控制在适宜范围,这对提高各级效率有效,并可在级间对气体进行排液处理,本机采用了多级小孔耗散排液新技术,解决了机器带液运行影响效率的问题,还通过不断改进设计结构等有效手段,运用许多制造加工新技术,使整机的制冷效率得到了较大提高,机器实际运行等熵效率已达到 75% 以上。另外,也避免了在相同工况下由多台气波制冷机串联造成的一系列问题,减少了投资成本和占地规模,缩短了制造建设周期。在高压大膨胀比气体制冷场合具有较大的技术优势。

2）特点与性能

多级气波制冷机具有以下性能特点。

（1）效率高:旋转式多级气波制冷机效率可达 75%。

（2）运行周期长:旋转式多级气波制冷机转速一般在 3 000 r/min 以下,新型旋转式多级气波制冷机的润滑方式有油润滑和脂润滑两种方式,使机器唯一的易损件——滚动轴承的润滑性能提高,运行维修周期延长至一年以上。

（3）节能:多级气波制冷机可为自旋式,不需要外部动力驱动。因此对于边远地区或条件苛刻的场合仍能很好地使用。也可以用微型电机控制转速,以便在变工况时始终保持最佳效率。此外,不需其他任何能源。

（4）适应性强:多级气波制冷机允许气体的组成、流量、压力和膨胀比在较大的范围内波动,性能曲线平坦;并且新一代多级气波制冷机采用多级孔板耗散结构提高了机器的带液运行性能。

（5）操作维修简便:唯一的易损件——滚动轴承更换方便,机器运行时不需特别管理。

3. 射流振荡制冷机

1）结构组成

射流振荡制冷机又称静止式气波制冷机,其结构主要由固定平板式机体、射流喷嘴、振荡接收管及声振荡器等组成。

2）工作原理及过程

尽管射流振荡制冷机与旋转式气波制冷机的结构及脉动射流方式不同,但振荡接收管内的气体流动过程和制冷原理是一样的。工作时,高压气体通过静止的喷管膨胀,压力降低,速度增高,形成高速射流,利用静止的气体分配器与声振荡器共同作用并借助表面附壁效应实现气体的周期性偏转、射流,气体间歇地射入前方辐射排布的多根数米长末端封闭的振荡接收管中,在周期性激振作用下管内气体接受射入气体的压力能,并通过气体波系——激波、压缩波和膨胀波的相互作用完成不定常膨胀和能量转换,射流振荡过程是利用流体在双稳元件中的附壁效应、切换特性以及脉动波在容腔和管道中的响应与传播特性完成的,在射流过程中由声振荡器产生压力脉动信号,在脉动信号作用下,喷嘴喷出的气流周期性地在两个声振荡器间扫荡,实现气流间歇性地以一定频率射入振荡接收管,在射入半周期中,压缩振荡接收管中的循环气,在非射入半周期中,从流体二极管的间隙排出振荡接收管,并从出口排出,实现气体制冷。

射流振荡制冷机原理及结构见图 3.24。

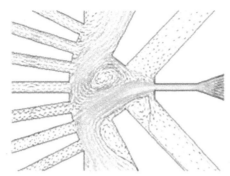

图 3.24　射流振荡制冷机原理及试验结构

射流振荡制冷机的详细工作过程如下。

（1）射入阶段。

高压气体进入机器后通过静止的射流喷嘴,并在其两侧能够产生射流振荡源的声振荡器的作用下周期性地射入呈辐射状的振荡接收管中,并形成激波与气体"活塞"。

（2）放热阶段。

激波产生和扫过之处,气体连续受到压缩,温度和压力提高,经过多周期的作用,管内气体温度逐渐升高,并通过管壁散热,完成能量转换。由于射入气体对管内气体膨胀做功,根据热力学第一定律,射入气体内能下降,温度降低。

（3）排气阶段。

在气体分配器和射流振荡源的共同作用下,射流偏转,停止向管内射气,由于管内压力大于管外压力,管内射入气体反向流出管口,经汇总后排出机器,完成一个制冷循环。

3）特点与性能

射流振荡制冷机的性能特点如下。

（1）结构简单:射流振荡制冷机无电机驱动,其气体分配器的工作是由声振荡器推动及配合实现的,因此机器上无任何旋转件,机器运转时不需特殊管理。投运后,可实现无人操作。

（2）运行周期长:由于机器上无旋转件,因此无易损件,使用时如同静止设备,运行周期长,无须维修保养。

（3）适应性强:适用于气-液两相场合,允许的带液量大,在高压和小流量场合,一般制冷机械已无法正常使用时,射流振荡制冷机仍能很好地运转。

（4）高频振荡:利用声振荡器可以实现高频振荡,频率可达 700 Hz,这是各种旋转式气波制冷机所很难实现的,保证了机器的效率。

（5）流量连续可调：射流振荡制冷机的流量调节如同阀门一样简单，因此该机适用于组成不同、流量、压力和膨胀比在较大范围内波动的工况。

（6）价低、节能：因结构简单，在保证正常使用的条件下，可节省大量开支。由于不需要外部动力驱动，因此对于外部边远地区或缺电等条件苛刻的场合，仍能很好地使用。

（7）特别适合高压、小流量场合：解决了高压、小流量天然气膨胀制冷的难题。等熵效率最高可达 45%。

4. 压力交换制冷机

压力交换制冷机是传统旋转式气波制冷机的换代产品，是一种全新的气体膨胀制冷机械。适用于各种气体的制冷和深冷加工行业以及各类工程应用领域。

1）结构组成

压力交换制冷机的结构主要由机体、集轴与振荡管束为一体的转毂、转毂外壳、入口喷嘴、出口喷嘴等组成。

2）工作原理及过程

压力交换制冷机的工作原理是：该机的转毂旋转时，静止的喷嘴和转动的振荡管的相交面积先增大，然后减小。在相交射气的过程中，压力气体在振荡管左端管口处会产生一系列压缩波，这些压缩波产生聚集叠加会形成一道激波。喷嘴内的高压气体射入振荡管中，在管内原有气体和射入新鲜气体之间形成一个接触面。在管口处形成的激波扫过接触面前的区域，将管内原有气体加热而形成一段高温区；激波的能量由接触面后的气体提供，造成接触面后流体的温度急剧下降，形成一段低温区。在振荡管旋转的同时，管内激波、气体"活塞"接触面及接触面前后高温区和低温区朝出口喷嘴方向移动。当振荡管移至出口喷嘴时，激波的前沿也同时达到出口喷嘴；当振荡管与出口喷嘴连通时，高温高压气体便排放到出口喷嘴。

高温高压气体排至出口喷嘴时，出口缓冲腔内气体的温度、压力较高，具有较高的能量。这部分能量的释放或回收可采用如下两种方式：采用换热方式将气体中的热量释放或回收；采用膨胀或节流方式将压力能消耗或回收。释放出的总能量在理论上等于获得的冷量。

出口缓冲腔内的高温高压气体经过膨胀或节流、换热之后，气体的温度和压力降低，经过连接管道进入二次入口。由于振荡管两侧存在压差，这个压差会在振荡管的右端管口处形成一道强度较弱的压缩波，在这道压缩波的作用下，气体"活塞"接触面和接触面后的低温气体向左移动，最终排入压力交换制冷机的出口，完成一个循环。

压力交换制冷机的工作原理见图 3.25。

压力交换制冷机的整个工作过程可以分为 3 个阶段。

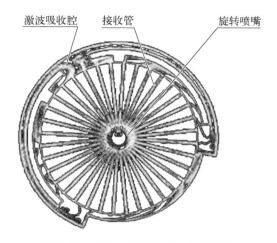

图 3.25　压力交换制冷机工作原理图

（1）射气阶段。

压缩气体经过入口缓冲腔从入口喷嘴喷射到转毂上的振荡管中,气体通过振荡管时会形成一道激波和一个接触面,激波在前,接触面在后。接触面后的流体由于提供激波前移的能量,温度急剧下降,形成一段低温区;接触面前的流体由于受到激波的加热而形成一段高温区。随着时间的推移,这段高温区会通过出口喷嘴排到出口缓冲腔中,完成射气阶段。

（2）散热与降压阶段。

从出口缓冲腔出来的高温高压气体以导热的方式输出热能,例如,可以外接一个换热器实现集中换热,降低机器系统的总焓,通过集中换热获取热量是压力交换制冷机的特点之一;对该部分气体的压力能则通过节流阀或外加膨胀机的形式予以释放或回收。

（3）排气阶段。

冷却降压后的气流通过二次入口缓冲腔重新回到压力交换制冷机转毂上的振荡管内,由于腔内的压力高于排气压力,这股气流将反过来推动在射气阶段形成的低温气体左移。振荡管内的低温气体有足够的排气时间排出振荡管,然后进入排气腔中,完成一个循环。

3）性能与特点

在一定压力比下,可压缩流动介质会产生压力波,该压力波在管内运动时,会形成一个接触面和一道很强的激波,接触面前的介质由于受到激波的压缩温度很高,接触面后的介质由于提供激波前移的能量而温度很低。压力交换制冷机在同类膨胀制冷机械中有着独特的技术特点和优势,采用旋转的双开口压力振荡管束代替气波制冷机庞大静止的振荡接收管束;旋转式气波制冷机的喷嘴转动,喷嘴间隙不可调,压力交换制冷机的喷嘴静止且间隙可调,操作性能好。能较好地解决传统气波制冷机应用中不易解决的问题:如由接收管较长引发的振动问题。由于是两端开口的压力振荡管束,管内不存在积液问题,机器对操作时的带液量不敏感,带液操作性能良好,对效率影响较小。在结构上更有体积小,结构简单,操作维护简便,喷嘴静止可调,机器振动较小等优点。

此外,压力交换制冷机除可用于气体的膨胀制冷以外,还可用于高低压气体之间的压力交换,这一特性拓展了其使用范围,市场前景广阔。

压力交换制冷机的性能特点如下。

(1) 结构简单紧凑,与其他气波制冷机比较,体积大大减小,可节省场地空间。

(2) 由于采用了双开口压力振荡管束结构,因而不存在管内积液影响效率的问题。

(3) 喷嘴为静止形式,其与转毂管束间的间隙随意可调,此间隙的大小直接关系到机器的效率高低。

(4) 受压元件的承压能力强,因而适用于高压场合。

(5) 效率较高,压力交换制冷机现在的效率可达 60%,且还有很大的提升空间。

(6) 适应性强,该机允许气体的组成、流量、压力和膨胀比在较大的范围内波动,性能曲线平坦。

(7) 操作维修简便,滚动轴承作为该机唯一的易损件更换方便,机器运行时不需特别管理。

3.3.5　典型空气降温系统实例

下面以某试验设施的空气降温系统为例,对整个空气处理、降温的工艺流程进行说明。在前面已论述过,需要做降温处理的空气都需要先经过干燥除湿、除尘过滤等前置处理工序。在空气降温系统方案设计时,要对前置处理工序统筹考虑,统一设计,确定各工序参数,这样才能完成整个工艺流程的方案设计。

1. 总体原则

(1) 系统方案应符合环境保护的要求,同时应注意避免采用存在安全隐患的系统与工艺。

(2) 设计的空气降温系统方案不仅要全部满足设计条件的要求,同时应考虑未来可能的能力增加的需求。

(3) 设备应成熟、安全、可靠,同时应节省投资。

2. 工艺技术方案

某型空气降温系统工艺技术方案见图 3.26。

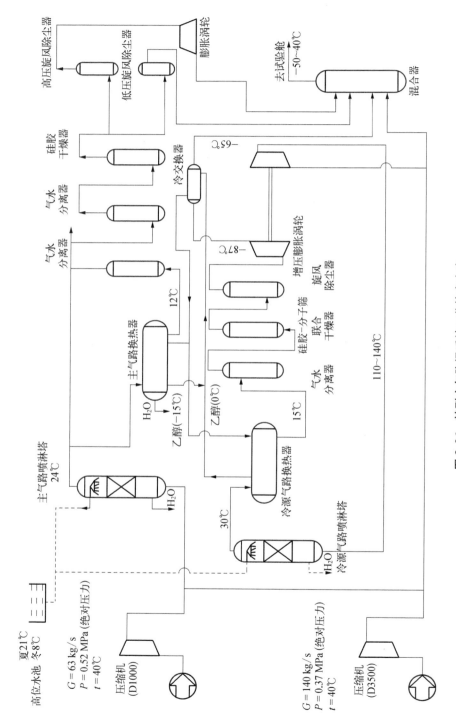

图 3.26 某型空气降温系统工艺技术方案

G 为流量；P 为压力；t 为温度

3．工艺系统组成

空气降温系统由空气系统、水系统、载冷剂系统等子系统组成，以下对各子系统进行说明。

1）空气系统

空气系统分为主气路、冷源气路和干燥剂再生系统。主气路由喷淋塔、换热器、气水分离器、硅胶干燥器、旋风除尘器、膨胀涡轮等组成。主气路换热器的冷源来自冷源气路。

冷源气路由喷淋塔、换热器、气水分离器、硅胶-分子筛联合干燥器、旋风除尘器、增压膨胀涡轮、冷交换器组成。冷源气路一方面可自身对空气进行降温，另一方面通过载冷剂换热，为主气路初冷提供部分冷源。

干燥剂再生系统由罗茨式鼓风机、空气加温器和水冷器组成。

2）水系统

水系统由高位水池、增压泵等组成。

3）载冷剂系统

载冷剂系统由泵、冷交换器、换热器、载冷剂储槽等组成，载冷剂为无水乙醇。

4．工艺过程

空气降温系统全部成套的工艺过程包括空气压缩、增压、初冷、干燥除湿、除尘、膨胀降温、载冷剂冷却等，以下对各过程分别进行说明。

1）空气压缩

利用 4 台 DA1000 压缩机为空气降温系统提供压缩空气，其供气压力为 0.52 MPa，供气温度为 40℃，供气流量随工况需求而定，最大可达 84 kg/s。另外两台 D3500 压缩机的供气压力为 0.37 MPa，供气温度为 40℃，供气流量随工况需求而定，最大可达 140 kg/s。

2）增压

为了充分利用压缩空气膨胀降温时所发出的功率，在冷源气路中采用增压膨胀涡轮回收这部分功率，将压缩空气进一步增压，增压比接近 2。这使增压膨胀涡轮的进口压力提高，膨胀比增大，温降幅度增加，即增加了增压膨胀涡轮的制冷量。

3）初冷

初冷先采用喷淋降温，再用冷媒降温，力求尽量降低空气温度。

喷淋降温：在主气路中，进入喷淋塔的压缩空气温度为 40℃。在冷源气路，增压后的空气进入喷淋塔的温度为 140℃（最高），主气路和冷源气路的空气通过喷淋塔时用水喷淋降温，将 40℃ 的空气降到 24℃，将 140℃ 的空气降到 30℃。由于水直接喷淋到逆向流动的压缩空气中，水和空气直接接触，所以其换热效率较高。

冷媒降温：采用冷媒（无水乙醇）在冷交换器中与冷空气间接换热，将无水乙醇从 0℃ 降至 -15℃；无水乙醇再在换热器里与空气间接换热，主气路中将 24℃ 的空气降到12℃,冷源气路中将30℃的空气降到15℃。

4）干燥除湿

气水分离:压缩空气在主气路和冷源气路里经喷淋塔喷淋降温后,1 kg压缩空气约携带1 g游离态水,经换热器与低温载冷剂(无水乙醇)的换热,空气温度进一步降低,又会有新的游离态水分离出来。为了不把大量游离态水带入干燥剂,减少干燥剂的负荷,因此在主气路和冷源气路均设有气水分离器,用以将游离态水分离出来,主气路和冷源气路的气水分离器的分离效率均≥85%。

吸附干燥:在主气路和冷源气路中,为满足膨胀涡轮的进气要求和避免降温过程中空气结冰而堵塞管道、设备,必须在空气进入膨胀涡轮之前通过干燥剂对其进一步除湿,以达到所需的大气露点。主气路膨胀涡轮出口温度达-65℃,要求进入膨胀涡轮前的压缩空气大气露点≤-38℃。冷源气路膨胀涡轮出口温度达-87℃,要求进入膨胀涡轮前的压缩空气大气露点≤-60℃。从可靠性、经济性考虑,主气路干燥剂采用硅胶,冷源气路采用硅胶-分子筛联合干燥。

5）除尘

主气路和冷源气路的膨胀涡轮和试验设施在工作过程中,空气会高速通过。如果空气中含有超出规定的固体颗粒,将会对膨胀涡轮和发动机造成危害。在空气干燥过程中,可能有干燥剂破碎,从而使空气中夹带固体颗粒,因此须采用旋风除尘器加以清除。主气路和冷源气路的旋风除尘器的净化能力(颗粒度)≤60 μm。

6）膨胀降温

主气路和冷源气路的压缩空气经初冷、干燥除湿、除尘,最后进入膨胀涡轮进行降温,使膨胀涡轮的出口空气达到所需的温度。

7）载冷剂冷却

为了给换热器提供冷源,需要从增压膨胀涡轮出口-87℃的冷空气中取走部分冷量。载冷剂采用无水乙醇,在冷交换器中与-87℃的空气间接换热,将载冷剂冷却到-15℃,然后输送到主气路与冷源气路的换热器中去冷却空气。载冷剂在换热器中吸热,其温度升至0℃,接着又进入冷交换器,使载冷剂的温度降至-15℃,这样通过载冷剂循环达到冷却空气的目的。

5. 空气流程

空气流程包括主气路空气流程、冷源气路空气流程和干燥剂再生系统空气流程。根据试验设施的低温供气情况,本空气降温系统利用主气路、冷源气路可实现多种工艺流程。以下介绍设计工况下的主气路、冷源气路和干燥剂再生系统的空气流程。

1）主气路空气流程

4台DA1000压缩机提供的60 kg/s(0.52 MPa、40℃)的空气经空气管道送到两台喷淋塔,用水喷淋降温,使空气温度降至 24℃,然后将其送入两台换热器,在换热器里与-15℃的载冷剂进行热交换,将空气温度降至 12℃,接着进入两台气水分离器后,再经 5 台气水分离器、5 台硅胶干燥器、3 台高压旋风除尘器进入膨胀涡轮,最后使空气温度降至-65℃,压力降至 0.12 MPa,送入混合器供试验用。

2)冷源气路空气流程

两台 D1000 压缩机供出的 42 kg/s(0.52 MPa、40℃)的空气首先经空气管道进入增压机增压至 1.15 MPa,同时将其温度升至 140℃,经喷淋塔喷淋使空气温度降至 30℃,再由从冷交换器里来的低温载冷剂在换热器里将空气温度降至 15℃,经气水分离器、3 台硅胶-分子筛联合干燥器使空气露点温度降至-60℃。经旋风除尘器除尘后,空气进入增压膨胀涡轮膨胀降温至-87℃,再经冷交换器向载冷剂传送部分冷量后,空气温度升至-65℃,送入混合器供试验用。如果要向主气路提供冷源,只要将载冷剂送入主气路换热器即可,此时由于载冷剂流量的增加,冷交换器的出口空气温度比-65℃要高,高出多少由主气路的热负载决定。

3)干燥剂再生系统空气流程

主气路和冷源气路的干燥剂共用一个再生系统。主气路干燥剂再生系统空气流程与冷源气路干燥剂再生流程基本相同,再生完毕后,利用罗茨式鼓风机进行空气循环。水冷器通冷却水,用强迫冷却的方法,使再生后的高温干燥剂在 8 h 之内就能够冷却到常温。

6. 冷却水流程

高位水池的自然澄清水经过滤后进入主气路喷淋塔,经增压泵增压后进入冷源气路喷淋塔。在主气路和冷源气路喷淋塔里,喷淋水将空气降温。喷淋塔进、出口水管上装有调节阀,出口调节阀感受液位并自动调节,从而保证喷淋塔的水位在合适位置。

处于自然环境中的高位水池的自然澄清水的平均温度:夏季约为 21℃,冬季约为 8℃。

7. 载冷剂流程

载冷剂在冷交换器与冷源气路和主气路换热器之间通过屏蔽泵和管道阀门形成循环,载冷剂在冷交换器里与冷空气进行热交换而降温,在换热器里与热空气进行热交换而升温。

载冷剂为无水乙醇,属易燃易爆工质。在空气降温系统工作过程中,为了保证系统和试验设施的安全,从设计上将冷交换器设置在屏蔽泵前,从而在试验过程中,无论在冷交换器里,还是在换热器里,均能保证载冷剂的压力总是低于空气侧压力。即使冷交换器和换热器发生渗漏,载冷剂也不会渗漏进入空气侧,试验需求的空气中始终不会混入无水乙醇。

8. 空气降温系统总体情况

根据图 3.26 所示的工艺技术方案,建设完成后的空气降温系统的总体情况如下。

1) 空气初冷设备

主要能力:能将 60 kg/s、40℃的空气降到 12℃,能将 42 kg/s、40℃的空气降到 15℃。

主要设备:3 台喷淋塔,3 台换热器。

消耗动力:用电 120 kW/h,用水 500 m³/h。

2) 气水分离设备

主要能力:最大空气流量为 149.5 kg/s,分离效率≥85%。

主要设备:8 台气水分离器。

3) 干燥除湿设备

主要能力:① 60 kg/s、12℃的空气通过 5 台硅胶干燥器,大气露点可达-38℃,可连续工作 8 h;② 42 kg/s、15℃的空气通过 3 台硅胶-分子筛联合干燥器,大气露点可达-60℃,可连续工作 8 h。

主要设备:8 台干燥器,装有硅胶 80.5 t,分子筛 12.5 t。

4) 除尘设备

主要能力:最大空气流量为 140 kg/s,净化能力≤60 μm。

主要设备:8 台旋风除尘器。

5) 膨胀降温设备

主要能力:① 在夏季能获得 60 kg/s、-65℃的空气和 30 kg/s、-10℃的空气;② 在冬季能获得 84 kg/s、-65℃的空气。

6) 总制冷量

整个空气降温系统的总制冷量为 $4\ 125\times10^4$ kJ/h。

3.4　空气加温系统配置

航空发动机整机及零部件试验器常需要对进口空气进行加温以模拟试验件的真实进气工况,试验器进口空气加温方式主要有间接加温、直接加温和电加温。常用的间接加温系统包括天然气加温炉和燃气循环加温系统。

直接加温是利用燃烧尾气直接与被加温空气混合进行加温,主要传热方式是对流,因此不能保证被加温后的空气品质,应用范围受到一定的限制。间接加温的主要传热方式是辐射和热传导,不会对被加温空气产生污染,可以保证试验器的进口空气品质,但加热效率与直接加温相比会有所降低,几种常用空气加温方式的特点见表 3.2。

表 3.2　常用空气加温方式的特点

加温方式	种　类	评　价
间接加温	天然气 加温炉	对加热空气无污染； 热效率低,热惯性大,加降温速率达 120℃/h, 试验准备和状态转换时间长,能源利用率低； 加温温度只能达到 870 K 左右
	燃气循环 加温系统	对加热空气无污染； 热惯性小,加降温速率快； 热效率低,设计制造难度大,进口加温效果不容易控制
直接加温	燃烧室 加温器	对加热空气有污染； 功率密度大,热惯性小,加降温速率快； 热效率高,技术成熟； 加温温度高
电加温	电阻加温	对加热空气无污染； 功率密度大,热惯性小,加降温速率快； 热效率高,技术成熟； 加温温度高
	电流加温	

对于不同的试验对象和试验科目,试验器对进口空气的品质要求也不相同。涡轮部件试验、压气机部件试验和叶栅试验等对进口空气成分没有特殊要求,既可采用直接加温方式,也可采用间接加温方式对进口空气进行处理。

对于发动机整机(如高空模拟试车台、核心机试车台)、燃烧室试验器等设备,空气品质对试验件测试性能会产生影响,因此,对进口空气品质有要求,需要采用间接加温方式。

对于航空技术发达国家和地区,如俄罗斯的部分燃烧室试验器以及欧美的航空发动机零部件试验台上通常采用电加温系统对试验器进口空气进行加温。

俄罗斯 CIAM 采用的大型空气电加温系统不同于传统的电阻丝加热方式,是将电极直接接在空气流通管两端,由于管道本身的电阻很小(0.2 Ω 左右),当接通电源后,流过管道的电流非常大,可达数千安,管道发热,对流过管道的空气进行加温,所以这种加温方式也称为短路式电加热或电流加热,具有功率大、热惯性小、换热效率高的优点。

德国和法国均采用电阻式空气电加温器,德国西门子公司旗下的欧司朗(Osram)空气电加温系统采用电阻丝与空气直接接触加热,裸露的螺旋形的电阻丝布置于特殊设计的管道内部,空气从管道内部流过时被加热,这种加热方式称为开放线圈式电加温系统,这种加热方式在 GE 公司的试验器上有应用。近年,国内新建的部分试验器上也采用了这种技术。这种电加温系统的功率密度大、热惯性小、效率高、加降温速率快,但单个加温器的功率和空气处理量无法做大。

　　英国 Rolls－Royce 公司则采用了法国的空气电加温系统。法国的 Vulcanic 空气电加温系统采用高镍合金作为外壳的发热元件,具有耐高温、耐腐蚀的能力,发热元件外设置套管,空气通过发热元件和套管之间的间隙被加热,带电部件和空气不直接接触(绝缘的),安全性很高;也区别于传统的 U 形电加热管加温炉,发热元件耐高温、耐腐蚀,甚至可耐沿海区域的含氯离子的高湿空气,该类加温器被用于核电站的红区,其可靠性非常高。

　　美国阿诺德工程发展中心 C－1 高空模拟试验舱的 2 个加温炉采用燃料燃烧加温,最早设计为可以使用两种燃料:天然气和重油,现在其中一台进行了改造,利用雾化的燃油替代天然气和重油。

　　我国目前最大的航空发动机试验设备空气加温系统采用天然气冲天炉作为加温设备。早期的加温炉由于炉体钢结构设计和保温层结构的限制,升温速率仅为 60℃/h,为防止保温层与炉体钢结构的不协调变形,试验前需要烘炉,试验结束后需要逐步降温,如果加上这部分时间,实际升温速率仅为 8～20℃/h,效率约为 50%。在原结构上改造后的天然气加温炉的升温速率可达 120℃/h,按此计算,将 20 kg/s 流量的压缩空气升温 350 K,也需要 3 h。由于结构设计的改进和保温层材料性能的改善,全新设计的加温炉的升温速率可达 360℃/h,由于增加了介质空气回热器和助燃空气回热器,热效率可达 96%,而且不需要进行试验前的烘炉流程,操作和维护更加简便。

　　"十五"期间,国内在消化吸收国外技术的基础上自主研制了大型空气电加温器,建成的空气电加温器单台配电功率达 12 700 kV·A,可将流量为 60 kg/s、压力为 5 MPa 的压缩空气的温度升高约 160 K,由最大温度 840 K 左右加温到 1 000 K,或将 20 kg/s 流量的压缩空气升温 350 K,最大出口温度可达 1 050 K。目前,大型空气电加温器的应用已非常成熟,在航空发动机试验器上的应用也日趋广泛。由于其突出的优点,目前在燃烧室部件试验器和小型航空发动机整机试验器上主要采用空气电加温器。

　　国内大多数涡轮部件试验器、压气机部件试验器、叶栅试验器、涡轮叶片冷却效果试验器和喷管试验器上普遍采用在进口管路上安装的发动机火焰筒(或燃烧室)进行直接燃烧加温,工艺空气也是助燃空气,主要传热方式为对流和辐射。由于空气被燃气污染,所以应用受到限制。

　　对于大型空气加温系统的选择,除不同的试验对象和试验科目的要求以外,还需要考虑当地资源条件,由于大型空气加温系统单位时间的能源消耗巨大,采用天然气加温炉需要考虑天然气供应是否配套,采用电加温系统则需要考虑电力供应是否有保证;在天然气和电力供应无法保证的情况下,也可选择燃油加温系统。

　　除资源条件以外,一次性投资费用也需要考虑,对于天然气加温系统,由于压缩空气走炉管内部,炉体钢结构贴覆了隔热层,炉体既不承受压力、也不承受高温,容积流量增加时只需增加炉管数量。而对于目前主流的大型电加温炉结构,炉管(也是发热管)采用高温合金无缝钢管,炉体不仅要承受压力、也要承受高温,容积流量增加时,不仅要增加炉管数量,也要增加炉体的结构尺寸,炉体的造价也显著增加。因此,与天然气加温炉相比较,低压加温系统(如供气压力低于 350 kPa 的空气加温系统)如果采用电加温炉,一次性投资会大很多。

由于发动机试验是间歇性进行,不是连续运行的,因此节能降耗不是首选项,首先保证的应是运行的可靠性、试验的安全性和有效性。在提高试验成功率和试验总体有效时间的情况下,通过四新技术提高设备的运行效率,其节能效果最为显著。

对于小流量空气加温系统,加温方式的选择就比较广泛,可以采用燃油加温器,也可采用电加温器,也可采用通过电加温加热重油,再用重油与空气进行换热的方案。采用电加温系统可能是比较好的选择,这不仅是从一次性投资考虑的,还是从操作维护的便利性、节能降耗方面考虑的。最终方案的确定需要考虑能源供应情况、运行安全性、可靠性、建设成本、运行成本等多种因素。

3.4.1　天然气加温系统

1. 天然气加温炉的类型及特点

天然气加温炉的燃气不直接与被加温介质空气接触,所以可保证试验器的进口空气品质,主要传热方式为热传导,适合所有的进口空气加温,如整机试验、涡轮试验、压气机试验和燃烧室试验等。

天然气加温炉主要包括两大类:圆筒式加温炉和横管立式炉。

1) 圆筒式加温炉

圆筒式加温炉是在我国石油化工行业用得最多的一类加温炉,约占加温炉总数的 65%。其特点是占地面积小;结构简单,设计、制造、施工安装与检修均比较方便;炉子热负荷越小,采用该炉型的优越性就越大,所以中小型炉子采用圆筒式加温炉的较多。由于炉管为立式布置,所以上下传热不均匀,辐射炉管的平均热强度比横管立式炉小,所以,圆筒式加温炉不适用于热负荷特别大的加温炉。

2) 横管立式炉

横管立式炉常用在焦化装置上。由于炉膛内的炉管是水平放置的,故传热比较均匀,辐射炉管的平均热强度比圆筒式加温炉大;烟气向上流动,阻力损失小,大大降低了烟囱的高度,不需要在炉外建烟囱。其结构相比圆筒式加温炉复杂,炉膛较小,易回火;辐射管加热面积小,热效率低,常用合金管架,造价比圆筒式加温炉高。

《石油化工管式炉设计规范》(中国石油化工总公司 SHJ 36-91)建议:设计热负荷为 1~30 MW 时,应优先选用辐射-对流型圆筒式加温炉。

航空发动机试验器配套的天然气加温炉一般为圆筒式冲天炉(辐射-对流型圆筒

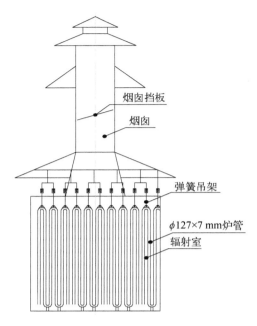

烟囱挡板

烟囱

弹簧吊架

$\phi 127 \times 7 \; mm$炉管

辐射室

图 3.27　圆筒式加温炉结构示意图

式加温炉），典型的空气流量约为 25 kg/s。

2. 圆筒式加温炉的主要结构

圆筒式加温炉主要由圆筒形炉体、砖结构与衬里围成的辐射室、立式布置的辐射管与炉管吊架、燃烧装置与调节机构、炉膛吹风系统以及对流室和烟囱组成。典型结构见图 3.27，其炉体采用钢结构支撑，炉壁为钢板，采用型钢及加强支柱支撑。炉顶设操作平台。炉壁安装看火门、防爆门等必备孔并设置便于观火的平台。加温炉底安装燃烧装置，火焰垂直向上燃烧。烟气经辐射室、对流室、空气预热器并经顶部烟囱排空。

1）炉膛吹风系统

圆筒式加温炉在点火前首先应进行燃气管线的放散，主要目的是排除炉膛内的燃气，避免点火失败。因此，在管道放散或是燃烧器点火失败后，应对炉膛进行吹扫，防止燃爆发生。每台加温炉配一套离心式鼓风机及辅助设备，不仅可以给炉膛进行吹扫，还可以为燃烧提供助燃空气。

2）辐射室

辐射室是指在加温炉内主要靠辐射作用将燃烧发生的热量传递给炉管内介质的那一部分空间，通常也称为炉膛。

3）对流室

对流室是指主要靠烟气的对流作用将热量传递给炉管内介质的那部分空间。

4）烟囱

烟囱设计的目的主要是使辐射室顶部形成一定的负压，将高温烟气抽出排入大气，避免炉膛正压燃烧给试验运行带来一定的安全风险。

5）保温层

炉墙的外壁温度直接关系到圆筒式加温炉的散热损失和操作人员的安全问题。炉墙外壁温度过高或过低均会带来一定的不利因素，因此需既经济又合理地确定炉墙的外壁温度。

加温炉保温层的设计原则是在环境温度为 27℃ 和无风条件下，圆筒式加温炉本体和余热回收系统的外表面温度不超过 80℃，辐射室炉底的外表面温度不超过 90℃。

3. 圆筒式加温炉在航空发动机试验器上的应用

圆筒式加温炉最早应用于航空发动机高空模拟试车台和扇形燃烧室试验器的

进口空气加温,典型流量为 25 kg/s,出口温度为 500℃,对于大流量高温供气,可采用多台加温炉并联运行,如图 3.28 所示。其主要由钢结构、耐火砖结构与衬里、炉管与吊架、烟囱、燃烧装置五大部分组成。加温炉炉膛内的换热以辐射换热为主,对流换热仅存在很少一部分。整个炉子无对流换热结构或其他的余热回收系统,这是导致加温炉排烟温度高、热损失大、热效率低的主要原因。

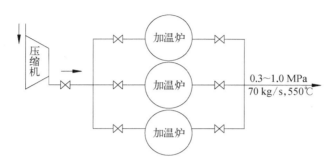

图 3.28　加温炉并联运行示意图

早期的天然气加温炉结构简单,辐射管较长,燃烧装置布置于炉膛底部,炉管上下传热不均匀,辐射室平均热强度小,热效率不高。没有介质空气回热器和助燃空气回热器,余热没有得到回收,排烟温度高、烟囱抽力大,实际运行测试发现,加温炉烟囱的排烟温度最高可达到 700℃,初步计算,烟气带走的热量约占天然气发热量的 75%,热量损失很大。

燃烧装置为简单的燃烧喷嘴,见图 3.29 和图 3.30,风门和燃气流量采用手动调节,燃气比无法准确控制,燃烧效率低。

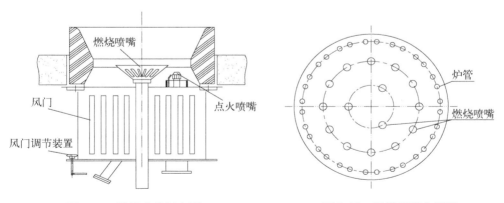

图 3.29　燃烧喷嘴示意图　　　　**图 3.30　燃烧喷嘴布置图**

炉膛衬里采用砖砌结构,从炉体钢结构向炉膛内部分别为耐高温矾土水泥、高温耐火砖和硅酸铝,见图 3.31,为了保证衬里的水分蒸发不破坏衬里,以及衬里与

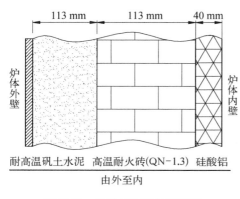

图 3.31　炉膛衬里结构示意图

炉膛钢结构件协调变形,试验前需要长时间烘炉,升温和降温都必须按照给定的温度梯度进行,通常需要数小时,试验准备时间很长,不但造成很大的能源浪费,也制约着试验效率的提升。

随着材料性能的改善和技术的进步,国家对环境保护和节能降耗的重视,以及企业降本增效的要求,对当前使用的圆筒式加温炉的结构和流程进行了比较大的改进,燃烧效率得到了大幅度提升,自动化程度显著提高,可靠性和安全性显著提高,形成了现在的高效圆筒式加温炉设计,其结构布置见图 3.32。

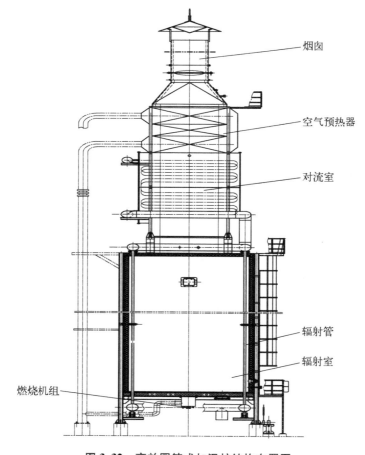

图 3.32　高效圆筒式加温炉结构布置图

高效圆筒式加温炉与早期圆筒式加温炉相比,在结构上做了非常大的改进,主要改进包括以下三个方面。

（1）增加了介质空气回热器和助燃空气回热器,压缩机供来的压缩空气进入介质空气回热器,与高温烟气换热后由炉膛上部进入辐射室加温,升温后的空气从炉膛底部供给试验器。助燃空气由鼓风机增压进入助燃空气回热器换热升温后进入炉膛底部的燃烧机,与天然气混合后燃烧。这样的流程设计使得烟气余热得到充分回收,排出的烟气温度极大地降低,流程原理见图 3.33,由于增加了介质空气回热器和助燃空气回热器,热效率可达 96%。加温炉的烟气排气温度显著降低,约为 300℃。

（2）采用燃烧机替代传统的燃烧喷嘴,实现了自动控制和燃气比的精确调节,燃烧效率显著提高。燃烧机最早应用于屋宇供暖,并在燃气锅炉上广泛使用,技术成熟,可靠性、安全性高。燃烧机采用伺服电机控制风门开度,采用 PLC 作为控制器实现自动调节,可通过 PID 控制算法实现温度的精确控制,调节速度快。

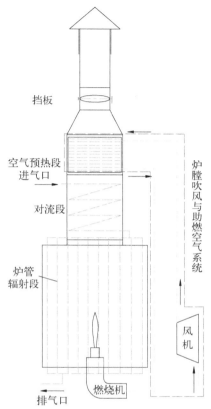

图 3.33　高效圆筒式加温炉流程原理图

（3）炉膛衬里采用硅酸铝纤维毡替代了原来的砖砌结构,加温炉辐射室侧壁、炉顶以及对流室内侧壁采用硅酸铝纤维毡成形模块+背衬,由锚固件固定;辐射室炉底采用硅酸铝纤维板铺垫;烟囱壁衬里采用轻质耐火材料浇注。这种设计具有很好的协调变形能力,加温炉的加降温速率与运行的频繁程度不再受影响,可极大地提升试验效率。

4. 圆筒式加温炉的选型设计

本书为航空发动机试验配套设施参考资料,而不是空气加温炉设计教程,因此,本书不对加温炉设计进行介绍,只是针对使用选型中需要关注的问题进行介绍。

1）圆筒式加温炉的投资估算

圆筒式加温炉的炉体占地面积、金属材料用量等可参考表 3.3 进行初步估算。

表 3.3　圆筒式加温炉投资估算基本参数

项　　目	值(中间不排管)
炉体占地面积/(m²/MW)	3.5~4.5
金属材料用量/(t/MW)	8~12
合金钢管架用量/(kg/MW)	130~170
投资对比	100
适用热负荷范围/MW	<30
辐射式炉管表面平均热强度/(W/m²)	24 000~37 000

2）热负荷

加温炉单位时间内向管内介质传递热量的能力称为热负荷：

$$Q = G \times (h_2 - h_1) \times 10^{-3} \tag{3.4.1.1}$$

式中，Q 为加温炉热负荷，MW；G 为加温炉设计空气流量，kg/h；h_1 为进气温度 T_1 下的空气热焓，kJ/(kg·K)；h_2 为排气温度 T_2 下的空气热焓，kJ/(kg·K)；T_1 为加温炉设计进口空气温度，℃；T_2 为加温炉设计出口空气温度，℃；

例如，进口空气温度为 150~180℃(计算取 $T_1 = 150$℃)、出口空气温度为 550℃、设计空气流量为 23.5 kg/s，那么加温炉热负荷 $Q = 9.9$ MW。

3）燃烧机布置方式

圆筒式加温炉的燃烧机通常布置在炉膛底部。燃烧机数量通常有两种选择：

（1）3 台燃烧机三角形对称布置于炉膛底部；

（2）1 台燃烧机布置在炉膛底部中央。

燃烧机数量的确定除了考虑加温炉热负荷的大小，更重要的是考虑炉膛内火焰的形状和炉管受热的均匀性，这不仅影响加温炉的热效率，也会对炉管的协调变形有影响，即对加温炉的使用寿命产生不一样的影响。

受加温炉几何形状的影响，无论采用 3 台燃烧机还是采用 1 台燃烧机，因受射流的影响，炉膛内部烟气均会产生涡旋结构。

若采用 1 台燃烧机，则炉膛内烟气的涡旋结构较少，且流线对于燃烧机较对称均匀。另外，1 台燃烧机的火焰长度和刚度比 3 台燃烧机方案好，所以，不仅是在圆周方向，还是在炉膛高度方向，1 台燃烧机的火焰辐射更均匀，因此，加温炉综合效率较高，炉管的协调变形更好，使用寿命更长。

高效圆筒式加温炉炉管采用鼠笼式结构，见图 3.34。当采用 3 台燃烧机方案时,在炉膛圆周方向存在辐射强度不均匀的情况,靠近燃烧机的炉管温度比其他炉管温度高,会造成炉管伸长量不一致,增加系统的附加应力,影响加温炉寿命。另外,采用 3 台燃烧机方案时,火焰长度和刚度都较差,不仅造成炉管在炉膛高度方向受热不均,而且炉膛内烟气的涡旋结构较强,当火焰刚度较弱时,还容易造成火焰偏烧或火焰舔炉管的现象。总之,3 台燃烧机方案的综合效率和寿命都比 1 台燃烧机方案低。

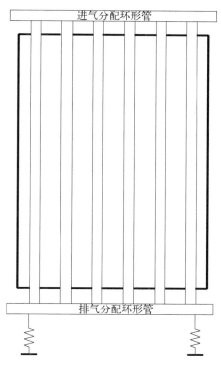

图 3.34　高效圆筒式加温炉炉管布置示意图

由于燃烧机的公称功率调节比一般为1:6,实际使用时可达到 1:8,所以在需要更大的功率调节范围时,3 台燃烧机方案是可以选择的方案,可以通过控制工作燃烧机的数量实现更大范围的调节,但这样会进一步增加炉管受热的不均匀性。

另外,若采用 3 台燃烧机方案,当一台燃烧机出现故障时,加温炉还可以继续工作一段时间,有足够的时间完成应急处理,但同样会增加炉管受热的不均匀性。

目前的燃烧机技术已非常成熟,可靠性非常高,无故障工作时间都在数万小时。对于发动机试验器来说,因其都是短时工作制,主要注意平时的保养和试验前的检查,采用 1 台燃烧机是较优的方案,足以保证空气加温系统工作和试验运行的可靠性。

4）炉膛隔热材料的选择

合理选择炉膛隔热材料,对加温炉运行效率、运行可靠性、维修便宜性等方面影响较大。在选择隔热材料时,要根据介质温度、使用寿命、性价比等多方面综合考虑。加温炉炉膛隔热材料性能见表 3.4。

表 3.4　加温炉炉膛隔热材料性能

材料名称	黏土轻质耐火砖	硅酸铝纤维毡
产品描述	以耐火黏土为主要原料制成的隔热耐火制品。 Al$_2$O$_3$ 含量为 30% ~ 48%	采用天然焦宝石或合成料经电阻炉熔融甩丝成纤维针刺成形的纤维制品

材料名称	黏土轻质耐火砖	硅酸铝纤维毡
产品规格	PNG－1.3，Al_2O_3 含量为 42%，体积密度≤1.3 g/cm³	宽：304 mm、609 mm、1 219 mm。 厚：12.7 mm、25.4 mm、38.1 mm、50.8 mm。 长：任意长。 容重：64 kg/m³、96 kg/m³、128 kg/m³
导热系数	0.84+0.58×10⁻³ t	≤0.15 W/(m·K)（容重 280 kg/m³ 以下）
抗拉强度	—	0.4 MPa
使用温度	1 400℃	1 000℃
应用场所	热源炉和浇钢等热工设备隔热保温	热源炉内耐火保温、设备及管道保温等

加温炉隔热材料常用的主要是耐火砖和耐火陶瓷纤维材料（硅酸铝纤维毡），两种材料的特性见表 3.4，可单独使用，也可组合搭配。

早期建设时隔热材料采用的是黏土轻质耐火砖衬膨胀珍珠岩及耐热混凝土，这种炉衬试验前需要长时间烘炉，升温和降温都必须按照给定的温度梯度进行（升降温梯度不超过 120℃/h）。

硅酸铝纤维毡的憎水性差、防红外辐射、防对流能力不如硅酸盐制品（不过目前市场已经研制出憎水型硅酸铝制品），虽然使用温度比黏土轻质耐火砖衬膨胀珍珠岩及耐热混凝土结构低，但对于航空发动机试验器高温大流量供气来说，温度一般不超过 550℃，使用温度已经满足需求，更高温度的使用要求，如涡轮试验和燃烧室试验、喷管试验，则需要选择另外的加温方式。另外，这种材料不受热胀变形的影响，加温炉的加降温速率与运行的频繁程度不再受限制，加温炉升温速率可达 360℃/h。试验前也不需要进行烘炉，试验准备时间显著缩短，可极大地提升试验效率。

由于硅酸铝纤维毡的憎水性差，为防止硅酸铝纤维毡在停机期间汲湿，同时防止流动的气流将对纤维表面的冲刷破坏，需要在炉膛内表面喷涂保护涂料。

5）加温炉实例

某试验器进口空气加温系统采用了圆筒式加温炉作为加温设备，1 台燃烧机布置在炉膛底部中央，加温炉辐射室侧壁、炉顶以及对流室内侧壁采用硅酸铝纤维毡成形模块加背衬，由锚固件固定，辐射室炉底采用硅酸铝纤维板铺垫；烟囱壁衬里采用轻质耐火材料浇注。表 3.5 是加温炉性能参数实测结果。

表 3.5　加温炉性能参数实测结果

参　　数	单　位	值
天然气流量	Nm³/h *	1 185.9
助燃空气温度	℃	144.8
预热段出口烟气温度	℃	215.5
对流室出口烟气温度	℃	334
辐射室出口烟气温度	℃	922.5
加温炉进气压力	kPa	272.6
加温炉排气压力	kPa	162.3
加温炉进、出口压差	kPa	110.3
加温炉进气质量流量	kg/s	23.5
加温炉进气温度	℃	169.8
加温炉排气温度	℃	550.1
温升	℃	380.3
热效率	%	84.4

* 表示标准状态的体积流量。

3.4.2　空气电加温器

空气电加温器具有功率密度大、自动化程度高、热惯性小、响应速度快、对加热空气无污染、适用流量范围宽、温度控制精度高、无废气排放等优点，因此，在航空发动机试验中得到越来越广泛的应用。

航空发动机试验的空气流量需求通常比较大，本书主要针对大流量空气电加温器进行介绍，以后描述的电加温器均指大流量空气电加温器或大型空气电加温器。

电加温原理包括电阻发热加温、电流发热加温、感应发热加温。感应发热不能对空气进行加热，作为航空发动机试验使用的空气电加温器只有电阻加温和电流加温两种方式，详见表 3.6。

1. 电阻加温系统

电阻加温炉依靠电阻作为发热元件对空气进行加温，电阻加温炉包括常规的U 形电加热管加温炉，电阻丝直接浸入式电加温炉，以及发热元件外设置套管电加温炉。

表 3.6　空气电加温器主要类型及工作原理

加温原理	发热元件	结构形式	特　点	品　牌
电阻加热 大电阻 小电流	U形电加热管	传统管束式布置,电阻丝+氧化镁结晶粉末填料+高镍耐热不锈钢保护导管 空气与发热元件不直接接触	热惯性较大,不适用于直接空气加热	无锡 AOK
	直接浸入式电阻丝	开放式线圈技术,电阻线圈直接与空气接触 空气与发热元件直接接触	热惯性小,单台功率小	德国 Osram
	发热元件外设置套管电加温炉	棒式结构,电阻丝+氧化镁结晶粉末填料+高镍耐热不锈钢保护导管 空气与发热元件不直接接触	热惯性较大,单台功率大,最高温度为 870 K 左右	法国 Vulcanic 无锡 AOK
电流加热 小电阻 大电流	高温合金管	空气管道就是发热元件,通常每相电阻为 0.2 Ω,电极直接与高温合金管连接 空气与发热元件直接接触	热惯性较小,单台功率大	无锡 AOK

（1）常规的 U 形电加热管加温炉,又称为"法兰集束式"加温器,采用浸入方式对各种容器、罐体、溶液槽内的介质进行加热。U 形电加热管加温炉结构见图 3.35。

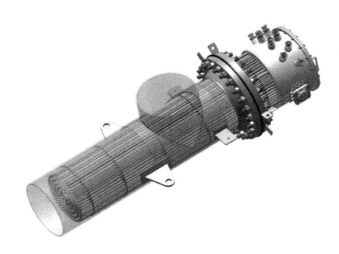

图 3.35　U 形电加热管加温炉结构示意图

U 形电加热管由电阻丝、氧化镁结晶粉末填料和高镍耐热不锈钢保护导管组成,电阻丝发热后,经过氧化镁结晶粉末填料和高镍耐热不锈钢保护导管传热,对加热介质间接加热,加温原理见图 3.36。其功率密度小（功率密度≤

5 W/cm²），热惯性较大，用于空气加温时，U 形电加热管容易损坏，主要针对加热液体而设计。用于空气加温时，通常采用间接加温方式，即用 U 形电加热管加温炉加热液体，再将液体与空气通过换热器换热，实现对空气的加热。因此，对于加热空气而言，其加热范围和能效较低，响应速度和控制精度不理想。

（2）电阻丝直接浸入式电加温炉，采用电阻丝与空气直接接触加热，以德国西门子公司旗下的 Osram 空气电加温系统为代表，加温原理见图 3.37。这种加温炉在空气管道内部设计了列管式布置的小管道，将裸露的螺旋形电阻丝用绝缘支架螺旋固定在小管道内壁上，空气从管道内部流过时被加热，开放线圈式空气电加温炉外形见图 3.38。

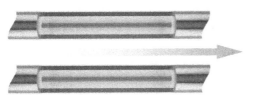

图 3.36　U 形电加热管加温原理示意图

图 3.37　开放线圈式加热管工作原理示意图

图 3.38　开放线圈式空气电加温炉外形图

该类电加温炉的特点为：功率密度大、热惯性小、效率高、加降温速率快。特别是升温速率极快，见图 3.39；发热元件最高工作温度可达 1 300℃，甚至可达 1 400℃（如果采用铁铬铝合金电阻丝）、空气温度可达 900℃；空气压降小、结构简单，发热材料耐高温、抗氧化。

单台功率不大于 2 MW 的电加温系统具有结构紧凑和重量轻的特点。开放式线圈具有非常高的功率密度，这使得加温器可以被制造得比 U 形电加热管加温炉体积更小、重量更轻，不仅节省了占地面积，还最大限度地减少了重型吊装设备的使用，为安装和维护带来便利。与 U 形电加热管比较，同等功率情况下，Osram 电加温器的

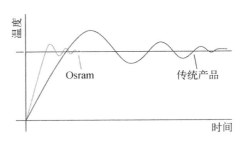

图 3.39　加温炉升温速率比较曲线

体积和重量只有 U 形电加热管的 1/12。

由于发热元件直接与空气接触换热,与 U 形电加热管比较,施加在元件和导线上的热量减少,发热元件在较低的温度下工作,使用寿命更长。

但是,由于带电部位是裸露的,在高湿度环境下,需要去湿才能确保绝缘性能;其电阻丝如果为铁铬铝合金,则不能耐氯离子腐蚀。另外,由于加温器不能直接测量发热元件的温度,超温保护反应有比较大的延时。Osram 电加温器单台功率较小(<2 MW),如果有更大功率要求,其占地面积非常大,配管变得较为复杂,价格极其昂贵。

所以,Osram 空气电加温系统的优点也是其缺点:一是空气直接与电极接触,当空气含湿量较大时,容易造成系统的绝缘性破坏;二是空气流速不能高,这是开放式线圈的结构所决定的,当流速较高时,气流的冲刷将造成电阻丝损坏,因此,单个加温器的功率和空气处理量无法做大。通常单个加温器加热的最大空气量不超过 5 kg/s。对大流量空气,需要并联多个加温器,不仅占地面积大、系统复杂、操作控制难度大,而且建设成本增加,特别是压缩空气压力较低时(如低于 350 kPa),其性价比更低。

(3)发热元件外设置套管的电加温器,法国的 Vulcanic 空气电加热系统高镍合金作为外壳的发热元件,具有耐高温耐腐蚀的能力。发热元件外设置套管,空气通过加热元件和套管之间的间隙被加热,带电部件和空气不直接接触(绝缘的),安全性很高。区别于传统的 U 形电加热管的加温炉,发热元件耐高温、耐腐蚀,甚至可耐沿海区域的含氯离子的高湿空气,具有体积小,热惯性小,升温速率快,能够加热高达 900℃ 的流动介质,结构简单等特点,加温炉结构见图 3.40。

与 Osram 空气电发热系统比较,Vulcanic 空气电加温炉的单台功率大(10 MW 或更大)。带电元件和被加热介质(空气)是绝缘的,具有更高的运行安全性和可靠性,其运行的安全性和可靠性处于世界顶级水平。发热元件本体内部设置有温度传感器,可直接监测发热体温度,确保发热元件不会因为超温而损坏。抽芯操作简单方便,能够在现场对每个发热元件进行检修,其可靠性非常高。

不过,这类加温器的建设投资也是最高的。在压缩空气压力较低、流动速度很大时,虽然不存在强度和可靠性的问题,但流动损失大,要降低流阻,就会增加加温炉的尺寸,增加投资,所以,特别不适用于压缩空气压力较低(如低于 350 kPa)的工况。

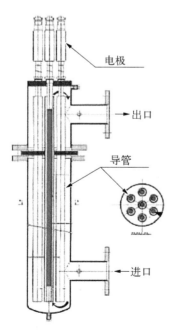

图 3.40　Vulcanic 空气电加温炉结构示意图

2. 电流加温系统

加温炉结构见图 3.41。

根据发热量公式 $Q = I^2Rt$，对于给定的电压值，电阻越小，流过的电流越大，发热功率就越大，对于给定的空气流量，所需的加热时间就越短，这种电加温器通常每相电阻在 0.2 Ω 左右(小于设备的保护接地电阻 $R<4$ Ω)，对于不同流量和不同温度要求的空气的加温，可通过调节电压来实现。

这种加热方式在冶金行业和金属锻压加热上使用较广泛，加热时，直接将两电极加在被加热工件两端，称为接触电加热。由于空气与发热元件直接接触，所以这种加热方式的热惯性较小，加热效率高，功率强度(密度)高，功率密度可达 41 W/cm²。

结构特点为：炉管采用高温合金管(根据加温温度可选用不同材料)，炉管通过绝缘子固定在炉体上，电极直接与高温合金管连接，炉管不密封，因此，炉管不承受空气压力，空气压力由炉体承受，炉体须按压力容器进行设计，系统原理见图 3.42。

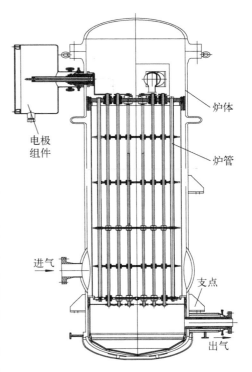

炉体、炉管、支承件、绝缘子等结构件的热变形补偿是加温炉设计的关键。如果是带回热保护的炉体，可在内层设计波纹补偿结构，内层只起隔离和支撑作用。为了有利于炉管的协调变形，通常加温炉设计为立式结构，炉管上端通过绝缘子固定在管板上，下端可以自由伸长。如果采用卧式设计，不仅炉管的热胀补偿问题难以解决，炉管在高温下的弯曲变形问题也难以解决。

由于这种加温炉的电阻小(0.2 Ω 左右)，流过的电流大，与电路连接的结构设计对加温炉寿命的影响非常突出。俄罗斯 CIAM 电加温炉的电极与高温合金管的连接采用抱箍式结构，用螺栓将铜电极夹持在高温合金管的端部，为保证接触良好，需要对电极和加热管端部的夹持部位进行精细加工，即便如此，也很难保证接触良好，特别是在加热管和电极材料存在高温蠕变的情况下。这无疑增大了接触电阻，使得接触处的发热量大、温度高，从而导致电极和加热管过早损坏。国内设计生产的该类加温炉均采用焊接工艺将铜电极与高温合金管结合在一起，保证接触电阻满足要求，但任何焊接缺陷，如裂纹、未焊透等，都将造成接触电阻增大。

图 3.41 电流加热式空气加温炉结构示意图

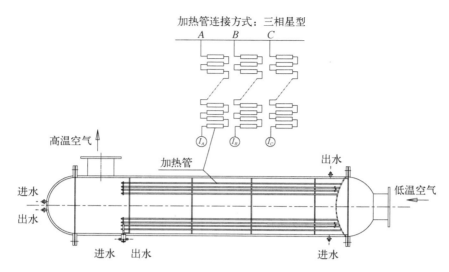

图 3.42 电流加热式空气加温炉系统原理图

与西门子旗下的 Osram 电阻丝直接浸入式电加温炉相似,由于空气与发热元件直接接触,空气的含湿量会破坏电极的绝缘性,对加温器的工作可靠性和寿命产生影响。在加温状态,空气中的游离水会很快汽化,不会对系统的绝缘性产生影响。但是在长时间流过冷湿空气后,或加温试验后由于空气中的水蒸气冷凝降温,都会在绝缘子上形成水膜,破坏绝缘性,导致通电时绝缘子炸裂。

与 Osram 电阻丝直接浸入式电加温炉不同的是,高温合金管的强度比开放式线圈高,因此空气流速对发热元件的影响不敏感,单台加温炉的流量和功率可以做得很大。但是,其支撑方式决定了过高的流速会使炉管的振动增加。因此,其空气通过流速要比天然气加温炉低,对于低压空气加温系统,选择天然气加温炉的建设成本会较低。这要根据当地的能源供应情况而定。

另外,电极需要穿过炉体与加热管连接,在穿墙部分需要进行绝缘和密封,因此,需要采取冷却措施,以保证密封件的工作可靠性,电极的冷却结构设计也是系统设计的关键。如果采用循环冷却水,需要专用的超纯水制备设备、循环设备和电导率检测仪器,需要在线实时检测超纯水的电导率,以防止绝缘被破坏。

1)电加温器调功技术

电加温器通过电气控制系统调节输入加温炉的功率以实现温度的精确控制,这种调节功率的电气装置就称为调功器,目前大型空气电加温炉调功器有不同的技术方案。调功技术方案的选择不仅影响加温炉的温度控制精度、温度调节的响应时间,还影响加温炉的使用寿命、对电网有无污染等。例如,通常的可控硅调功装置会产生谐波,谐波会使加温炉受电部件承受额外的电压或电流,使受电部件的寿命降低和绝缘破坏,同时谐波也会反馈进电网,使同一电网的其他电气设备无法正常工作。

目前,大型空气电加温系统常用的调功方式有直流励磁调功变压器调功和可控硅调功。两种调功方式各有其优缺点。

(1)直流励磁调功变压器调功,直流励磁调功变压器的调功原理是通过改变变压器的励磁电流来调节变压器的二次侧电压,由于电加温器通过电缆直接接在变压器二次侧,线路阻抗小,发热量小,提高了系统的可靠性和效率。

(2)可控硅调功,可控硅调功具有调节范围宽、调功精度高的优点,不过系统复杂、建设费用高。大功率空气电加温器的电流高达数千安,因此,大功率可控硅器件和真空断路器的选择困难,另外,可控硅调功会对电源产生谐波污染,需要在系统中接入滤波和补偿单元,增加了系统的成本和复杂性。通用可控硅调功原理见图 3.43。

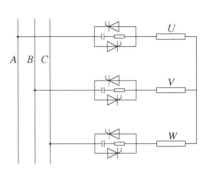

图 3.43 可控硅调功基本电路图

可控硅调功有可控硅过零触发调功技术方案、可控硅导通角控制调功技术方案、可控硅叠层控制调功技术方案,以及多级有载调压变压器与可控硅导通角控制组合调功技术方案。

2)直流励磁调功变压器调功技术方案

直流励磁调功变压器调功技术方案,是将直流电源接入变压器进行励磁控制,通过改变直流输入电流,从而改变变压器的励磁强度,进而改变变压器的输出电压,实现电加温系统的温度控制。系统原理见图 3.44。

这种调功方式的系统简单,输出波形连续,电压可连续无级调节,调节精度高,对电网无冲击。由于变压器励磁电流加入了直流成分,会产生偏磁现象,输出波形已不再是标准的正弦波,而是发生了畸变,所以,在电网中同样存在谐波干扰。

3)可控硅过零触发调功技术方案

可控硅过零触发调功技术方案是当控制器检测到输出交流正弦波过零点时触发可控硅器件关断或导通,因此最小关断或导通时间为 1/2 周期,输出波形为完美正弦波,无谐波污染,控制系统简单。从工作原理可见,其输出波形不连续,见图 3.45,因此,不能实现温度的无级调节,温度调节精度低。另外,由于其关断和导通的过程类似于电器开关的动作,对负载和电网的电流冲击大,在调功范围较宽的应用场合,严重影响同电网的其他用电设备和仪器。

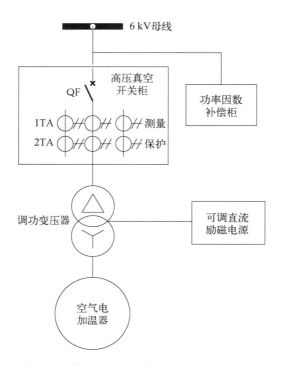

图 3.44　直流励磁调功变压器调功系统原理图

图 3.45　可控硅过零触发调功输出波形示意图

为了改善这种调功技术方案的供电品质,可在调功器输出端增加电抗器,使输出电流曲线变得平滑,但改善比较有限。因此,这种调功方式适用于温度调节精度要求不高的场合,输入端需要设置隔离变压器。

4) 可控硅导通角控制调功技术方案

可控硅导通角控制(或移相控制)调功技术方案是通过改变可控硅导通时间来改变交流正弦波的输出,从而改变加温炉输入电流的大小,实现温度的调节,输出波形见图3.46。这种调功方式可以实现电流的连续无级调节,调节范围宽,温度调节精度高。但系统比可控硅过零触发调功系统复杂。

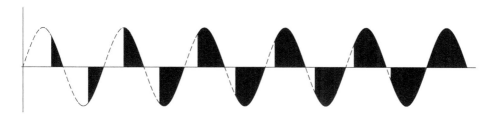

图 3.46 可控硅导通角控制调功输出波形示意图

由于输出波形不完整,因此,输出电流含有大量的谐波成分。关断角越大,谐波成分越高,对受电器件损害越大,对电网的干扰也越大。

为了改善可控硅导通角控制调功技术方案的性能,通常会在调功器输出端增加滤波和补偿装置,以降低输出电流中的谐波成分,系统配置见图 3.47。对于三相交流电,通过滤波和补偿装置可以有效消除 3 的倍数的谐波分量,使输出电流达到国家标准谐波含量不超过 4% 的要求。

由于滤波和补偿装置的建设费用较高,系统整体造价非常昂贵。

5) 多级有载调压变压器与可控硅导通角控制组合调功技术方案

该调功技术方案的原理是,当可控硅导通角在一个很小的关断范围内调节时,其输出电流的谐波成分很小,因此,可以在调功器输入端增加一台多级有载调压变压器,通过控制变压器有载分接开关改变变压器输出电压进行粗调,通过可控硅导通角控制进行精调。多级有载调压变压器的级数按照达到国家标准谐波含量不超过 4% 的要求确定,通常选择 35 级。技术方案见图 3.48。

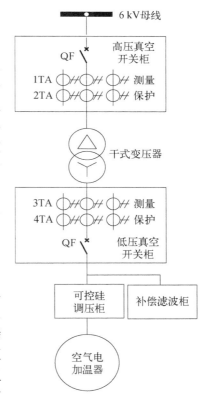

图 3.47 带补偿的导通角控制调功方案图

多级有载调压变压器与可控硅导通角控制组合调功技术方案比带补偿的可控硅导通角控制调功技术方案的建设成本要低。多级有载调压变压器的有载分接开关,无论油浸式开关、还是真空开关,都是机械触点开关。在一次试验中,如果空气温度和空气流量变化不大,则这种方案还是可取的,如果变化范围太大,变压器有

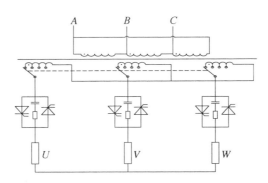

图 3.48　多级有载调压变压器与可控硅导通角控制组合调功原理图

载分接开关触点的频繁动作不仅会对电网造成冲击,也会导致机械触点过早损坏。由图 3.49 多级有载调功变压器与可控硅导通角控制组合调功输出波形示意图可见,这种方案的输出波形依然是不连续的。

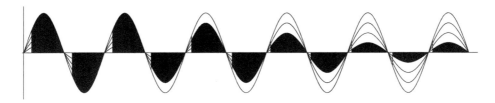

图 3.49　多级有载调压变压器与可控硅导通角控制组合调功输出波形示意图

6) 可控硅叠层控制调功技术方案

可控硅叠层控制调功技术方案是将变压器有载调压开关调压转变为在变压器次级抽头后利用晶闸管调压。利用叠层控制能避免对变压器有载分接开关的维护,同时负载电压和电流的谐波在很大程度上受到抑制,当变压器具有多个抽头时,这一优点尤为显著,通常 3~4 级可满足谐波抑制的要求,级数的增加会增加大功率半导体器件的数量,增加建设成本。其原理见图 3.50,图示为 3 级叠层控制电路原理。

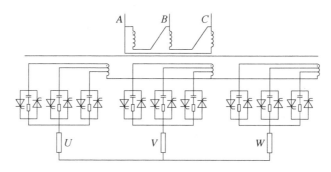

图 3.50　可控硅叠层控制调功原理

　　叠层控制器能避免单纯调压电路功率因数低和谐波电流大的缺点,达到功率和电压平滑调节的目的,输出波形见图 3.51,图示为 4 级叠层控制输出波形,从波形图上可以看出,可控硅叠层控制也是电压和电流的组合调节。与多级有载调压变压器与可控硅导通角控制组合调功方案比较,由于减少了机械触点,因此,可靠性更高,其输出波形虽有突变,但波形是连续的。

图 3.51　可控硅叠层控制输出波形示意图

　　可控硅叠层控制不仅可靠性高,也可实现功率的连续无级调节,因此,温度控制调节精度高,响应迅速,性价比高,是调功装置应重点推广和发展的技术。缺点是控制软件的设计要求高。

　　7)叠层控制案例

　　现以某电加温器单相为例来说明叠层控制的原理,该加温器的功率调节范围为 10%～100%,其电压在 680～2 165 V 变化。10% 功率对应相电压 390 V,如图 3.52 所示,则变压器单相挡位分配为 390 V、590 V、885 V 和 1 250 V,即在变压器相应的挡位处抽头。

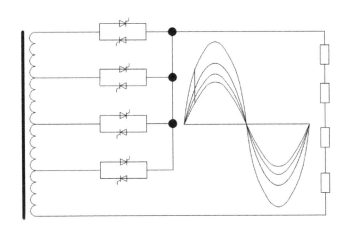

图 3.52　单相叠层控制原理图

　　电源工作时,电源输出电压在 680 V(390 V×1.732)以下,对应功率在 10% 以下时,只有 390 V 挡位在工作,这时的功率因数较低、谐波电流较高,当输出电压在

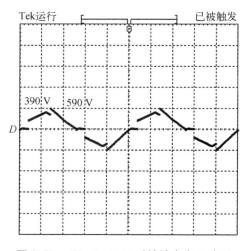

图 3.53　680~1 020 V 时的输出电压波形

680~1 020 V（590 V×1.732）时，是 390 V 挡位和 590 V 挡位互相配合工作，使 390 V 挡位的两个晶闸管在触发角为零处导通，即每个晶闸管导通半周，而抽头 590 V 的两个晶闸管分别在触发角 α 处导通，这时的输出电压波形如图 3.53 所示，从图中可看出，输出由低压挡位和高压挡位共同组成，因此称为叠层控制。通过调节高压挡位的触发角即可调节输出电压的有效值，同时输出波形比单相调压波形更接近正弦波，因此功率因数会较高，而谐波电流分量较低。当电压为 1 020~1 532 V（885 V×1.732）和 1 530~2 160 V（1 250 V×1.732）时原理同上。

根据 GB/T 14549—93《电能质量　公用电网谐波》规定的注入公共连接点的谐波电流允许值标准，对于 10 kV 电压系统，当额定短路容量为 500 MV·A 时，各次谐波电流值必须要小于 100 A。利用 MATLAB 仿真软件进行仿真，其结果见图 3.54 及图 3.55（图 3.55 中，Fnd 表示基频，其余为基频的倍数频率），在触发角为 80° 时，谐波电流最大，最高为 5 次谐波 55 A（变压器一次侧设计为三角形接法，因此 3 倍次谐波会被抵消），远小于 GB/T 14549—93 标准的规定值。

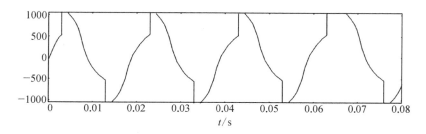

图 3.54　变压器输入端电流波形

3.4.3　电加温器的选型计算

1. 参数估算

压缩空气温升为 ΔT 时的吸收热量为

$$Q = c_p m \Delta T = c_p q t \Delta T (\text{kJ}) \tag{3.4.3.1}$$

式中，c_p 为空气的比定压热容，kJ/（kg·K）；m 为空气质量，kg；t 为加温时间，s；q

```
频率              幅值       相角
  0 Hz  (DC):     0.09    270.0°
 50 Hz  (Fnd):  927.01     13.4°
100 Hz  (h2):     0.00      0.0°
150 Hz  (h3):   148.73    200.5°
200 Hz  (h4):     0.00     29.0°
250 Hz  (h5):    55.01    118.4°
300 Hz  (h6):     0.00     89.8°
350 Hz  (h7):    46.85      2.2°
400 Hz  (h8):     0.00    149.3°
450 Hz  (h9):    33.97      0.0°
500 Hz  (h10):    0.00    209.2°
550 Hz  (h11):   27.01    165.3°
600 Hz  (h12):    0.00    268.7°
650 Hz  (h13):   24.45     74.3°
700 Hz  (h14):    0.00      0.0°
750 Hz  (h15):   19.05      0.0°
800 Hz  (h16):    0.00     28.6°
```

图 3.55　各次谐波电流值

为压缩空气流量，kg/s；$\Delta T = T_1 - T_0$ 为压缩空气温升，K；空气进口温度为 T_0，加温终点温度为 T_1，K。

加热功率为

$$P = \frac{Q}{t} = \frac{c_p q t \Delta T}{t} = c_p q \Delta T \, (\mathrm{kW}) \tag{3.4.3.2}$$

2. 加温炉电流、电压的确定

考虑电加温炉的换热效率、电加热管感抗的存在，以及电加热管外部空气和炉体的热损耗、变压器次级电压损失（包括二次线圈中的电压损失和感抗损失），变压器次级空载电压取得要比电加热管上的电压大些。要精确计算每项数字非常困难，取 K 作为综合损失系数（根据俄罗斯的经验，取 $K = 1.1$）。

则电加温炉的电功率为

$$P_{\mathrm{Ele}} = K \cdot P = K c_p q \Delta T \, (\mathrm{kW}) \tag{3.4.3.3}$$

由

$$P_{\mathrm{Ele}} = \frac{\sqrt{3}\, U_{\mathrm{L}} I_{\mathrm{L}}}{1\,000} (\mathrm{kW}), \ U_{\mathrm{L}} = \sqrt{3}\, U_{\mathrm{X}}, \ I_{\mathrm{L}} = I_{\mathrm{X}}, \ R = \frac{U_{\mathrm{X}}}{I_{\mathrm{X}}} = \frac{U_{\mathrm{L}}}{\sqrt{3}\, U_{\mathrm{X}}} \tag{3.4.3.4}$$

式中，U_{L} 为三相电源线电压，U_{X} 为三相电源相电压，单位为 V；I_{L} 为三相电源线电流，I_{X} 为三相电源相电流，单位为 A；R 为电加热管的每相电阻，单位为 Ω。

得到

$$I_{\text{L}} = I_{\text{X}} = \sqrt{\frac{P_{\text{Ele}}}{3R}} = \sqrt{\frac{Kc_p q \Delta T \times 10^3}{3R}} (\text{A}) \qquad (3.4.3.5)$$

加温炉的相电压为

$$U = \frac{P_{\text{Ele}} \times 10^3}{3I_{\text{X}}} (\text{V}) \qquad (3.4.3.6)$$

变压器的选择

$$P_{\text{transf}} = \frac{P_{\text{Ele}}}{\eta \cos \phi} (\text{kV} \cdot \text{A}) \qquad (3.4.3.7)$$

3.4.4 大型空气电加温系统实例

某型电加温器的主要参数见表 3.7。

表 3.7 某型电加温器的主要参数

主 要 参 数	参 数 值	主 要 参 数	参 数 值
工作压力	常压~3.0 MPa	功率	4 600 kW
空气流量	2~20 kg/s	温度控制精度	±3℃
进口温度	750 K	电压调节范围	300~900 V
出口温度	1 050 K	电极冷却方式	纯水
输入电压	6 000 V	工作寿命	10 年
进出口压降	100 kPa	加温控制方式	手动/自动

1. 系统性能

电加温器可进行试验器的一级加温及二级加温。

加温方式选择直接电加温方式,电加热管采用高温合金管,电极直接加在高温合金管两端(空气从高温合金钢管内部流过),功率密度可达 41 W/cm²。炉体尺寸约直径 0.7 m、高 7 m,内部配置 54 根电加热管,空气通过电加热管换热实现气流加温。电加热管分为 3 组,每组电加热管串联连接,3 组分别与变压器次级出线连接,相电压最高 809 V,电压调节范围为 300~900 V,加温器的最大功率为 4 600 kW。炉管三相电阻不平衡(电加热管三相电阻误差)≤2%,单根电加热管的电阻误差≤2%。

炉体采用立式结构,有效解决了炉管、支撑件与壳体之间的热变形;空气采用回流进气方式,进口冷空气用于冷却壳体(通过隔热屏与高温空气隔离),并对进口空气进行预热。

为解决大电流情况下电极与高温合金钢管接触电阻大的问题,电极与高温合金钢管采用焊接方式连接;加温器外壳高温气出口管道和电极接头均采用水冷结构,配套设置低压超纯水供应系统。

调功装置为磁性调压变压器,采用一套测控集成系统进行自动控制,采用微机综合自动化保护装置实现高压配电系统检测和保护。通过磁性调压变压器实现了按设计包线进行变工况加温,极大地降低了试验能耗,而俄罗斯的电加温系统为定工况运行。

加热温度只受管道材料耐温极限的限制,目前使用的电加热管的材料为GH3030,耐温极限为 1 200℃,加热空气终点温度为 1 050 K。与天然气加温炉相比,该型电加温器的结构简单、加热速度快,将 20 kg/s 流量的压缩空气升温 350 K 只要几分钟。

2. 与国外同类电加温器的比较

(1) 运行方式的差异。国外通常采用定工况运行,即电加温器在设计点工作,不需要调功,通过掺混和放空来满足不同温度和空气流量的加温要求,操作简单,不需要复杂的调功设备,但需要使高温流量计在试验件进口前进行流量测量。国内由于高温流量计的限制,通常在加温炉进口端进行流量测量,通过调功的方式实现不同温度和空气流量的加温要求,系统相对复杂,但节约能源。

(2) 加温器结构的差异。国外通常采用上端进气、下端出气的流道布局,加温器壳体采用水冷结构,热损失较大;国内采用回流进气,进口冷空气用于冷却壳体,并对进口空气进行预热,只在加温器外壳高温气出口管道采用水冷结构,热损失较小。

(3) 电极连接方式的差异。国外产品多将电极卡接在炉管上,由于接触电阻较大而经常烧坏炉管,因此,故障率较高;对此,国内加大了电极与炉管的接触面积,并采用焊接方式进行连接。

3. 技术难点

电加热管、绝缘子、炉管固定支架、壳体及内部钢结构件的热变形不协调,加温时易造成零部件损坏。

电加热管三相功率不平衡,电加热管每相由 18 根 GH3030 管材串联组成,要求每根电加热管阻值相同,进入单根管的空气流量相同,但是,由于误差积累,所以每相阻值和流量不同,三相加温不平衡问题突出,为此,要求电加热管的材料性能稳定,尺寸精度高,并通过测量每根管道的组值进行筛选分组,对三相电阻不平衡需要采用桥路进行补偿。1 050 K 的最大加热温度已经达到了电加热管材料的耐温极限;由于材料性能不同,需要根据阻值定制电加热管。

由于使用温度高,温升和温降快,绝缘子无法承受如此剧烈的温差变化。长期工作时抗挤压、抗疲劳问题需要解决。

由于采用电流加温方式,发热元件本身的电阻极小,因此,对整个供电回路的电阻控制要求极高,对回路供电电缆的质量、电接头的连接质量都需要严格控制,供电回路上任何地方的电阻增加,其分压作用都特别显著,不仅会增加回路发热,而且会降低加温炉效率,增加能源消耗,同时,连接电阻的增加使得局部产生高温,加速电器元件损坏,例如,在国外的加温炉上,由于电极与电加热管采用抱箍连接,连接接触质量无法评估,特别是在工作时,由于电极与电加热管的热胀系数不一致,以及材料的高温蠕变,所以接触质量变差,接触电阻显著增加,在连接处产生局部高温,从而造成电加热管大量损坏。国内设计时,电极与电加热管采用焊接连接,电加热管的寿命和加温炉的可靠性显著提高,但焊接质量问题,如焊缝裂纹、夹渣等,也曾造成电加热管烧坏的故障。

目前,电加热管壁温无法直接检测,只能间接检测炉膛温度,而炉膛内的空气基本不流动,温度场也存在不均匀的现象,测得的温度未必能反映炉管的最高温度,因此超温保护是一个难题,需要在运行中积累经验,并借助于计算机仿真计算对炉管布置进行改进。

另外,由于电缆中流过的电流特别大,电缆的排列也要特别关注,并行排列会产生较大的寄生电容,这方面的内容可以参考专业文献,同时应避免电缆从封闭的金属构件孔洞中穿过,这样会在金属构件中产生较大的电涡流,产生高温高热,损害金属构件。

3.4.5　管件与阀门选型

航空发动机试验设备的每个系统、每个单元需要协调工作才能发挥设备的最大效益。随着发动机技术的进步,希望试验器能更真实地模拟发动机的工作状态,现在已不限于发动机稳态工况的测试,更加希望在试验器上摸清发动机过渡态的工作特性。但是试验设备系统的设计建设则需要考虑整个系统协调工作的能力和运行的可靠性、安全性,还需要考虑整个国家的工业基础和能力、建设投资成本等各种因素。

加温炉技术的进步极大地提高了空气加温系统的加温效率,空气加降温时间由原来的几小时缩短到现在的十几分钟,终点温度也达到现在的 1 050 K,操作更加简单和安全,温度控制精度进一步提高,试验效率显著提升。

然而,加温炉效率的提高对空气系统管网设计以及管件、阀门的选择提出了更高的要求。由于在高温条件下工作,管道、管件和阀门的内外温差显得突出,特别是在升温速率非常快的情况下,内外温差进一步加大,如果管件、阀门采用法兰连接,由于法兰内外缘不能协调变形,螺栓和密封垫将承受额外的挤压应力,从而进入塑性变形区,使密封失效,产生泄漏,甚至发生高温高压气体将密封垫吹出,造成试验中断、设备损坏和人身事故的恶性事件。经验和仿真计算结果都表明,对于高温管道采用法兰连接的系统,其加降温速率不应超过 150℃/h。

为了提高空气加温系统和航空发动机试验的整体工作效率、可靠性、安全性,管件和阀门最好采用焊接方式与管道连接,阀门选用管道阀门,特别是温度较高,如超过 400℃,升温速率超过 150℃/h 的系统。对于大口径的管道阀门,如口径大于 1 000 mm 的管道蝶阀,需要进行非标设计。

如果必须采用法兰连接,则密封结构需要进行特殊设计,采用高强度连接件,并通过计算机仿真校核其结构和隔热层的传热规律及结构的变形规律,理论验证其升温梯度,指导保温层设计和运行操作。

第 4 章
冷却水系统

4.1 概　　述

　　航空发动机试验设备需要使用各种类型的换热器,对发动机燃烧产生的尾气进行降温,以达到排放的要求,满足排空塔、阀门、管道等设备设施工作的条件,例如,进行发动机高空模拟试验时,抽气压缩机组的进口温度不能超过 40℃。供气压缩机组、抽气压缩机组设置有气体冷却器、电机冷却器、滑油冷却器,需要通过冷却水将热量带走实现降温,气体冷却器用于将增压后的高温气体降温达到工作工况的要求,电机冷却器用于将电机定转子工作产生的热量带走,以保证电机能够持续稳定工作,滑油冷却器用于将轴承回流的滑油进行降温以保证滑油的品质(黏度),从而保证轴承持续工作。

　　在进行发动机高空模拟试验时,需要根据不同的空中工况对发动机进口空气进行加温或降温处理,发动机高空模拟试验设备都配套建设有空气加温和降温设备。空气降温系统的干燥处理设备中需要用冷却水对压缩空气进行喷淋降温以去除空气中的水分。

　　另外,对于加温炉及其他承受高温的设备结构件等,可能需要通过水冷来保持其工作在安全的范围内。所以航空发动机试验基地都建设有配套的冷却水系统。

　　航空发动机试验基地冷却水系统的供水方式根据基地的选址不同有两种方案,即开式和循环式。开式是通过高位水池储水、重力供水,换热后直接排放,不循环利用;循环式是通过循环泵增压供水,换热后回到凉水塔降温,然后回到循环水池重复利用。随着对环境保护的要求越来越高,目前普遍采用循环供水的方案供水。

4.2　设备对冷却水水质的要求

　　航空发动机试验器及其配套的设备对循环冷却水最基本要求是消除或减少结垢、腐蚀、微生物生长、污垢等危害,保证设备系统能够长期、安全、稳定、可靠地运行。供水水质根据用途不同分为自然循环冷却水(图 4.1)和软化循环冷却水(图 4.2)。

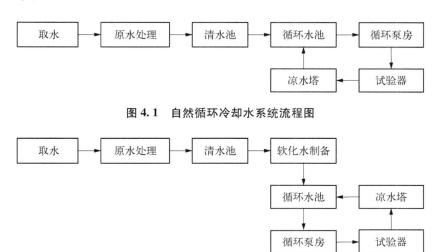

图 4.1　自然循环冷却水系统流程图

图 4.2　软化循环冷却水系统流程图

4.2.1　试验设备

对于航空发动机高空模拟试验舱、燃烧试验器等设备,由于试验时燃烧产生的尾气温度很高,在换热器中燃烧尾气与冷却水换热后,冷却水温度可能超过 60℃,从而造成在换热器水侧壁面形成水垢,降低换热器的换热效率,严重时导致试验器无法安全运行,因此需要采用软化冷却水,即需要将水中的 Ca^{2+}、Mg^{2+} 离子去除,以保证设备安全高效运行。

另外,电加温炉水冷壳体、高空台排气冷却器等设备换热后水温也会超过 60℃,为防止结垢而降低换热效率,也需要采用软化冷却水。

水力测功器等价值高的高精密设备对水质要求较高,为保证设备的测试精度、延长设备的使用寿命,也宜采用软化冷却水。

对于要求更高的设备,如电加温炉电极,则需要制备超纯水以保证低的电导率,这不在本书的介绍范围内。

由于软化冷却水的制水时间长,制水成本高,因此软化冷却水均采用循环供水的方式运行。

4.2.2　气源机组及试验器配套设备

对于气源压缩机组(简称气源机组,包括供气机组和抽气机组)冷却器、机组及试验器配套的驱动电机冷却器、滑油系统冷却器等用水设备,换热后水温较低,一般不超过40℃,只需要保证水中没有颗粒物在换热器中沉积而降低换热效率即可,可采用自然冷却水,即经原水处理后,保证浊度(澄清度)满足要求,不需要进行软化处理。

循环冷却水系统采用软化冷却水和自然冷却水分开运行的方式,可降低制水的成本,但是运行的灵活性会受到一定的限制,特别是对于大型的航空发动机试验基地。为了增加循环冷却水系统运行的灵活性,一些大型的试验基地只建设一个循环冷却水系统,全部采用软化循环冷却水满足所有设备的需求,如美国阿诺德工程发展中心(AEDC)航空发动机高空模拟试车台ASTF,全部采用软化循环冷却水,高空模拟试验舱和气源机组等配置有不同流量和扬程的循环水泵,但所有水池都是连通的,更有利于流量的分配。

对于水侧为不锈钢的设备,因为水中的氯离子对不锈钢有腐蚀作用,所以要对水中的氯离子进行控制,例如,在对细菌和藻类物质进行控制时可选择不产生氯离子的工艺,或者严格控制水中的余氯含量。

4.3 水 处 理 系 统

水处理系统是为保证循环水水质而建立的专用设施,水处理系统包括原水预处理系统、软化水制备系统和循环水水质保证系统。

航空发动机试验基地的试验用水量较大,如20世纪90年代美国建成的目前世界上最大的航空发动机高空台ASTF,这座高空台有两个试验舱,舱体直径达8.5 m,长度为26 m,总空气流量为720 kg/s,供气温度为$-101\sim800$℃,燃气冷却用水量达54 500 m³/h,设备总冷却水能力为10.5×10^4m³/h。

为满足试验需求,循环水原水通常取自地表水和地下水。地表水包括江河、湖泊、水库,一般来说,水质较好,含盐量较低,含氧量充足,二氧化碳含量较低,但水质受气候、季节影响大,水质波动大,水中悬浮物、微生物多,而且易受工业废水和生活污水排放的影响。地下水包括潜水、承压水、岩溶水、裂隙水等,地下水受气候、季节的影响小,水质稳定,溶解氧少,有机物少,微生物少,二氧化碳多,水的含铁锰量较高,水的硬度较高。对于高空模拟试验设备等用水量大的设备,地下水水量通常难以满足用水需求,地表水是可用的资源,因此,在进行航空发动机试验基地选址时,水资源也是重要的评价要素,我国大型航空发动机试验基地的冷却水就取自地表水,即从毗邻的河流取水进行处理后循环使用。

无论原水取自地表水还是地下水,都需要进行处理才能达到航空发动机试验需要的水质要求。

另外,冷却水在循环过程中的水质也会发生变化,循环水在循环过程中和在冷却塔中与空气接触,水中游离及溶解的CO_2大量散失,引起水质不稳定,产生

$CaCO_3$ 等沉淀结垢；水在循环和冷却过程中，水量不断被蒸发，水中的含盐量不断增加；水中游离和溶解的 CO_2 在塔内等处的曝气过程中逸入大气中而散失，导致 pH 逐渐上升；由于循环水中的沉淀物泥垢、结垢和黏垢不断浓缩增加，浊度必然增加；水在冷却塔内冷却的过程中不断喷洒曝气，水中溶解大量的氧，可达到或接近该温度与压力下氧的饱和浓度，这样会增加水对被冷却设备的腐蚀；水在冷却塔中受到光照，适宜的温度和充足的养分有利于细菌和藻类的繁殖生长，水中溶解的氧对设备的氧化腐蚀又会产生微生物，水中微生物的量会增加。

循环水处理就是消除或减少结垢、腐蚀、微生物生长、污垢等的危害，使系统能够长期、安全、可靠地运行。

4.3.1 原水预处理

根据原水水质，预处理的主要目的是降低水的浊度。

浊度：指水中不溶解物质对光线透过时所产生的阻碍程度。浊度是水的一种光学性质，浊度不仅与不溶解物质的数量有关，而且与不溶解物质的颗粒度有关。

浊度的测量依据的是光的散射原理，散射光强度与悬浮颗粒的大小和总数成比例（丁达尔效应），散射光强度越大，表示浊度越高。

原水预处理系统的主要指标包括以下几项。

设计出水量：m^3/h。

出水浊度：根据当地的水文资料而定，如某地原水取自地表水。

枯水期：进水浊度≤200 NTU 时，出水浊度≤3 NTU。

洪水期：进水浊度≤3 000 NTU 时，出水浊度≤5 NTU。

一般化学指标如下。

pH：不小于 6.5 且不大于 8.5。

溶解性固形物浓度：≤1 000 mg/L。

总硬度：<450 mg/L。

耗氧量：≤5 mg/L（以 O_2 计）。

消毒剂：

游离氯：限值 0.4 mg/L。

余氯量：≥0.1 mg/L。

1）常规给水处理工艺

常规给水处理工艺流程为：原水—预处理池（沉沙）—混凝—沉淀—过滤—消毒。

目前大多数原水给水（预）处理厂基本采用该工艺，其主要缺陷是：各处理单元的处理效率低、负荷小、占地面积较大、抗冲击能力差，对原水水质恶化、有机物污染、浊度突变等难以适应。

2）高效环保节能型微涡旋混凝工艺

原水进入高效微涡旋混合器混合，然后进入高效微涡旋折板絮凝池进行絮凝，最后经高效复合斜板沉淀池澄清，澄清水消毒后进入循环水池。该工艺在原水浊度变化范围不大的情况下，可以保证稳定出水，抗冲击负荷能力较强，设备简单，操作运行管理方便，免于维护，便于实现自动控制。系统无须设置无阀滤池，出水浊度低。对于全年原水浊度比较大（如洪水期原水浊度突变）的系统，必须在前端加预沉池，导致系统占地面积大，基建费用高，一次性投入较大。

3）高密度沉淀过滤工艺

原水进入活性微泥高密度沉淀池（活化微泥装置）絮凝澄清，澄清水消毒后进入循环水池。混合、絮凝、澄清的整个过程都在活性微泥高密度沉淀池内完成。其工艺流程见图4.3。

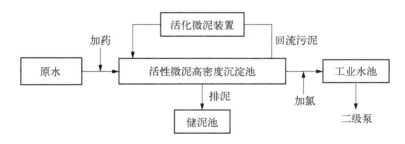

图 4.3   工艺流程框图

该工艺的出水浊度稳定在 1~5 NTU，对原水水质的适应性很强，原水浊度变化大时，沉淀水质稳定；占地面积小，仅为常规沉淀池的 2/3；沉淀负荷高，絮凝时间短，减少了耗药量，混合效果好，由于充分利用了活性微泥的"活性"以及微泥网的作用，可节省药耗 20%~50%。

活性微泥高密度沉淀池由凝聚、絮凝、沉淀工艺设备和土建结构组成，分为凝聚区、絮凝区、沉淀区、浓缩区、污泥循环系统和剩余污泥排放系统。

原水进入凝聚区后，投加凝聚剂（PAC），并通过搅拌器快速混合，发生凝聚反应，生成小颗粒矾花；而后进入絮凝区，投加絮凝剂（PAM）及活化循环污泥，在搅拌叶轮作用下发生接触反应生成大颗粒、高密度的矾花；出水经推流式反应区进入沉淀区进行泥水分离，清水由池顶集水槽收集，泥渣在浓缩区浓缩，浓缩污泥一部分循环至絮凝区，剩余部分进行污泥脱水处理，处理后的澄清水自流至清水池。活性微泥高密度沉淀池结构见图 4.4。

4.3.2   软化水制备

对澄清水进行软化处理的目的是去除水中的 Ca^{2+}、Mg^{2+} 离子，防止在换热器中

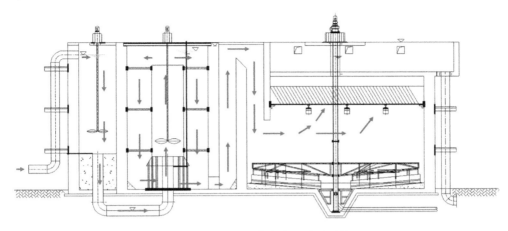

图 4.4　活性微泥高密度沉淀池结构

结垢,保证换热效率。

离子交换软化法是常用的工业循环水软化处理方法,是采用特定的离子交换树脂,以钠离子置换出水中的 Ca^{2+}、Mg^{2+} 离子,该方法的效果稳定准确,工艺成熟。软化水系统包括过滤及离子交换流程、再生流程两部分。传统的软化处理流程采用的是机械过滤器加固定床逆流再生离子交换法,技术比较落后,运行流速低,周期制水量低,树脂利用率低,且系统设备的占地面积大,完全靠手动操作。改进后的工艺流程是选用纤维球过滤器加全自动浮动床逆流再生离子交换器。下面重点介绍纤维球过滤器加全自动浮动床逆流再生离子交换器的制水工艺。

1. 软化处理工艺流程

原水进入软化水站后,首先通过纤维球过滤器,在过滤器内经填料层除去水中的悬浮物等杂质,过滤后的水流入全自动浮动床逆流再生离子交换器。当填料层杂质增多、流速降低时,反冲洗装置开始工作,将水中的杂质经进水口反冲洗后排入污水系统,保证了整体过滤的可持续性。去除悬浮物等杂质后的水进入串联的全自动浮动床逆流再生离子交换器时,水中的 Ca^{2+}、Mg^{2+} 离子被树脂中的钠离子所代替,使易结垢的钙、镁化合物转变成不易形成水垢的易溶性钠化合物,使水得到软化。钠离子交换软化法的化学方程式为

$$Ca(HCO_3)_2 + 2RNa \Longrightarrow R_2Ca + 2NaHCO_3$$

$$Mg(HCO_3)_2 + 2RNa \Longrightarrow R_2Mg + 2NaHCO_3$$

$$CaSO_4 + 2RNa \Longrightarrow R_2Ca + Na_2SO_4$$

$$MgSO_4 + 2RNa \Longrightarrow R_2Mg + Na_2SO_4$$

$$CaCl_2 + 2RNa \Longrightarrow R_2Ca + 2NaCl$$

$$MgCl_2 + 2RNa \Longrightarrow R_2Mg + 2NaCl$$

式中,RNa 为钠离子交换树脂;R 为树脂母体与牢固结合在母体上的固定离子。

交换器的运行会随软化终点的到来而失效,交换器的软化终点控制在出水硬度不大于 2 mg/L(CaCO$_3$)的范围内,当出水硬度超过此范围时,交换器失效,需再生处理后重复使用。

交换器失效后进行再生处理,再生时采用逆流再生工艺,用具有较高浓度的再生液,以一定的速度反向(逆流)流过交换器内的树脂层,使软化过程中吸附的 Ca^{2+}、Mg^{2+} 离子从树脂上置换出来,恢复树脂的交换能力。软化水处理工艺流程见图 4.5。

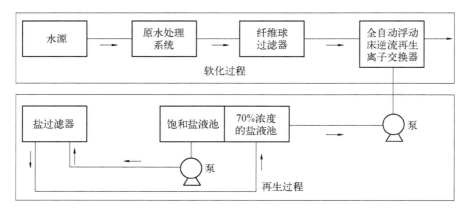

图 4.5　软化水处理工艺流程图

2. 纤维球过滤器

纤维球过滤器主要用于处理悬浮物和固体颗粒,用化学纤维制成的纤维滤料与传统滤料不同,是可以压缩的软性滤料,空隙大。在过滤过程中,水流经过滤料层产生的阻力引起滤料层压缩,其空隙沿水流的方向逐渐变小,因而过滤水质好。与砂滤料相比,纤维滤料具有流量大、滤速高、水头损失小、工作周期长等优点。但由于纤维很细,杂质黏附,需要用强风搅拌冲洗才能再生,因此需要配置机械搅拌机。纤维球过滤器结构见图 4.6。

纤维球过滤器采用球形板加鹅卵石垫层结构,运行时滤料处于压实状态,可以达到高效过滤的效果;反冲洗时滤料处于放松状态,可方便彻底地进行清洗。

3. 全自动浮动床逆流再生离子交换器

钠离子交换器采用全自动浮动床逆流再生工艺,运行时,水经底部进入,流经树脂层,从上部流出。树脂再生时,再生液经上部进入,流经树脂交换层,从底部流出。

运行时,在向上水流的作用下,交换剂被托起成悬浮状态,可以自动弥补树脂层的漏沟、偏流,避免了水中离子的泄漏,确保了出水水质,从而提高了交换剂层的利用率。

再生时,由于再生液的比重略大于水,在向下流动的清洗过程中具有下沉的自然趋势,与向上流动清洗时的逐渐稀释作用相比有较高的清洗效率,再生液消耗率也略低于逆流再生固定床。全自动浮动床逆流再生离子交换器结构见图 4.7。

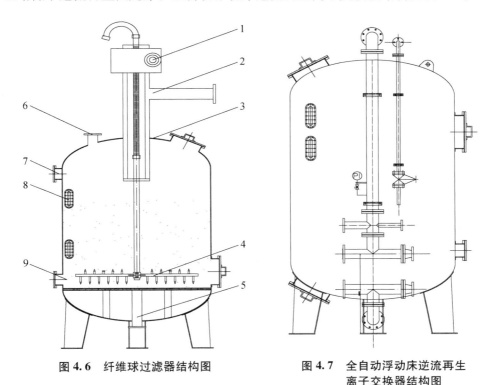

图 4.6　纤维球过滤器结构图　　图 4.7　全自动浮动床逆流再生离子交换器结构图

4.3.3　循环水水质控制

大型航空发动机试验基地的循环冷却水系统主要采用开式循环水系统,长期使用,水质会变差,因此,循环冷却水系统还需进行污垢控制与处理、微生物控制与处理,工艺流程也是在循环冷却水系统中设置旁滤处理设施。旁滤处理设施包括取水泵房、旁滤过滤装置和加药消毒装置,泵从循环水池吸水后进入旁滤过滤装置进行过滤去除水中的杂质,加药消毒装置用来杀灭水中的微生物,防止水藻的生长,处理后的水回到循环水池。

4.4　供水循环方案

主要的供水循环包括开式直流水系统、开式循环水系统、闭式循环水系统。

4.4.1　开式直流水系统

典型开式直流水系统流程见图4.8,通常是取水泵房从江河或者湖泊取水,通过高扬程的水泵提升到高位水池,通过水体的自然沉淀作用进行澄清,利用高位水池与用水设备间的位差产生的重力势能进行供水,与用水设备换热器中的介质换热后直接排到江河或湖泊。通过调节换热器进出口水阀门即可实现流量和压力的匹配。

图4.8　典型开式直流水系统流程框图

特点:系统简单、运行维护费用最低,流量调节方便,对操作人员要求低。

缺点:高位水池的建设受地理条件的制约,并且高位水池要求有较大的容积,否则起不到澄清的作用,而且取水受自然环境和天气条件的影响较大;由于不能循环利用,取水量和排放量都很大,取水费用较高;换热后的水中可能含有废油等污染物,易造成环境事故,因此,新建系统不建议采用。

4.4.2　开式循环水系统

循环水泵从循环水池吸水,增压后供给用水设备,与用水设备换热器中的介质换热后,依靠管道中的余压上到开式凉水塔顶部,通过喷头向下喷洒水,与向上流动的空气接触换热进行降温,降温后的冷却水通过连通管从开式凉水塔水池回到循环水池,循环使用,开式循环水系统流程见图4.9。考虑到系统运行中的水量蒸发、风损、泄漏等损失,需要从水处理系统向循环水池补充消耗掉的水。

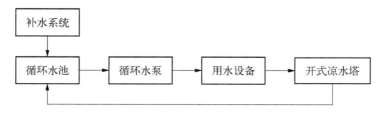

图4.9　开式循环水系统流程框图

运行中的水量蒸发、风损、泄漏等损失,可按总循环水量的 2% ~ 2.5% 进行考虑。

特点:冷却水循环运行,试验受自然环境和天气条件的影响较小;开式凉水塔的换热效率高,可有效降低循环冷却水量。

缺点：冷却水在开式凉水塔中与空气直接接触换热，开式凉水塔的下部水池也是敞开的，因此，空气中的粉尘很容易进入水池污染水质，并在换热器中沉积从而降低换热效率；空气中藻类的孢子进入水池后，在夏天阳光的直射作用下大量繁殖，造成过滤器等堵塞，因此，需要定期对循环水体进行更换或通过旁滤系统进行处理以维持冷却水水质的稳定。

开式凉水塔主要由塔体结构框架、风机、配水装置、收水器、风筒、围护板、填料和运行监控装置等构成。开式凉水塔包括横流式和逆流式两种基本模式，横流式开式凉水塔工作原理见图 4.10，逆流式开式冷却塔工作原理见图 4.11。横流式、逆流式开式凉水塔特点对比见表 4.1。

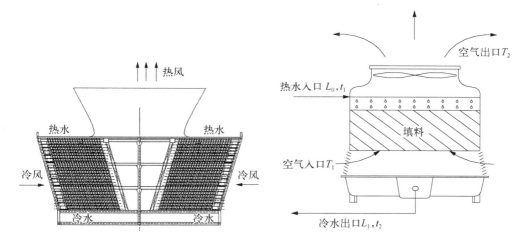

图 4.10 横流式开式凉水塔工作原理图   图 4.11 逆流式开式凉水塔工作原理图

表 4.1 横流式、逆流式开式凉水塔特点对比

对比项目	横流式开式凉水塔	逆流式开式凉水塔
结构形式	进风和水流垂直	进风和水流相对反方向
维护检修便利性	大部分部件都是外露的、可接触的，可以在不停机的状况下检查维修	部件基本包裹在外壳板内部，需停机检修
塔体尺寸	一般是长方形，在场地摆放方便，对于同样的水量，占地面积较大	一般是正方形，结构紧凑，布置灵活，占地面积小
淋水密度	填料淋水密度大	填料淋水密度小
大温差的处理	填料高度可以做得较高，可有效解决大温差设计需求	阻力较大，填料高度不能做太高，处理大温差的能力较弱
建设投资	建设投资大，高于逆流式 20%	建设投资小

对比项目	横流式开式凉水塔	逆流式开式凉水塔
热交换效率	进出风口高差小,热交换效率较低,且容易出现短流现象	热交换效率高
冷却效果	冷却效果较差	冷却效果较好
应用	—	行业主推产品

由于逆流式开式凉水塔与横流式开式凉水塔相比,具有成本低、占地少、效能高的显著特点,目前,国内大部分厂商的产品都是逆流塔。

4.4.3　闭式循环水系统

循环水泵从密闭循环水池(箱)吸水,增压后供给用水设备,与用水设备换热器中的介质换热后,依靠管道中的余压进到闭式凉水塔,与闭式凉水塔喷淋水进行间接换热降温,降温后的冷却水回到密闭循环水池(箱),完成一个循环,整个过程中冷却水不与外部空气和喷淋水接触。闭式循环水系统流程见图 4.12。

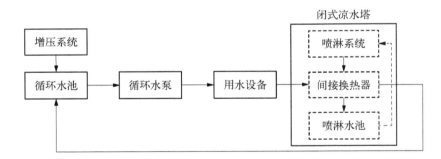

图 4.12　闭式循环水系统流程框图

喷淋水存储在闭式凉水塔的底部水池中,由泵提升到闭式凉水塔顶部,由喷头向下喷洒到换热管外壁,与管内流动的循环冷却水换热带走热量,换热后的喷淋水回到循环水池,循环使用。同时喷淋水在喷洒时与流动的空气接触实现喷淋降温。运行中的喷淋水量有蒸发、风损、泄漏等损失,需要从外部向喷淋水池补充消耗掉的水。

特点:冷却水循环运行,试验受自然环境和天气条件的影响较小;由于循环冷却水在密闭系统中循环,水质保持良好,降低了用水设备和循环冷却水系统清洗的工作量,也不存在循环冷却水。

缺点:由于是间接换热,换热效率低,在相同的试验需求工况条件下,对循环水量的需求较开式循环水系统显著增加,配套的循环水泵等设备数量也相应增加,因此,建设成本和运行成本也显著增加。

为防止闭式循环水系统起泵时循环水泵的进口压力低于泵的有效气蚀余量,造成循环水泵发生气蚀损坏,需要在循环水池增加加压系统,以保持起泵时循环水泵的进口压力高于泵的有效气蚀余量,保证泵的稳定工作。

4.5　循环水泵运行

4.5.1　循环水泵运行方案

航空发动机试验基地有大量的试验器和气源机组等配套设备,循环水供水系统需要满足不同设备、不同试验工况的用水需求,因此,只有合理配置水泵数量、参数(流量、扬程)才能保证试验的可靠和高效运行。

1. 各试验器独立运行

根据各试验器的特殊需求,每台试验器独立配置水泵和供水管路、凉水塔,循环冷却水系统独立运行,互不干扰。一般适合于设备数量较少、用水量不大的试验基地试验供水。当设备数量多、用水量较大时,供水设备(水泵、凉水塔)数量多,建设成本高;管网复杂、占地面积大,对于大型的航空发动机试验基地,由于系统复杂,根本没有足够的空间进行这么复杂的水路布置。

特点:水泵始终运行在高效工况点,不易产生气蚀,使用寿命长;操作简单,对操作人员的技能要求低;由于各试验器互不干扰,水泵故障、管路检修都不会影响其他设备运行。

缺点:运行的灵活性差,当水泵损坏时,试验就无法进行;当试验器功能扩展时,可能循环冷却水系统将无法满足其需求。

2. 总管输送组合运行

根据各试验器的试验需求,选择不同的水泵组合来满足各试验设备的试验需求,所有的循环水泵都接到供水总管上。循环水泵从公共循环水池吸水,通过供水总管输送,然后经供水支管分配到各试验器的用水设备,换热后通过回水支管汇到回水总管,在余压的作用下上到凉水塔降温,并回到公共循环水池循环使用。设备数量多、用水量大的试验基地宜采用这种循环供水方式,试验时可根据不同的试验器、不同的试验工况选取不同的水泵组合满足其对冷却水(压力、流量)的需求。

特点:供水设备(水泵、凉水塔)数量少,管网占地面积小,运行灵活,建设投入相对较低。当个别水泵损坏时,可选择其他水泵供水,不会影响试验器运行;有新增设备或设备功能扩展时,不需要新建循环冷却水系统,只需要选择不同的水泵进行组合即可满足用水需求。

缺点:由于各试验器存在干扰,在不同的试验组合工况下,水泵运行工作点会发生偏移,可能进入非高效工况点,甚至进入气蚀区,导致水泵发生气蚀损坏;如果总管出现故障,整个基地都要停止运行。

另外,对操作人员的能力要求较高。在两台以上的试验器同时运行的情况下,由于各试验器用水点的距离不同、压损不同,会对流量分配产生影响,因此,需要通过各试验器的出口调节阀(回水阀)来调节背压,以保证各试验器的流量分配能够满足试验运行工况要求的冷却水量。同时在多台水泵并联运行的工况下,特别是流量不同、压力存在微小差异的情况下,流量调节和压力匹配不好,容易导致水泵进入非高效工况点,甚至进入气蚀区,造成水泵损坏。

4.5.2　循环水泵配置

1. 水泵运行特性

循环水泵通常选用离心式清水泵,水泵特性曲线包括:扬程-流量(H-Q)特性曲线、轴功率(P)曲线、效率(η)曲线、有效气蚀余量(NPSH)曲线。离心式清水

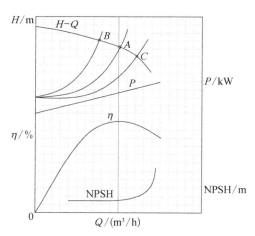

泵特性曲线比较平缓,有较宽而稳定的高效工作范围,如图 4.13 所示,图中设计点为扬程-流量(H-Q)特性曲线上的 A 点,即效率最高的点,图中 B~C 的范围为高效工作区。与扬程-流量特性曲线相交的三条曲线是负载特性曲线(管网特性曲线),交点就是水泵与管网的匹配工作点,对应运行时水泵出口的流量和压力。

调节阀门的开度可以改变水泵的负载特性。阀门开度增加,负载特性曲线向右偏移,水泵出口流量增加,压力增大,轴功率增加,如图中的 C 点,如果负

图 4.13　离心式清水泵特性曲线

载特性曲线继续向右偏移,水泵匹配工作点的工作效率显著降低,有效气蚀余量(NPSH)显著增加,导致水泵工作不稳定;也有可能轴功率超过配套的电机功率而无法工作。当阀门开度减小时,负载特性曲线向左偏移,水泵出口流量降低,压力减小,效率显著降低,由于阀门前后压差显著增加,将在阀门最小截面上发生气蚀或闪蒸,导致阀门和邻近管道剧烈振动而损坏。

2. 水泵调节方法

水泵流量和压力控制采用进口阀门全开、出口阀门调节的运行方式,因为在进口阀门节流的情况下,会导致装置的有效气蚀余量(NPSH)增加,并在叶轮流道和壳体流道内发生气蚀。其机理是阀门的节流作用导致进口处叶轮流道内的压力降

低,当压力低于该温度下当地的饱和蒸汽压后,水蒸发产生气泡,气泡破裂产生振动和腐蚀,使过流部件损坏。

负载特性曲线(即管网特性曲线)与换热器设计阻力、管网设计阻力有关。对于航空发动机试验设备变工况的运行模式,一般管网特性曲线都向右偏移,可以通过改变阀门开度来改变负载特性,使水泵工作在高效工作区。

当水泵与负载联合运行时,最有利的调节方法是通过水泵出口阀门控制水泵工作在设计点附近,保证水泵的安全、高效运行,通过试验设备换热器出口调节阀(回流阀)调节换热器背压并保证流量。

3. 水泵并联运行

当试验要求冷却水量较大时,需要多台水泵并联运行。并联运行要求水泵压力基本一致,流量可以不同,离心式清水泵并联运行的特性曲线见图 4.14。

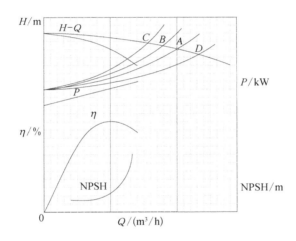

图 4.14　离心式清水泵并联运行的特性曲线

并联运行时,将投入运行的每台水泵在同一扬程的流量相加后得到并联运行的 H-Q 特性曲线,管网特性曲线与 H-Q 特性曲线的交点就是并联运行的匹配工作点。

在多台水泵机组联合运行的情况下,由于耦合因素较多,依靠水泵机组特性进行调节会非常困难,所以在多台水泵机组联合工作的工况下宜采用定参数运行,通过旁路调节阀控制流量和稳定供水压力。

图 4.15 是某试验基地供水系统的水泵配置实例,供水系统配置了两种型号共 5 台水泵,可根据不同的试验工况选择不同的水泵组合满足流量的需要。运行时水泵采用定参数运行,通过旁路调节阀进行自动稳压和流量匹配。旁路调节阀采用 PID 自动控制,运行时根据试验设备的用水需求,选定投运的水泵组合,并设定旁路调节阀的压力控制值,当试验器的用水量增大时,总管压力将降低,旁路调节

阀自动减小开度,总管压力回到设定值;当试验器的用水量减小时,总管压力将增大,旁路调节阀自动增大开度,总管压力回到设定值。

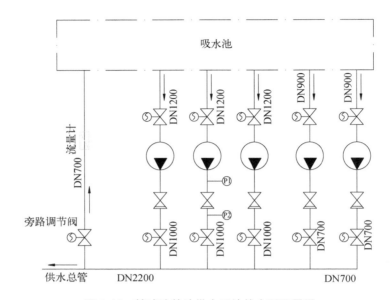

图 4.15 某试验基地供水系统的水泵配置图

第5章
燃油储供系统

5.1 概　述

　　航空发动机整机、燃烧室试验时所需的燃油是由燃油储供系统提供的。燃油储供系统主要用来储存航空发动机试验需用的燃油,并向航空发动机不间断地供给规定压力和流量的燃油。有时为满足试验规范要求,发动机需进行高原起动、高低温起动加速和进气加温加压等试验,还需对燃油进行加温、降温,以满足试验需求,见图5.1。

图5.1　燃油储供系统原理框图

　　航空燃油包括活塞式发动机用航空汽油及燃气涡轮发动机用航空煤油。我国航空汽油有 RH‑75、RH‑95/130、RH‑100/130 三种牌号。RH‑75 航空汽油适用于轻负荷低速飞机,RH‑95/130 航空汽油适用于中负荷高速飞机,RH‑100/130 航空汽油适用于重负荷高速飞机。航空煤油有六种牌号:RP‑1、RP‑2、RP‑3、RP‑4、RP‑5 和 RP‑6。其性能上的主要差别在于结晶点、闪点、低温黏度等不同。目前一般常用 RP‑3,RP‑1、RP‑2 已停产,RP‑4 在燃油短缺的情况下使用,RP‑5 用于舰载飞机,RP‑6 用于高超声速飞机。

　　航空燃油在炼油厂生产出来后,首先输送到炼油厂油库短暂存放,然后通过输油管道、油轮、铁路油槽车或汽车油槽车等方式运输至各用油单位的厂区油库。

　　航空发动机试验所需燃油的供油方式,根据用油的种类、用油量的大小和频率,可分为固定式供油(即油库供油)和移动式供油(即油罐车供油)。对于经常使用的油品,一般均采用油库方式供油,而油品较少使用且用量较小时,为了节约经费,采用油罐车方式供油,使用前油罐车停在用油点,使用完后返回厂区油库单独安全存放。本章主要论述油库的存储和供油方式。

5.2　航空发动机试验对燃油储供系统的要求

　　为维持现代航空发动机稳定、高效、安全、经济地工作,对其所用燃料的质量提出了很高的要求,主要包括以下几点。

　　(1)燃烧性能好,热值高,在发动机各种工作状态下燃烧完全、稳定,且积炭、冒烟少。

　　(2)使用性能良好,能保证航空发动机燃油储供系统正常工作,主要包括热氧化安定性、抗磨润滑性、低温性能、与材料的相容性和抗静电性等性能指标。

　　(3)洁净度良好,对燃料中的机械杂质、水分等含量必须严格控制。

5.2.1　燃油中的杂质

　　燃油中的杂质主要是机械杂质和一些化合物,还有游离水分。这些杂质来源于以下环节:

　　(1)提炼、运输和储存过程中进入燃油中的灰尘和设备的腐蚀产物;

　　(2)制造过程中进入燃油中的金属屑和其他杂质;

　　(3)使用中进入燃油中的杂质和水分。

5.2.2　污染度的要求

　　根据航空燃油中可能存在的杂质,国家制定了相关规范,对各种燃油储供系统的污染度等级进行了明确规定,见表 5.1。航空发动机试验中一般燃油固体颗粒污染度应不劣于 7 级(GJB 420B—2006)。

表 5.1　各种燃油储供系统的污染度等级要求

项　目	要　求	备　注
燃油储供系统及其附件油液	固体颗粒污染度验收指标应不劣于 GJB 420 B—2006 规定的 9 级;燃油储供系统及其附件油液中游离水的含量验收指标应不超过 0.12 cm³/L	

续　表

项　目	要　求	备　注
加入燃油储供系统的燃油	固体颗粒污染度应不劣于 GJB 420 B—2006 规定的 8 级；油液中游离水的含量不超过 0.12 cm³/L	
与燃油储供系统相连接的地面辅助设备,如压力加油车(包括地面管线加油设备)、重力加油车、气密试验设备、清洗车等净化设备	固体颗粒污染度应不劣于 GJB 420 B—2006 规定的 8 级；油液中游离水的含量不超过 0.12 cm³/L	
航空发动机试验中的一般燃油	固体颗粒污染度应不劣于 7 级(GJB 420B—2006),其具体要求视试验的需求而定	

5.2.3　供油压力和流量的要求

航空发动机试验中,对油库的供油压力一般不大于 0.3 MPa,供油流量一般不大于 70 t/h。

5.3　燃油系统储供方案

对于燃油需求量大的航空发动机整机试验设备,以及频繁试验用油的航空发动机零部件试验设备,一般采用固定式供油方案,即利用油库储油、利用输油管道向试验设备供油。

固定式供油方案可采用三种方式:重力供油、油泵供油和气压供油。重力供油是储油罐建在地势较高的地方,利用油库和设备之间的高差供油。油泵供油一般采用变频调速油泵以满足流量调节的要求。气压供油是向储油罐上部通入干燥洁净的压缩气体,将油从储油罐底部压出输送至试验设备。

重力供油的压力比较稳定,油泵供油和气压供油对地势没有要求,但是不宜建在低洼易涝的地方。重力供油和气压供油对流量变化的响应迅速,能够很好地满足发动机推加力试验时流量变化的要求,而油泵供油时很可能造成瞬时压力的急剧降低。

5.3.1　气压供油

气压供油是使用最广的一种方法,供油压力稳定且油库的选址受环境地形的影响较小。压油的气体可采用氮气、干燥空气等。一般多采用压缩空气压油,下面

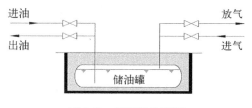

图 5.2　气压供油原理

以压缩空气压油为例,介绍气压供油方案,见图 5.2。

压缩空气压油是利用空气压缩机组供出的压缩空气,经空气后处理(油气分离、干燥、过滤、稳压)后,通过空气调压阀进入储油罐内,利用空气压力将储油罐内的航空煤油通过供油管网输送至各试验设备。工艺原理见图 5.3。

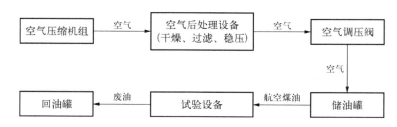

图 5.3　压缩空气压油工艺原理流程框图

1. 空气压缩机

在压缩空气压油中采用的空气压缩机可以是活塞式压缩机组和螺杆式压缩机组。由于螺杆式压缩机组具有可靠性高,操作维护方便,可按需要流量供气,占地面积少等特点,通常多采用无油螺杆式空压机。螺杆式压缩机组一般为柜式结构,除压缩机组本体外,还集成了空气滤清器、进气阀、油气分离器等装置。

在选型时,空气压缩机组的供气压力可选为 0.5~1 MPa,排气量可根据最大供油量来选取,一般排气量应大于最大供油量,空气压缩机能实现排气量 40% ~ 100% 的无级调节,可选择排气含油气量低于 2 ppm 的机组。同时空气压缩机组应考虑冗余备份,能自动进行切换。

2. 空气后处理设备

为保证航空发动机试验用油品的质量,对参与压油的压缩空气需进行后处理,处理后的压缩空气需达到 ISO 8573.1—2001 空气质量标准。后处理设备一般包括出口储气罐、一级过滤器、干燥设备(冷冻式干燥机或吸附式再生干燥机)、二级过滤器、供气储气罐。工艺流程见图 5.4。这些设备可由压缩机厂家提供配套,也可分别采购。

图 5.4　空气后处理工艺流程框图

3. 空气调压阀

空气调压阀主要是为了保证供油罐内的压力恒定,一般均采用控制阀后压力稳定的薄膜式减压阀。薄膜式减压阀通径可根据用气量大小确定。薄膜式减压阀的结构简图见图 5.5。

4. 储油罐

储油罐的单罐大小可根据完成一次试验的最大燃油用量进行选取。

为避免储油罐及输油管道被油品腐蚀而造成泄漏污染环境,储油罐及输油管道的材质可采用不锈钢,埋地储油罐及输油管道外壁采用环氧煤沥青防腐漆加强级进行防腐。

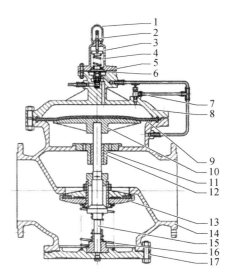

1—护罩;2—调节螺钉;3—弹簧罩;4—调节弹簧;5—副阀座;6—垫片;7—截止阀;8—阀盖;9—簧片;10—簧片盘;11—衬套;12—衬套座;13—主阀板;14—阀体;15—阀杆;16—主弹簧;17—下阀座

图 5.5 薄膜式减压阀结构简图

5.3.2 重力供油

重力供油的设备相对比较简单,供油压力相对稳定,但对地形的要求较高(根据目前的试验,供油压力一般要求不大于 0.3 MPa,这就需要油库的标高相对用油设备的标高只能高出 30~40 m 为宜),工艺原理见图 5.6。

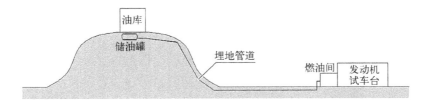

图 5.6 重力供油工艺原理流程框图

5.3.3 油泵供油

油泵供油一般采用变频电机拖动定量泵或普通电机拖动变量泵,设备相对复杂,供油压力不稳定(特别是短时间大流量供油状态),但对地势没有要求,工艺原理见图 5.7。

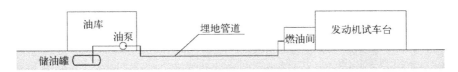

图 5.7 油泵供油工艺原理流程框图

5.4　油库的配置

油库是固定储供试验所需油品的场所,按油库储罐的计算总容量,油库等级划分为六级,见表5.2,航空发动机试验基地的油库一般为四级或五级油库,设计应符合油库等级的相应规范要求。

表 5.2　油库的等级划分

等　　级	油库储罐计算总容量 TV/m³
特级	1 200 000 ≤ TV < 3 600 000
一级	100 000 ≤ TV < 1 200 000
二级	30 000 ≤ TV < 100 000
三级	10 000 ≤ TV < 30 000
四级	1 000 ≤ TV < 10 000
五级	TV < 1 000

油库储存液化烃、易燃和可燃液体的火灾危险性分类见表5.3,航空汽油如 RH-75、RH-95/130、RH-100/130 的闪点低于28℃,均为甲类;航空煤油 RP-3 的闪点不低于38℃,为乙类;航空煤油 RP-5、RP-6 的闪点不低于60℃,为丙类。因此油库设计的防火等级应与储供油品的火灾危险性一致,油库内生产性建(构)筑物的最低耐火等级应符合表5.4的规定。

表 5.3　油库储存液化烃、易燃和可燃液体的火灾危险性分类

类　　别		特征或液体闪点 F_t/℃
甲	A	15℃时蒸汽压力大于 0.1 MPa 的烃类液体及其他类似的液体
	B	甲 A 类以外,$F_t < 28$
乙	A	$28 \leq F_t < 45$
	B	$45 \leq F_t < 60$
丙	A	$60 \leq F_t \leq 120$
	B	$F_t > 120$

表 5.4　油库内生产性建(构)筑物的最低耐火等级

序号	建(构)筑物	液体类别	耐火等级
1	易燃和可燃液体泵房、阀门室、灌油间(亭)、铁路液体装卸暖库、消防泵房	一	二级
2	桶装液体库房及敞棚	甲、乙	二级
		丙	三级
3	化验室、计量间、控制室、机柜间、锅炉房、变配电间、润滑油再生间、柴油发电机间、空气压缩机间、储罐支座(架)	一	二级
4	机修间、器材库、水泵房、铁路罐车装卸栈桥及罩棚、汽车罐车装卸站台及罩棚、液体码头栈桥、泵棚、阀门棚	一	三级

5.4.1　油库油品的种类

目前用于航空发动机试验的燃料种类较多,如航空汽油、航空煤油及液化天然气等,随着未来航空动力的发展,生物燃料等新型燃料逐步投入应用。因此,对于油库内储存的油品种类,一般以供应被试发动机常用的燃料为主,同时可与移动式供油相结合。可根据试验用油量的大小或使用油品的频繁程度,确定固定存储的一种或几种油品。同时设计方案需考虑分类油罐的大小、数量和供油路数设置等,一种油品采用一个独立储供回路,不能混用。

5.4.2　油库的总储油量

油库的总储油量包括两部分:正常油品的存储量和废油的存储量。正常油品的存储量根据在外部正常供货的周期内,所有试验器的最大需求量来确定,废油的存储量根据试验前对供油管道冲洗时的用量来确定。

5.4.3　供回油路数及单路供油量

在进行供油回路的设计时,最好每一个试验器在运行时,能单独使用一个回路,至于总供回油路数及单路供油量大小,可根据试验基地试验器的最大供油量、试验器的数量及试验器的试验频次进行综合考虑。

5.4.4　油库的配置方案

1. 油库的组成(图 5.8)

油库主要包括储罐区、装卸区、辅助作业区和行政管理区。

储罐区主要包括储罐组、事故漏油池、隔油池等。

装卸区主要包括卸油供油、油气回收处理装置等。

辅助作业区主要包括空压站、配电间、监控室、值班室等。

行政管理区主要包括办公用房、警卫及消防人员值班室等。

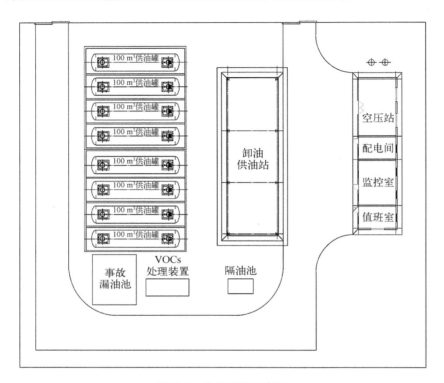

图 5.8　油库布局示意图

2. 主要设备

以气压供油方式为例,主要设备如下。

燃油储供系统(油库)主要包括燃油泵、储油罐、燃油系统、空气系统及电气测控系统。

燃油泵按功用可分为供油泵、输油泵;按作用原理可分为叶片泵(如离心泵、轴流泵等)、容积泵(如齿轮泵、柱塞泵等)、引射泵;按驱动装置可分为直流电动泵、交流电动泵、液压马达泵、液压涡轮泵、气动涡轮泵。交流电动机驱动的离心泵广泛用作供输油泵。

储油罐主要包括储油罐本体、液位计、阀门、进出油管线及进放气管线等。

燃油系统主要包括流量计、燃油过滤器、阀门及供回油管网等。

空气系统主要包括空压机组、储气罐、阀门及空气管网等。

电气测控系统主要由电气系统、测控系统及视频监控系统等组成。

3．工艺流程

1）卸油、出油与倒罐流程

卸油：航空煤油用汽车油槽车运至油库，用油库油泵或油罐车自带油泵，经过滤器、流量计后，抽入储油罐内储存。

出油：储油罐内的废油用压缩空气压出储油罐，流入汽车油槽车内，外运处理。

倒罐：各储油罐之间采用压缩空气进行倒罐作业。

燃油在装卸油时需要特别注意防静电、防火、防爆，此外，需注意燃油泄漏而造成环境污染（土壤污染、水污染和大气污染）。

2）供油与回油流程

供油：储油罐内的航空煤油由通入储油罐内的压缩空气压出，经过滤器、流量计后，通过厂区输油管道供至各用油厂房。各供油系统的供油罐互为备用。

回油：各生产厂房的回油通过管道接至厂区的回油干管，最终回至油库内的回油罐内。

4．主要的安全监控

1）油罐液位监测及高低液位报警

油罐设有液位计，信号传至控制室。油罐设有高低液位报警系统，油罐内液位到达距罐顶或罐底设置的报警位置时，发出声光报警信号，报警信号传至控制室。

2）供油压力、温度、流量监控及超压、超温、超流量报警

供油管线上设置有远传压力变送器、温度变送器、累计流量计、瞬时流量计等，并将测量信号传至控制室，以实时监控供油压力、温度、流量是否正常。

3）可燃气体浓度报警

卸油、供油操作间安装可燃气体浓度自动检测报警装置，并与风机连锁，报警信号传至控制室。

4）防雷及防静电

油罐及输油管道设有防雷及防静电装置；卸油、供油操作间门口设在消除人体静电的装置；卸油点处设在静电接地栓。

5）消防火灾报警

油库应设置感烟探头、火灾报警器及消防值班电话，以在油库出现火灾时能够及时通知消防部门扑救。

5.5　燃油加降温系统

目前在国外航空发动机试验中所采用的燃油加温方案有：① 电加热元件直接

加温燃油;② 水蒸气、热水或重油间接加温燃油;③ 燃气间接加温燃油。

目前在国外航空发动机试验中所采用的燃油降温方案有:① 氟利昂蒸汽压缩制冷;② 氨制冷;③ 液氮制冷。

燃油加降温系统根据供油量的大小和使用频率分为固定式和移动式。大流量供油燃油加降温系统由于占地较大,一般采用固定式;小流量供油燃油加降温系统由于占地较小,一般采用移动式。本节以某航空发动机的燃油加降温系统为例,说明燃油加降温系统的原理、方案和组成。

5.5.1　燃油加降温系统要求

1. 燃油加温要求

高温燃油供油流量范围: 0~24 t/h。

燃油流量可调,可调精度: 2%。

燃油压力: 0.1~0.3 MPa(绝对压力)。

燃油过滤精度: 不低于 7 级(GJB 420B—2006)。

燃油加温的油温范围: 常温~120℃,在该范围内燃油温度无级可调。

发动机进口燃油温度的测控精度: ±1.5℃。

2. 燃油降温要求

低温燃油供油流量范围: 0~24 t/h。

燃油流量可调,可调精度: 2%。

燃油压力: 0.1~0.3 MPa(绝对压力)。

燃油过滤精度: 不低于 7 级(GJB 420B—2006)。

燃油降温的油温范围: 常温~-40℃,在该范围内燃油温度无级可调。

发动机进口燃油温度的测控精度: ±1.5℃。

5.5.2　设备组成

燃油加降温系统主要由蒸汽锅炉、水蒸气-航空燃油换热器、氟利昂制冷机组、蒸发器、燃油泵、储油罐、燃油滤和管道阀门等组成。

5.5.3　工艺流程

1. 燃油加温系统

燃油加温系统采用水蒸气-航空燃油换热器,利用饱和蒸汽间接换热使燃油加温,升温到约 105℃后进入储油罐。当油罐内液位到达要求时,自动连锁切断进油阀门,然后起动油泵预热均温循环,使油罐内燃油和发动机进口处燃油加热到120℃,然后按规定的程序向发动机提供规定温度的起动、加速用燃油,见图 5.9。在加温过程中,可采用调节水蒸气流量/燃油流量、补充常温油、选用不同换热器的个数、冷热油掺混等方法,控制油温在常温～120℃。

2. 燃油降温系统

燃油降温系统采用制冷机组,利用氟利昂蒸汽压缩制冷,通过蒸发器间接换热使燃油降温,即通过油泵进行低温循环,使油罐内燃油和发动机进口处燃油逐步降到-40℃,然后按规定的程序向发动机提供规定温度的起动、加速用燃油,见图 5.9。在降温过程中,可采用调节制冷量/燃油流量、补充常温油、选用不同制冷机组的个数、冷热油掺混等方法,使油温在常温～-40℃无级可调。

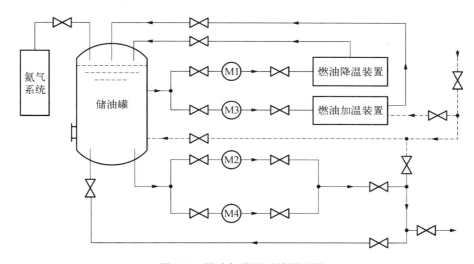

图 5.9　燃油加降温系统原理图

第 6 章
电力系统

6.1 概　　述

航空发动机试验基地建有航空发动机高空模拟试验、叶轮机试验、燃烧室试验、空气系统试验、叶型吹风试验、强度传动试验等的设备。试验器的动力驱动装置大都采用电动机,同时配合变频装置实现精确调速;与试验设备配套的供抽气压缩机组、循环水泵等也需要电动机拖动。

风扇试验器、压气机试验器、涡轮试验器等零部件试验器的功率较大,从几千千瓦到数万千瓦,且需要精确控制转速,通常采用高压大功率同步电动机驱动,采用高压大功率变频调速装置进行调速控制。与发动机试验配套的供气压缩机组和抽气压缩机组均采用电动机拖动,对于供气流量大、单台机组功率高的机组,通常采用高压大功率同步电动机驱动,配套变频调速装置;对于供气流量较小、单台机组功率较小的机组(功率一般不大于 7 000 kW),以及循环冷却水系统水泵机组(功率一般不大于 3 000 kW),通常采用高压大功率异步电动机驱动,配套可控硅软起动装置。

轮盘试验设备(轮盘强度试验器、高低周循环疲劳试验器)、机械传动试验设备(轴承试验器、滑油泵试验器)等的功率比较小,大都采用异步电动机,电压等级根据功率确定,采用配套变频调速装置进行调速控制;为了降低转子系统的设计难度,尽可能选用高速电动机;对于功率更小的试验器,也采用伺服电动机或电主轴,不仅可以简化转子系统的结构,更易于实现高精度转速调速控制。

另外,为模拟发动机试验件的真实工作环境和工况条件,需要对进口空气进行加温,由于电加温具有控制精度高、加降温速率快、不污染加热空气等优点,目前在发动机整机、燃烧室等试验中大都采用电加温炉对空气进行加温。

因此,为满足基地的试验运行需求,需要配套建设相应的电力驱动装置及变配电系统。本章主要介绍大功率电动机、大功率变频系统、软起动系统的配置选型和供配电系统的方案设计。

6.2　大功率电动机

电动机(图 6.1)是一种被广泛使用的动力机械,它是依据电磁感应原理将电能转换为机械能的旋转动力装置。电动机主要由定子和转子组成,静止的部分称为定子,转动的部分称为转子,电动机利用通电线圈(也就是定子绕组)产生旋转磁场并作用于转子形成磁电动力旋转扭矩。

电动机能够提供的功率范围很大,从毫瓦级到万千瓦级,其使用和配套的控制系统技术成熟,工作效率较高,已成为航空发动机试验动力设备主要的电力拖动装置。

图 6.1　电动机实物图片

6.2.1　大功率电动机的主要分类

电动机按照工作原理和结构特征的不同,可分为交流电动机和直流电动机两大类。另外,电动机还可按照其外壳防护型式、通风冷却方式、结构和安装型式、使用环境条件,以及性能、用途、励磁方式和工作制等特征进行详细分类。

虽然直流电动机具有起动和调速性能好、转矩较大、过载能力强、受电磁干扰影响小、节能环保等优点,但其结构复杂,需使用直流电,尤其是电刷和换向器的滑动接触造成了机械磨损和换向火花,换向火花又造成了电腐蚀和无线干扰,使得直流电动机的可靠性低、寿命短,制造与维护成本较高。随着技术发展,也出现了无刷直流电动机,但制造难度和价格相应更高。相比较于直流电动机,由于交流电动机结构简单、价格相对低廉、维护工作量小,目前基地普遍采用交流电动机。

交流电动机又可分为异步电动机(也称为交流感应电动机)和同步电动机,其特点如下。

1. 异步电动机

异步电动机是通过定子的旋转磁场在转子中产生感应电流,从而产生电磁转矩,转子中并不直接产生磁场,因此转子的转速一定小于同步转速。异步电动机按定子相数可分为单相异步电动机、双相异步电动机和三相异步电动机;依据转子结构可分为绕线式异步电动机和鼠笼式异步电动机。鼠笼式异步电动机转子由铜制或铝制金属条制成,并在工艺上解决了断排的问题,可靠性远远超过绕线式异步电动机,但鼠笼式异步电动机转子在旋转的定子磁场中切割磁感线获得的转矩较小,且起动电流较大,对起动力矩要求较大的负载难以胜任。绕线式异步电动机在起动时通过滑环给转子绕组通电,形成转子磁场,与旋转的定子磁场相对运动,因此获得的转矩更大,但相对鼠笼式异步电动机增加了滑环等,整体设备在价格上有一定提高。绕线式异步电动机和鼠笼式异步电动机结构示意见图 6.2。

(a) 绕线式异步电动机　　　　　　　(b) 鼠笼式异步电动机

图 6.2　绕线式异步电动机和鼠笼式异步电动机结构示意图

异步电动机具有结构简单,制造、使用和维护方便,运行可靠,质量较小,制造成本较低等优点,具有较高的运行效率和较好的工作特性,从空载到满载范围内接近恒速运行,能满足大多数工业生产机械的传动需求。但由于其气隙比同步电动机小,大容量电动机的制造相对比较困难。此外,由于异步电动机通过给定子绕组通电建立旋转磁场,而绕组属于电感性元件、不做功,要从电网中吸收无功功率,对电网冲击很大,电网电压下降。因此供电局对异步电动机的使用会有所限制,部分用电大户可选择建立独立的电网,以减免对异步电动机的使用限制。所以异步电动机如果要满足大功率负载使用要求,需配备无功功率补偿装置,而同步电动机则可通过励磁装置向电网提供无功功率,功率越大,同步电动机的优势就越明显,由此同步电动机的应用也越来越广。

2. 同步电动机

同步电动机也是一种交流旋转电动机,工作时对定子绕组通入三相交流电流,在气隙中产生旋转磁场;对转子励磁绕组通入直流电流,产生极性恒定的静止磁场。转子磁场因受定子磁场磁拉力的作用而随定子磁场同步旋转,因此转子转速恒等于旋转磁场的转速。稳态运行时,若电网频率不变,则同步电动机的转速恒为常数而与负载大小无关。根据励磁方式不同,同步电动机可分为电励磁同步电动机和永磁同步电动机,永磁同步电动机的转子中有永磁铁。典型同步电动机的驱动原理见图 6.3。

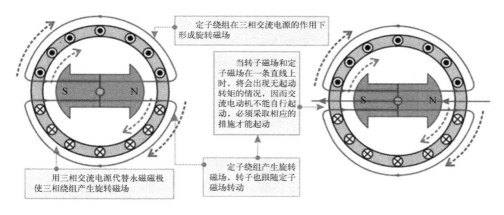

图 6.3　典型同步电动机的驱动原理示意图

同步电动机的主要优点有如下几点。

(1)通过调节励磁电流功率因数可以超前。在超前的功率因数下运行,有利于改善电网的功率因数。

(2)运行稳定性高,在电网电压突然下降到额定值的 80% 或 85% 时,励磁系统一般能自动调节实行强行励磁,保证电动机的运行稳定性。

(3)在功率因数超前运行下,其过载能力比相应的异步电动机要大。

(4)转速不随负载的大小而改变。

(5)气隙比异步电动机大,大容量电动机制造相对容易。

同步电动机的主要缺点是需要附加励磁装置。有刷励磁同步电动机的转子直流励磁电流需由励磁装置通过集电环和电刷送到绕组中,由于电刷和集电环的存在,增加了维护检修工作量,并限制了电动机在恶劣环境下的使用。

此外,随着控制技术与电动机技术的融合发展,出现了一种特殊的交流伺服电动机——电主轴。电主轴最初出现在数控机床领域,是一种将机床主轴与主轴电动机融为一体的新技术,其将主轴电动机的定子、转子直接装入主轴组件的内部,具有交流伺服电动机的所有特点,结构紧凑、重量轻、惯性小、噪声低、响应快;变频调速控制精确,回转精度高、稳定性好;而且转速高,可简化系统设计。缺点是功率较小,一般不超过 30 kW,过负荷能力低,过载容易损坏。所以,在航空发动机试验器中,电主轴主要用于发动机轴承试验器、滑油泵试验器等小型试验设备的拖动,可以简化试验设备的动力传动系统,优化动力学特性。

6.2.2　大功率电动机的结构形式

电动机的结构形式即有关固定用构件、轴承装置和轴伸等的电动机构成情况,而电动机的结构形式主要由安装型式和防护型式两部分组成。

1. 安装型式

电动机的安装型式指用轴线方向和固定用构件的状况来全面表达电动机的安装情况。用户在选择电动机时,应根据安装具体环境场合和负载机械的要求,决定选用哪种安装型式。例如,压缩机组选用的电动机安装型式代码为 IM1001,其含义为卧式、底脚在下、采用端盖式轴承、有一个圆柱形轴伸。

2. 防护型式

为了防止电动机被周围不良介质损坏或由其本身的故障引发灾害,必须根据不同的环境去选择电动机适当的防护型式。一般电动机常见的防护型式分为开启式、防护式、封闭式和防爆式等多种形式。电动机外壳防护等级采用国际通用的标志系统表示,由字母 IP 及两位数字组成。第一位数字代表防护(防触及和固体进入)等级,第二位数字代表第二种防护(防水)等级。航空发动机试验器一般为室内安装,电动机选用防护等级 IP44(能防护大于 1 mm 的固体和防溅水)可满足要求。

6.2.3　大功率电动机的起动方式

电动机的起动方式包括全压直接起动、自耦减压起动、Y-△起动、软起动器起动、变频器起动等。各起动方式的特点如下。

1. 全压直接起动

在电网容量和负载两方面都允许全压直接起动的情况下,可以考虑采用全压直接起动。优点是操纵控制方便,维护简单,而且比较经济。主要用于小功率电动机的起动,从节约电能的角度考虑,大于 11 kW 的电动机不宜用此方法起动。

2. 自耦减压起动

利用自耦变压器的多抽头减压,既能适应不同负载起动的需要,又能得到更大的起动转矩,是一种经常被用来起动较大容量电动机的减压起动方式。它的最大优点是起动转矩较大,当其绕组抽头在 80% 处时,起动转矩可达全压直接起动时的64%,并且可以通过抽头调节起动转矩,适用于容量较大的电动机或不能使用 Y-△起动的鼠笼式三相异步电动机,但其存在着体积大、成本高的缺点。

3. Y-△起动

对于正常运行的定子绕组为三角形接法的鼠笼式异步电动机来说,如果在起动时将定子绕组接成星形,待起动完毕后再接成三角形,就可以降低起动电流,减轻它对电网的冲击。这样的起动方式称为星三角减压起动,或简称为星三角起动(Y-△起动)。采用星三角起动时,起动电流只是原来按三角形接法直接起动时的1/3。如果直接起动时的起动电流以 6~7 倍额定电流计,则在星三角起动时,起动电流才为 2~2.3 倍额定电流。这就是说采用星三角起动时,起动转矩也降为原来按三角形接法直接起动时的1/3,适用于无载或者轻载起动的场合。另外,同任何别的减压起动器相比较,其结构最简单,价格也最便宜。除此之外,星三角起动方式还有一个优点,即当负载较轻时,可以让电动机在星形接法下运行。此时,额定转矩与负载可以匹配,这样能使电动机的效率有所提高,并节约电力消耗。

4. 软起动器起动

软起动器利用了可控硅的移相调压原理来实现电动机的调压起动,主要用于电动机的起动控制,起动效果好但成本较高。因使用了可控硅元件,可控硅工作时的谐波干扰较大,对电网有一定的影响。另外,电网的波动也会影响可控硅元件的导通,特别是同一电网中有多台可控硅设备时。因此可控硅元件的故障率较高,因为涉及电力电子技术,所以对维护技术人员的要求也较高。

5. 变频器起动

变频器是现代电动机控制领域技术含量最高、控制功能最全、控制效果最好的电动机控制装置,它通过改变电网的频率来调节电动机的转速和转矩。因为涉及电力电子技术、PLC 控制系统,所以成本高,对维护技术人员的要求也高,因此主要用在需要调速并且对速度控制要求高的领域。

6.2.4　大功率电动机的选型

1. 电动机类型的选择

在明确所驱动的负载类型后,结合电动机的主要分类和各自特点选择电动机,选择电动机的原则是在电动机性能满足生产机械要求的前提下,优先选用结构简单、价格便宜、工作可靠、维护方便的电动机。在这方面交流电动机优于直流电动机,异步电动机优于同步电动机,鼠笼式异步电动机优于绕线式异步电动机。

通常负载平稳,对起动、制动无特殊要求的连续运行的生产机械,宜优先选用鼠笼式异步电动机,如各工艺设备中的小容量水泵、风机等,冷却水系统的水泵机组、小型供气和小型抽气的空气压缩机组等基本选用此类型电动机;起动、制动比较频繁,要求有较大的起动、制动转矩的生产机械,如桥式起重机、提升机、空气压缩机等,应采用绕线式异步电动机;在无调速要求,需要转速恒定或要求改善功率因数的场合,应采用同步电动机,如中、大容量的水泵,空气压缩机,提升机等,大型供气和抽气系统的空气压缩机组的额定功率都在 10 000 kW 以上,选用同步电动机较为适宜;调速范围要求在 1∶3 以上,且需连续稳定平滑调速的生产机械,宜采用他励直流电动机或变频调速的鼠笼式异步电动机或同步电动机,如大型精密机床、龙门刨床、轧钢机、提升机等;要求起动转矩大,机械特性软的生产机械,使用串励或复励直流电动机,如电车、电机车、重型起重机等。

2. 电动机主要参数的选择

1)额定功率

电动机的额定功率是指输出功率,即轴功率,也称容量大小,是电动机的标志性参数,它是量化电动机拖动负载能力的较重要的指标。要正确选择电动机容量的原则是,首先应根据试验器和设备的负载转矩、转速变化范围和起动频繁程度等要求,同时考虑电动机的温升限制、冷却通风方式、过载能力、起动转矩和堵转转矩等情况,对其进行全面的综合平衡后来确定电动机的功率。若功率选得过大,设备投资增大,造成浪费,且电动机经常欠载运行,效率及交流电动机的功率因数较低;反之,若功率选得过小,电动机将过载运行,造成电动机过早损坏。

风机和泵类负载的转矩与速度的二次方成正比,而功率与速度的三次方成正比。此时,最大的输出功率必然出现在最大速度点,因此,根据风机和水泵的参数确定电动机的额定功率,同时还必须考虑其他一些因素,或者适当增加电动机的额定功率,使其具有足够的输出功率裕量,以保证应用的可靠性,但输出功率裕量又不能太大,以免造成投资浪费。

决定电动机额定功率的因素有三个:① 电动机的发热与温升,这是决定电动机额定功率的较主要因素;② 允许短时过载的能力;③ 对鼠笼式异步电动机还要考虑起动能力。

首先根据具体生产机械的发热、温升及负载要求,计算并选择负载功率,电动机再根据负载功率、工作制、过载要求预选额定功率。电动机的额定功率预选好后,还要进行发热、过载能力及必要时的起动能力校验。若其中有一项不合格,须重新选择电动机,再进行校核,直到各项都合格。因此工作制也是必须要提供的要求之一,若无要求则默认按较常规的工作制处理;对于有过载要求的电动机,也需要提供过载倍数及相应运行时间;采用鼠笼式异步电动机驱动风机等大转动惯量负载时,还需要提供负载的转动惯量及起动阻力矩曲线图来校核起动能力。

以上关于额定功率的选择是在标准环境温度(40℃)前提下进行的。若电动机工作的环境温度发生变化,则必须对电动机的额定功率进行修正。此外,高海拔对电动机的额定功率也会有影响,海拔越高,电动机温升越大,输出功率越小;并且高海拔下使用的电动机还需考虑电晕现象的影响。

2)额定电压

电动机的额定电压是指在额定工作方式下的线电压。电动机额定电压的选择取决于基地的供电电压和电动机容量的大小。基地的供电电压主要分为高压10 kV、低压380 V两种,低压电动机功率增大到一定程度(如300 kW/380 V)时,电流受到导线承受能力的限制就难以做大,或成本过高,需要通过提高电压实现大功率输出。高压电动机的优点是功率大,承受冲击的能力强;缺点是惯性大,起动和制动都困难。

直流电动机的额定电压也要与电源电压相配合,一般为 110 V、220 V 和 440 V。其中 220 V 为常用电压等级,大功率电动机可提高到 600~1 000 V。当交流电源为 380 V,用三相桥式可控硅整流电路供电时,直流电动机的额定电压应选 440 V,当用三相半波可控硅整流电路供电时,直流电动机的额定电压应选为 220 V。

3)额定转速

电动机的额定转速是指在额定工作方式下的转速。电动机和由它拖动的工作机械都有各自的额定转速。在选择电动机的额定转速时,应注意不宜选得过低,因为电动机额定转速越低,其级数越多,体积就越大,价格也就越高;同时,电动机的额定转速也不宜选得过高,因为这样会使传动机构过于复杂,而且难以维护。此外,功率一定时,电动机转矩与转速成反比。

所以起动、制动要求不高者可从设备初始投资、占地面积和维护费用等方面,对几个不同的额定转速进行全面比较后确定额定转速;而经常起动、制动及反转,但过渡过程持续时间对生产率影响不大者,除考虑初始投资外,主要以过渡过程损耗较小为条件来选择转速比及电动机额定转速。如提升机电动机,需要频繁正反转且转矩很大,转速就很低,电动机体积庞大,价格昂贵。

当电动机转速较高时,还需考虑电动机的临界转速。电动机转子在运转中都会发生振动,开始转子的振幅随转速的增大而增大,到某一转速时振幅达到较大值(也就是平常所说的共振),超过这一转速后振幅随转速增大逐渐减少,且稳定于某一范围内,这一使转子振幅较大的转速称为转子的临界转速。这个转速等于转子的固有频率。当转速继续增大时,接近 2 倍固有频率时振幅又会增大,当转速等于 2 倍固有频率时称为二阶临界转速,依次类推有三阶、四阶等临界转速。转子如果在临界转速下运行,会出现剧烈的振动,而且轴的弯曲度明显增大,长时间运行还会造成轴的严重弯曲变形,甚至折断。电动机的一阶临界转速一般在 1 500 r/min 以上,故而常规低速电动机一般不考虑临界转速的影响。反之,2 级高速电动机的额定转速接近 3 000 r/min,则需考虑该影响,需避免让电动机长期使用在临界转速范围。

3. 电动机起动方式的选择

同步电动机的起动和异步电动机的起动一样,有异步起动(分为全压直接起动、电抗器降压起动等)、变频起动等方式,必须从电网容量、电动机的特性以及负载机械的特性三方面来选择合适的起动方式。

采用异步起动方式的同步电动机,在转子磁极表面上装有类似异步电动机笼型转子的短路绕组,称为起动绕组,也称为阻尼绕组。由于阻尼绕组的作用,同步电动机的起动过程与异步电动机类似,起动时,励磁绕组先不加励磁电压,将定子绕组投入电网,在起动绕组中便产生异步转矩,使转子转动。当转子转速上升到接近同步转速时,一般为同步转速的95%左右,再将直流电流馈送至励磁绕组,从而产生同步转矩,将转子拉入同步转速旋转,即牵入同步的过程。全压直接起动由于起动电流为额定电流的5~7倍,虽然起动转矩大,附属设备少,操作简单,维护方便,但它要求电网容量较大,对电动机的伤害较大,强大的起动电流对电动机势必引起两大弊端:第一是高温,高温会引起电动机绝缘加速老化,造成使用寿命大大缩短,同时易导致阻尼绕组开焊等故障;第二是强大的电动力,易使电动机定子线圈的端部拉伤烧损。而采用电抗器降压起动的方式,起动电流可以降到全压直接起动电流的85%,但起动转矩只有全压直接起动时的56.3%,对起动弊端的改善极为有限。

对于气源系统的超大功率同步电动机,以上2种起动方式起动时所产生强大的机械冲击力使增速器和压缩机转子的磨损加大,寿命缩短,维修量增大,不适宜采用。

变频起动对大功率交流电动机是较为适合的起动方式。大功率交流电动机的变频起动需要配置专用的电力电子高压变频器或变频机组,变频机组系统复杂,占地面积大,投资成本高,在高压大功率半导体器件不成熟时应用较少。随着电力电子技术的发展及高压大功率半导体器件和变频控制技术的日趋成熟,基于电力电子技术的高压变频器已完全占领了市场。航空发动机高空模拟试验台配套气源机组采用了同步电动机拖动、电力电子高压变频器起动的方式。当一个厂房有多台功率相同或相近的同步电动机时,为降低建设成本,可以采用一台变频器依次分时起动的方式完成起动,即"一拖多"模式。

采用变频起动方式可实现电动机的"软"起动,电动机从零转速开始起动,起动电流限制在电动机额定电流以下,机组主轴以变频器设定的加速度平稳升速,直至额定转速,起动过程中工作扭矩始终被限制在额定工作扭矩之下,消除了起动过程对机组的冲击,保证了电网稳定,提高了电动机和压缩机组的使用寿命。

6.3　大功率变频系统

试验基地的工艺设备大部分均由三相电动机驱动,根据工艺设备的运行需要,可为定速运行或转速可控的电动机转速调节运行两种方式。三相异步电动机在全压直接起动的过程中,其固有的短时的冲击过电流对供电电网影响极大,尤其是大功率电动机,严重时可能影响同网设备与供电电网的运行安全。另外,由于三相同步电动机存在高频脉动转矩甚至无法实现全压直接起动,因此针对大功率电动机,基本上不采用全压直接起动方式,通常需引入相应的电力驱动设备,通过对工频供电电源的参数控制间接地控制转速,以降低起动过程中对电网及工艺设备的影响。

变频器是一种可以利用半导体器件的通断作用,将工频交流电转换成频率、电压连续可调的交流电的电能控制设备。其功能为实现交流驱动设备的调速,目的是生成频率可控的三相交流电。由于交流驱动设备的转速与频率成正比,因此频率的可控直接导致转速的可控。随着电力电子技术、计算机技术和自动控制技术的发展,以变频调速为代表的近代交流变频调速技术有了飞速的发展。交流变频调速传动克服了直流电动机的缺点,发挥了交流电动机本身固有的优点(结构简单、坚固耐用、经济可靠、动态响应好等),并且很好地解决了交流电动机调速性能先天不足的问题,逐渐成为交流传动工程领域的核心设备,代表了电气传动发展的主流方向。变频系统由于采用了大量的可高频切断的电力电子开关和复杂的控制算法,其发展方向与电力电子开关的发展息息相关,趋势是更高的频率、更大的载流量、更高的耐压等级及更智能化的算法,目前变频系统在国民经济的各个领域得到广泛应用,见图 6.4。

图 6.4　大功率变频系统

6.3.1　变频装置的基本原理及分类

变频器的种类很多,分类方法也很多,按变换环节可分为交-交变频器和交-直-交变频器。交-交变频器属早期的技术方案,即将工频交流电直接变换成频率、电压可调的交流电,无中间直流环节,又称直接式变频器,其优点是效率高,能量可以方便地返回电网,但其最大的缺点是输出的最高频率必须小于输入电源频率的 1/3 或 1/2,否则输出波形太差,电动机产生抖动,不能工作。故交-交变频器至今局限于低转速调速场合,大大限制了它的使用范围。交-直-交变频器则是先把工频交流电通过整流器变成直流电,然后再把直流电变换成频率、电压可调的交流电,又称间接式变频器,是目前广泛应用的变频器常用架构。交-直-交变频器通常由整流单元、储能单元、逆变器和控制器组成,其工作原理框图见图 6.5,工作过程如下。

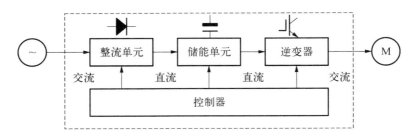

图 6.5　交-直-交变频器工作原理框图

整流单元：将工作频率固定的交流电转换为直流电。

储能单元：用来存储转换后的电能。

逆变器：由大功率开关晶体管阵列组成电子开关，将直流电转化成不同频率、宽度、幅度的方波。

控制器：按设定的程序工作，控制输出方波的幅度与脉宽，使其叠加为近似正弦波的交流电，驱动交流电动机。

交-直-交变频器按中间直流环节的性质又可分为电流源型变频器和电压源型变频器，此外，还可以按输出电压调节方式、控制方式、主开关元器件、用途、输入电压高低进行更进一步的详细分类。电流源型变频器的特点是中间直流环节采用大电感作为储能单元，用来缓冲无功功率，扼制电流的变化，使电压接近正弦波，由于该直流内阻较大，故称电流源型变频器，其优点是能扼制负载电流频繁而急剧的变化，常用于负载电流变化较大的场合。电压源型变频器的特点是中间直流环节的储能元件采用大电容，负载的无功功率由它来缓冲，直流电压比较平稳，直流电源内阻较小，相当于电压源，故称电压源型变频器，常用于负载电压变化较大的场合。由于控制方法和硬件设计等各种因素，电压源型变频器应用比较广泛。

6.3.2　功能需求及选型

1. 功能需求

航空发动机试验设备，如部分零部件试验器和供抽气源压缩机组的驱动电动机，采用 10 kV 大功率同步电动机拖动，额定功率为 6~50 MW，均为间歇性运行，即单次试验投入运行，结束后须进行停机操作，再次试验投入前需再次起动。其中零部件试验器的驱动电动机需进行变频调速控制，气源压缩机组的驱动电动机仅需完成变频起动，升速至电网工频后并入电网即可退出，整个过程中变频系统可指挥、协调供配电系统、电动机、励磁系统等相关系统，并具备完善的起动过程电气保护、工艺应急连锁等功能。

2. 变频装置功率单元架构选型

目前，大功率变频系统的功率单元架构主要有 2 种：基于 LCI(负载换相式电流源型变频器)的电流源型与基于串联 H 桥多电平逆变器的电压源型变频器(又称 SFC)。其主要的差别与优缺点分析如下。

1)差别

LCI 采用了升、降压变压器作为功率部分的输入与输出环节,中间串联电抗器,并采用普通的 SCR(可控硅)实现前端的整流及后端的逆变。通常为分体式布置。

SFC 采用了移相变压器作为功率单元组合的输入环节,中间串联多功率单元组件,功率单元通常采用绝缘栅双极型晶体管(insulated gate bipolar transistor, IGBT)等高频元件组合,输出直接驱动电动机。通常为整体式布置。

2)优缺点分析

(1)LCI 的功率部分体积小,占地面积少,整体可靠性较高,但由于必须配置升、降压变压器,因此总体上体积与 SFC 大致相当。SFC 通常为整体式装配,占地面积大,但集成度高。

(2)LCI 只适用于同步电动机,且对驱动电动机、线路长度等均有较高要求。SFC 的适应性广,工业现场的大部分常规电动机均可采用。

(3)从电气性能看,由于 LCI 变频调速的主功率器件——可控硅为半控器件,不能换相自关断,需依靠电动机反电势换相关断,尤其低速运行时或起动过程中的低加速段,其变频器的输出电流不连续(图 6.6),导致低速段的电动机转矩脉动较严重,同时其输出电流为方波电流,含有大量的谐波,会引起电动机谐振并对电网产生较大的污染,需外配额外设备进行治理。

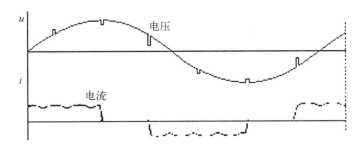

图 6.6　LCI 的输出电压和电流波形

SFC 变频调速采用移相变压器和变频器整流构成多脉波整流,使得变频器输入侧的谐波大大减少,同时电压源型多脉波整流技术使得变频器即使在低速运行时功率因数也大于 0.9,因此无须配置滤波单元和无功补偿装置。此外,功率单元采用多电平串联移相叠加技术,逆变侧通过对 IGBT 逆变桥进行脉宽调制(pulse width modulation, PWM)控制,用阶梯波拟合正弦波,得到全频率范围接近正弦波的电流和电压输出,当叠加的功率单元层级越多时,输出电流和电压越接近光滑的正弦波形(图 6.7),不过当叠加的功率单元层级超过 5 级时,输出电流和电压的谐波分量即可满足国家标准和国际标准规定的谐波分量不大于 5% 的供电品质要求,具体由功率器件的耐压等级确定,所以,功率单元采用多电平串联移相叠加技术,即使低速时也可保证输出电流连续、转矩脉动小,并可通过设置频率段自动跳过电动机谐振点,因此对电动机选型和电缆长度也无特殊要求。

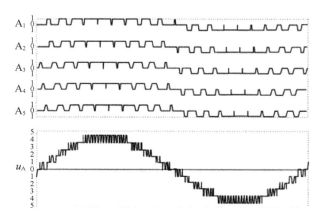

图 6.7　SFC 的输出电压波形及频谱(五单元串联)

3. 变频装置运行模式的确定

对于试验器的驱动电动机,需全过程进行变频调速控制,因此宜采用一对一的变频装置。而气源压缩机组基本为额定工况运行,依靠气路进出口阀门进行流量、压力的调节以实现工况变化,因此其驱动电动机仅需完成变频起动,升速至电网工频后并入电网即可退出,为降低建设成本,可以采用一台变频器依次分时起动多台压缩机组电动机的方式,即"一拖多"模式。

4. 变频装置容量的确定

变频装置的容量选择应遵从"额定容量所适用的电动机功率不小于实际使用的电动机额定功率,变频器的额定输出电流不小于电动机的额定电流,变频器的额定输出电压不小于电动机的额定电压"的原则。当运行方式不同时,如轻载、连续运转、频繁加减速运转、大惯性负载起动等方式下,变频器容量的计算方式和选择方法也不同。

以完成起动功能的供抽气源压缩机组为例,变频器容量只需保证起动带载所需的最大容量并留有一定的安全余量,其阻力矩特性见图 6.8。起动过程需要的最大功率为起动到额定转速 $n = 3\,600$ r/min(此时驱动电机对应转速为 1 500 r/min)时所对应的功率,此时的阻力矩为 19 100 N·m;因此克服最大的阻力矩对应的起动功率为

$$P_{阻力} = T \times \omega = T \times (2\pi n/60)$$
$$= 19\,100 \times (2 \times 3.14 \times 3\,600/60)$$
$$= 7\,197(\text{kW})$$

起动压缩机时除需要克服压缩机起动曲线给出的阻力矩外,还需要额外的功率提供加速力矩来实现压缩机从 0 至额定转速的加速,同时需要考虑电动机效率、变频器效率等因素的影响。依据经验,起动设备所需的容量约为 $1.3 \times 7\,197 = 9\,356(\text{kV} \cdot \text{A})$,故起动设备的功率系统容量选定为 $9\,356\,\text{kV} \cdot \text{A} \approx 9\,400\,\text{kV} \cdot \text{A}$,考虑前端变压器的效率通常为 0.95 左右,因此,变频器容量确定为 $9\,356 \div 0.95 = 9\,848 \approx 10\,000(\text{kV} \cdot \text{A})$。

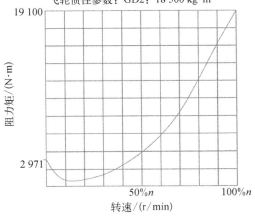

AV100-22轴流压缩机起动阻力矩曲线
进口状态:压力30 kPa,温度5℃
起动角度:22°
额定转速:3 600 r/min
起动力矩:19100 N·m
静阻力矩:2 971 N·m
飞轮惯性参数:GD2:18 500 kg·m²

图 6.8　阻力矩特性

6.3.3　系统构成及特点

1. 设备硬件的基本特点

基于串联 H 桥多电平的电压源型变频器方案可适用于常规电机和电缆,电缆长度在 1 000 m 以内时无需特殊处理。输出单相采用多组功率单元串联而成,其功率单元结构见图 6.9。

第一级内每个功率单元的一个输出端连接在一起形成星形连接点,另一个输出端则与下一级功率单元的输出端相连,按此方式,将同一相的所有功率单元串联在一起,便形成了一个星形连接的三相高压电源。变压器的副边输出电压即功率单元的输入电压,为 900 V,每个功率单元的最高输出电压也为 900 V,同一相的 7 个单元串联后,相电压为 900 V×7 = 6 300 V,由于三相连接成星形,那么线电压等于 1.732×6 300 V ≈ 10 911 V,达到电网的电压水平。输入电流的总谐波失真率(total harmonic distortion,THD)远小于国家标准5%的要求,并且能保持接近 1 的输入功率因数,极大地改善了网侧电源的质量。

单个功率单元的内部架构见图 6.10。

功率单元接受来自变压器各副边的三相移相电源,通过三相不可控整流将交流电变为直流电输出,然后由单相逆变桥(功率元件 IGBT)逆变输出交流电,通过对 4 个 IGBT 有规律的控制,达到改变输出频率与电压的目的。

在控制层面上,随系统集成配置 1 套基于矢量调速控制技术的控制器。其主要由中央处理器(central processing unit,CPU)主控板、PWM 板、模拟板、数字板、通

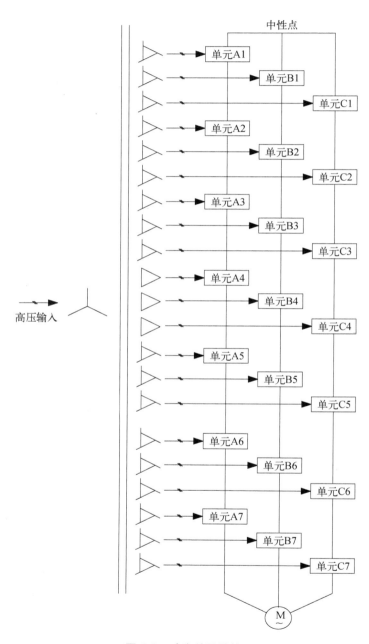

图 6.9　功率单元结构

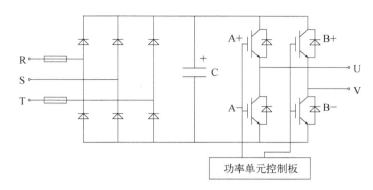

图 6.10　单个功率单元的内部架构

信板和显示板组成。实现对所有功率单元的触发逻辑控制,同时,完成系统保护功能,如 IGBT 过流保护、过压保护、欠压保护、超温保护、通信故障保护。

2. **系统软件算法**

系统软件的转速控制算法有 2 种,分别为 V/F(幅/频变换)控制算法和矢量控制算法。V/F 控制一般用于小容量及通用负载场合,矢量控制常用于通用负载场合。

1) V/F 控制

V/F(幅/频变换)控制属于开环控制,根据负载情况设定一条 V/F 曲线,变频器工作时依据输出频率的变化,按照 V/F 曲线特性调节其输出电压,从而改变电动机转速。即变频器按照设定好的 V/F 曲线,输出与频率成比例的电压,而不随负载的变化而变化。其控制方式简单,但低频特性差,一般用于小容量及通用负载场合,或用于大容量设备的单元输出测试。

2) 矢量控制

矢量控制是把输出电流分解为励磁电流和转矩电流分量分别进行控制,通过调节输出电压来保证输出电流的平衡,输出转矩可控。系统以转矩做内环、以转速做外环进行双闭环控制。同步电动机矢量控制原理见图 6.11。其特点是低频转矩特性好,可用于重负荷及低频时需要保证输出力矩的场合;动态响应特性好,能够快速响应负载变化和外部控制命令;稳定性高,可实现高精度控制。

3. **其他附属系统设备**

1) 励磁系统

励磁系统为同步电动机运行所必须配置的系统,其主要功能是为同步电动机的运行提供激磁能量。

2) 并网装置

并网装置只能用于起动场合。针对起动场合的应用,在起动完毕后须将变频

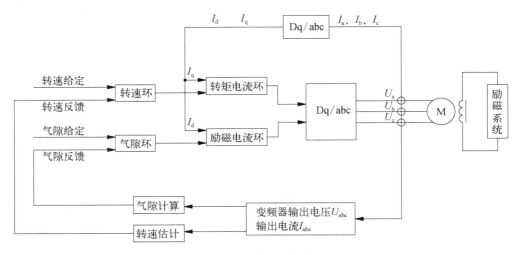

图 6.11　同步电动机矢量控制原理图

起动设备切除,并将负载转移至工频运行电网,实现该功能的装置称为并网装置,主要的输入→输出框图见图 6.12。

图 6.12　输入→输出框图

　　并网装置的主要功能为:输入工频与变频的二次电压采样信号,装置内部对两个电压的幅值、频率、相角三要素进行比较,符合既定的并网条件时,输出合闸控制信号,并操控相应的中压开关,实现并网。

　　3) 10 kV 配电系统

　　无论调速还是起动应用场合,一次 10 kV 电源的流通方向的变换与对设备的保护均通过中压开关予以执行,对于多电动机起动且需并网的场合,相应的配电系统图尤为复杂,依据起动电动机数量,外部配置了相应的 10 kV 配电系统,其主接线简图如图 6.13 所示。

　　4) 总控 PLC 系统

　　变频主体、励磁装置、配电开关、并网装置均具有各自独立的特定功能,在运行时均作为执行器存在,而面向多电动机整个起动过程中的各子系统间的时序控制和管理调度及面向操作人员的显示与控制界面,由总控 PLC 系统来实现。

　　总控 PLC 系统由系统硬件(含本机底层程序)+监控网络+后台监控计算机

（配相应的人机接口（human machine interface,HMI）软件工程）构成,其组成部分包括 CPU 模块与各类 I/O 模块,其中 I/O 模块具备与变频主体、励磁装置、配电开关、并网装置等的硬连线接口,并与各子系统完成信息交互,CPU 内存储有时序逻辑程序,实现对各子系统的管理与控制;监控网络采用了基于以太网的形式,通过 PLC 硬件通信接口将 PLC 与后台监控计算机联网;后台监控计算机利用开发软件构建面向整个起动过程的操作与监视工程,并通过网络与 PLC 进行交互。

6.4　大功率软起动系统

　　三相交流感应电动机在各种传动领域中广泛应用。由于其起动特性,在许多情况下这些电动机不能直接连接到供电系统中。直接起动时电动机会产生很大的起动电流,能够达到 6 倍额定电流（甚至更高）。起动电流将会对电网和齿轮系统造成冲击。同时,直起时将会造成一个非常大的尖峰扭矩,对电动机及机械系统（包括辅助功率传输部件）造成应力冲击。为此,需要降低起动电流,减小起动危害。

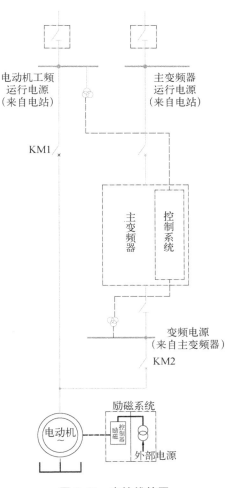

图 6.13　主接线简图

　　1. 降压起动

　　降压起动是利用起动设备将电源电压适当降低后加到电动机的定子绕组上进行起动,电动机起动完成后,再使其电压恢复到额定值正常运行。由于电动机转矩与电压的平方成正比,降压起动使电动机的起动转矩大为降低,因此,需要在空载或轻载下起动。同时,电动机电压降至正常值的 65% 甚至更低时,相应起动时间过长,在通过开关短接或切除起动设备后再加入全压时,电压的突变会产生电流的跃变,即大电流二次冲击,这是降压起动的缺点。

　　2. 软起动

　　软起动的实质也是降压起动（变频例外）,与上述降压起动不同,软起动把不可变的阻抗改为可控的。简单来说通过平滑改变串接阻抗(电阻)值,软起动器能够在设定的时间段内无级调压,连续提高传动系统的转速,使电动机端电压平滑改变,实现电动机平滑起动,进一步减小起动电流对设备的冲击,基本消除电流的跃变,使电动机起动特性软化。

软起动主要包括高压电阻类软起动(包括固体电阻、液态软起动装置)、高压电抗器类软起动和固态软起动。

6.4.1 各种软起动装置的分类

1. 高压电阻类软起动

最早的降压起动采用固体电阻,由于固体电阻不可避免的缺陷(热容特性低等),高压动力设备的降压起动采用较少;随后具有频敏特性的固态电阻在低压、高压动力设备上得到了应用;20 世纪 80 年代液态电阻、热变电阻软起动开始投入应用。

液态软起动装置通过电流闭环自动控制单元控制传动机构,电动机拖曳极板改变极间电阻值实现软起动;热变电阻起动装置利用具有负温度特性的电解液体,在温度变化下改变其电阻值实现软起动。液态软起动装置有良好的控制功能,但传动机构复杂,故障点多,液阻需定期检验,一次、二次电源交错,绝缘性能要求较高。

热变电阻与液态电阻相比,结构简单,起动特性较好,维护量小,长期安全可靠,适用电动机容量大。

2. 高压电抗器类软起动

在较早的高压降压起动中,采用电抗器降压起动居多,传统的电抗器存在阻抗不可调、起动特性不好、功率因数低等缺点,目前已很少使用。

磁控软起动是在电抗器中加入控制绕组,利用电磁控制技术,自动调整控制绕组中电流的大小,控制磁导率的大小,改变励磁,从而实现电动机软起动。起动过程中,电抗器两端的电压(电流)根据起动电流自动调整,由大变小无级变化,使电动机端的电压平滑上升至额定值。

3. 固态软起动

固态软起动原理其实早就发展成熟了,但受制于电力电子技术和功率电子器件制造技术的发展瓶颈。同时,中压软起动的技术含量高,设备复杂,技术难度较大,使用维护及故障处理等对技术人员的技术素质要求高,发生故障时解决问题的技术难度较高,事故处理周期较长,其应用受到制约。近二十年随着电力电子技术的发展、大功率半导体器件的成熟以及控制设备可靠性的提高,固态软起动才逐渐得到了应用,目前,已成为应用的主角,见图 6.14。

另外,固态软起动会产生高频谐波,污染电网,影响系统内其他设备的正常工作,需要额外增加谐波治理装置。

6.4.2　固态软起动装置的工作原理

固态软起动具有不可比拟的优势,起动特性好,可连续起动多次,起动电流可控制在额定电流以下,起动时电网的功率因数高(0.9~0.95),电网压降小。基于微处理器的中压软起动可以提供最佳的方式来降低起动电流和起动转矩,可用于水泵起动控制和压缩机起动控制,以确保平滑加速及减速。

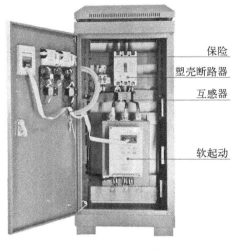

保险
塑壳断路器
互感器

软起动

图 6.14　软起动装置

1. 固态软起动系统特点

(1)给电动机提供一个缓慢增加的电压和平滑的加速度。

(2)减小起动电流,消除供电系统的电压跌落。

(3)延长机械部件的使用寿命,如消除对齿轮箱的冲击,减少维护工作及停机时间。

(4)降低冲击电流对绕组绝缘的危害,延长电动机寿命。

(5)通过 RS485 MODBUS、PROFIBUS 和其他的工业用通信协议可以实现电动机的远程控制和技术状态的在线监测。

2. 工作原理

通过对晶闸管导通角的控制实现电压控制,见图 6.15,这种相位控制可以实现电动机端子电压从一个设定起动值升至为系统供电电压,见图 6.16,起动电流和起动转矩可以根据传动条件最优调整。

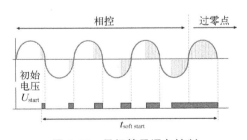

图 6.15　晶闸管导通角控制

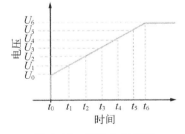

图 6.16　斜坡电压起动

6.4.3　功能需求及设备选型

1. 设备选型

固态软起动器主要用于高压异步电动机的降压起动,适用于电动机容量不大(一般小于 10 MW)、设备使用较频繁的场合,起动时间一般控制在 40 s 之内,固态软起动器可以快速完成设备的起动,使其快速投入运行,起动台次较多时,可采用"一拖多"或"二拖多"的方式,以降低投资成本和占地面积。当采用"二拖多"这样的配置时,无论在软件上还是硬件上,都有一定的设计冗余,系统使用起来更加灵活、可靠。

固态软起动器也可以用来作为大型水泵机组的软停车装置,防止突然停车产生的水锤效应,起动时按照给定的升压曲线起动,停车时按照给定的降压曲线完成软停车。用作这种用途时,一般情况下需要一对一配置固态软起动器,不适宜于水泵机组比较多的场合。

目前,固态软起动器发展出了分段变频的技术,即第一阶段由零转速升速到 15 Hz,第二阶段由 15 Hz 升速到 30 Hz,最后升速到 50 Hz 并切换到电网运行。这样使起动特性变得更软。

2. 设备参数确定

固态软起动器按设备的额定电流进行选取,若起动电动机额定电流为 270 A,则相应选取额定电流为 300 A 的软起动器即可满足起动要求。对于不同的设备厂家,可能设计不一样,但都是基于负载的转速-转矩曲线和电流-转速曲线进行起动容量设计的。

3. 主流产品特性

目前,固态软起动器技术和产品已十分成熟。采用数字控制式晶闸管降压软起动,本体配有人机界面操作与外部远程操作的接口(网络或硬接线),可实现就地/远程控制;起动过程能够有效控制驱动转矩,在保证负载要求的同时,能够降低电动机的起动电流,实行对电动机平滑、无级的带载加速,以减少对增速齿轮、联轴装置等机械传动设备的损害。

为避免调试 10 kV 电动机的过程中一些人为的误操作引起意外事故,装置还具备带低压电动机进行预调试的功能,即可以用低压电动机对软起动装置的控制逻辑和起动功能进行模拟调试,有效降低设备的调试风险。

固态软起动器还具备双调节特性,支持起动两套电气参数不同的电动机或用不同的参数起动电动机,如 4 500 kW 和 6 500 kW 电动机,系统根据不同的电动机自动匹配起动参数。

在紧急情况下,系统可实现跨过起动装置采用直接起动的工作方式,且对软起动器及电动机的各项保护依然有效。即当软起动装置出现故障时,可以跨过软起动装置实现驱动电动机的直接起动。

6.5　供配电系统

供配电系统作为试验基地重要的配套动力设施,主要用来接收电能、变换电压,进而再一次分配电能,满足试验设备及配套供抽气系统、降温系统、循环冷却水系统等大功率设备的用电需求。系统主要包括进线线路、总降压变电所、高压配电线路、配电站、各厂房变电所及低压配电线路。

由于试验基地的科研属性,其试验工况不固定、单次工况频繁变换,试验具有用电负荷变化大、需求变化多、不连续运行等特点。试验基地布局和设备选型(采用电加温、天然气加温还是油加温)必须结合地方的电力资源情况进行决策。

对于供配电系统设计,需根据各个厂房的负荷数量和性质,生产工艺对负荷的要求,以及负荷分布情况,确定各厂房安全、可靠、经济的电能分配,其设计内容和步骤包括负荷统计与工况梳理、进线电压的选择、总降压站电气设计、短路电流计算及继电保护、全厂高压配电系统设计、室外电气路由设计、配电站及各厂房变电所的电气设计、继电保护设计、防雷接地设计等。由于其设计专业性强,涉及内容较多,一般交由专业设计单位进行,其中部分内容对系统架构、主要设备选型、建设成本、安全可靠运行等的影响较大,需特别关注。

6.5.1　负荷统计分析

负荷统计与工况梳理是试验基地供配电系统设计的基础,全面、准确的统计与梳理结果有利于系统设计和运行取得合理、经济的效果。

航空发动机试验设备中,大功率用电负荷主要是叶轮机试验器、供抽气系统压缩机组、循环冷却水泵的大功率驱动电动机,以及试验器进口空气电加温装置等,电压等级为 10 kV,额定功率一般为 2～50 MW,其中供抽气系统压缩机组的负荷占试验总负荷的绝大部分;其余负荷主要为与试验设备配套的辅机及动力设备等的低压试验负荷,单台设备的额定功率不大于 1 MW,电压等级为 380 V/220 V;此外,还有厂房内的生产、办公、照明、暖通等用电设备。

上述用电负荷主要分为试验负荷和日常负荷两类,工况情况如下。

1. 试验负荷

1) 大负荷间歇用电

大负荷间歇用电主要为大型试验设备试验负荷,单次运行小时数为 10～20;由于试验所需动力设备尤其是供抽气机组较多,但持续时间较短,因此,单台设备进行小负荷试验时,多个试验器可同时进行试验;当单台设备进行大负荷试验时,多个试验器不可同时进行试验,需要错峰进行。

2) 小负荷频繁用电

小负荷频繁用电主要为小型零部件试验负荷,如叶栅试验负荷,只需要配套的小流量供抽气机组、小流量降温和循环冷却水系统,或无需气源只需一定电力供应的系统,如强度试验、传动试验;试验安排可相对灵活。

2. 日常负荷

日常负荷主要为厂房日常生产用电,以及科研办公楼办公用电,为长期用电负荷。

6.5.2 总体方案设计

供配电系统的建设必须考虑满足试验设备日常运行的工况,考虑负载的功率因数、负载的实际利用率,保证能够满足基地的最大负荷用电需求,并留有一定余量。同时,为避免重复建设导致的投资浪费,系统能力应考虑满足未来 5~10 年试验基地的电能需求,一次设计、分步建设。同时,根据试验设备用电负荷的特性,统筹考虑供配电总体方案,经济、合理地满足厂房试验负荷与日常负荷的运行需求。

由于试验负荷与日常负荷在电压等级、负荷密度方面差异极大,为简化设计、提高系统运行可靠性,在总体方案设计时对两部分负荷需求分别进行考虑。

1. 试验负荷供电方案

为满足试验设备最大运行状态下的电力需求,结合周边电能供应情况、供电可靠性、线路功率损耗、电压损失、功率因数达标要求,确定从上游 500 kV 电站引入 220 kV 架空线路至试验基地,并在基地内配套建设 220/10 kV 总降压站,作为试验负荷专用电站,不但可对供配电系统中的大负荷回路进行集中控制管理,也有利于今后扩容升级。

对于负荷集中的供气厂房、抽气厂房、循环冷却水系统、试验设备厂房,还需设立下游分站,将电能输送至较大的负荷中心处,满足试验运行需求。

2. 日常负荷供电方案

为需要长期投入的非试验系统设备及厂房供电的用电设备供电,电压等级为 380 V/220 V。为减小总降压站的设计复杂程度,降低误操作率,日常用电通常采用市政电网供电,在总降压站的基础上建立配电总站,电源取自就近的 110 kV 电站 10 kV 出线间隔,以有效降低线路及配电设备的建设成本。

同时,为提高配电总站日常用电的供电可靠性,避免 110 kV 电站检修断电的影响,日常用电的备用进线取自总降压站,正常情况下由 110 kV 电站供电,若遇到检修或故障情况,改由总降压站供电。

6.5.3 总降压站及配电站

1. 总降压站

1) 总图位置

总降压站主要考虑尽量接近大负荷中心并靠近电源侧,以降低供配电系统的电能损耗、电压损耗和线缆用量;同时进出线方便,尤其是便于 220 kV 架空进线,设备运输方便且有扩建的可能;此外,需避开剧烈振动、高温、爆炸、积水、多尘或有腐蚀性气体等不利条件的场所,最终确定总降压站的建设位置。

2)主变压器选择及负荷分配

根据基地内的电力负荷总体计算结果,结合试验频次,考虑变压器、断路器等主要器件的技术成熟度,确定基地内总降压站的装机容量和主变压器的台数与容量,进行 10 kV 出线架构的设计,完成负荷分配,使设计方案既满足基地最大用电负荷需求,同时主变压器的数量应尽可能少,以便减少变压器的占地面积和配电设备及用电保护的复杂性,降低接线网络的复杂程度,节约投资的同时保证试验安全运行;此外,还需梳理常用试验工况下的机组配置,对负荷分配进行调整,尽量减少常用工况下的主变压器投运数量。

(1)小负荷频繁用电部分。利用需用系数法计算各类试验全部投用设备的用电负荷,采用单台主变压器并设计 10 kV 母线,放射式供电至各负荷中心,保证压气机类、涡轮类与燃烧器类等零部件试验工况下的试验器本体,以及配套的小流量水/电/油气等动力系统的用电需求;同时,为提高该主变压器的负载率,降低空载损耗,大负荷间歇用电部分的试验器和大流量供抽气系统的低压试验用电负荷也由该主变压器供电,简化大负荷间歇用电部分的负荷分配难度。

(2)大负荷间歇用电部分。采用放射式接线供电至各大流量供抽气机组的大功率同步电动机,按不同试验下的实际需求投用。但因其试验工况多样、负荷波动较大,该部分负荷难以统计准确,经济运行效益很难实现。因此,在大负荷间歇用电部分的主变压器容量与数量选择上,主要运用运筹学的思路解决主变压器总容量须满足最大用电负荷需求且主变压器数量应尽可能少的问题,同时考虑以下原则:

① 避免按经济运行条件(即变压器铁损与铜损相等,运行成本最低)选择主变压器容量与数量,否则会造成主变压器容量设置偏大,增加设备建设成本,同时常用负荷状态下变压器多处于空载状态,使无功损失增加;

② 避免变压器容量选择过小,会使变压器长期处于过负荷状态,最大工况点持续时间较长时易烧毁变压器,影响试验安全;

③ 选用新型低损耗变压器,有效降低铁损,适合变压器数量多、负荷变动大的使用情况,可有效降低运行成本;

④ 满足不同试验工况下供抽气机组的运行需要,同时在机组调运上具备一定的灵活性;

⑤ 为提高小负荷频繁用电 10 kV 母线段的供电可靠性,在大负荷间歇用电的10 kV 母线段上设置相应的备用回路,既提高了供电可靠性,又保证了今后的扩展需要。

2. 配电站

1）配电总站

配电总站主电源取就近的 110 kV 电站 10 kV 出线间隔,备用电源取自总降压站,提高日常用电的供电可靠性。

2）配电分站

（1）试验负荷部分。在试验负荷需求较大的供气厂房、抽气厂房、循环冷却水系统、零部件试验厂房等内需设立下游分站,将电能输送至较大的试验负荷中心处,简化系统设计的复杂程度。单台功率较大的设备均由试验电站放射式直接供电,单台功率较小的设备则设计 10 kV 配电系统,采用单母线分段接线形式,分列运行,两路进线断路器及联络断路器连锁,只允许两个断路器能够同时合闸运行。当某一供电回路发生故障或检修时,通过断路器调整由另一回路供电,保证重要负荷的运行。另外,针对 380 V/220 V 的试验负荷,在配电分站内设置相应的 10/0.4 kV 变压器和低压配电柜,为低压试验负荷供应电能。

（2）日常负荷部分。根据该厂房内的负荷大小及生产性质独立或集中设置变电所,满足日常负荷的运行需求。设有两台及以上变压器的车间变电所内部设低压联络母线,变压器低压出线断路器与母联断路器连锁,低压联络母线的容量根据变压器的负荷运行情况进行调整,当一台变压器发生故障或检修时,母联断路器合闸,保证重要负荷、保安负荷、照明用电。设有一台变压器的车间变电所之间进行低压联络线并设置二级负荷的备用供电回路,以保证在节假日时仅用少量几台变压器带值班负荷即可,减少变压器的空载、负载损耗,节约能源。

6.5.4　接线方式

供配电系统的接线方式在技术、安全、合理方面应做到线路深入负荷中心,保证缩小配电距离,有利于三相负荷平衡,此外,还需考虑一定的发展余地。接线方式主要有树干式接线、放射式接线、链式接线和混合式接线,各种方式介绍如下。

1. 树干式接线

树干式接线是直线供电,多个负荷由一条干线供电,沿着干线分接一般不超过 5 个负荷,见图 6.17。其优点是开关设备及线缆消耗少,采用的开关数量少,比较

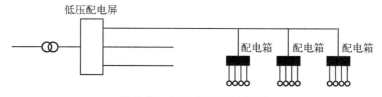

图 6.17　树干式接线示意图

经济。缺点是干线故障时停电范围大,供电可靠性低,在实现自动化方面的适用性较差,比较适用于供电容量较小且分布较均匀的用电区域。因此一般很少采用树干式接线,往往作为混合式接线的补充,以降低建设成本、减少停电范围。

2. 放射式接线

放射式接线是从供电设备分别向各个负荷引出专用线路直接供电,线路上不连接其他用电设备,见图 6.18。这种接线方式的特点是每个负荷由单独线路供电,线路运行互不影响,因此发生故障时影响范围小,供电可靠性高,控制灵活,继电保护简单,易于实现集中控制、便于管理,但线路和高压开关柜数量多,投资大。

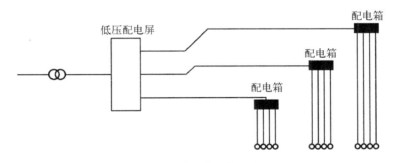

图 6.18　放射式接线示意图

3. 链式接线

链式接线的原理与树干式接线相同,二者的区别仅在于树干式接线的干线没有中间断点,而链式接线的干线在中间配电箱处是断开的,见图 6.19。这种接线方式的投资费用和有色金属的用料比树干式接线更省,但供电可靠性比树干式接线更低,通常应用于干线敷设较困难的场合。

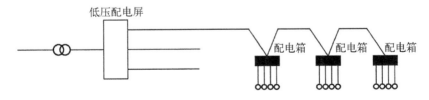

图 6.19　链式接线示意图

4. 混合式接线

混合式接线是放射式接线和树干式(或链式)接线的组合使用方式,见图 6.20。这种接线方式可根据照明配电箱的布置位置、容量、线路走向等综合考虑。在当前的照明设计中这种方式用得最为普遍。图 6.20 中由配电箱至各个照

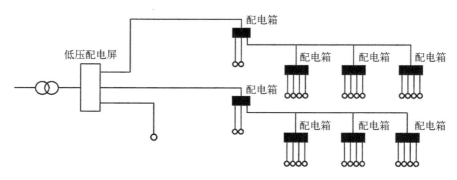

图6.20　混合式接线示意图

明器的配电即为放射式接线与树干式接线组成的混合式接线。

此外,根据对供电可靠性的要求,接线方式也可分为无备用电源接线和有备用电源接线两大类。单回路放射式、单回路树干式都属于无备用电源接线,双回路放射式、双回路树干式、链式都属于有备用电源接线,无备用电源接线的特点是接线简单、运行方便但供电可靠性不高,主要用于三类负荷和部分次要的二类负荷供电;有备用电源接线的特点是设备多、投资大但供电可靠性高,主要用于一类负荷和重要的二类负荷供电。

目前在厂所级供配电系统接线方式的选择上,一般根据负荷特点均采用混合式接线,应充分考虑建设经济成本与供电可靠性的平衡。

6.5.5　系统短路电流计算

随着电网装机容量的不断增加和电网的逐步加强,电网供电能力和可靠性提高的同时,短路水平也随之增加。供电系统发生短路后会带来很多严重后果,如造成设备过热而损坏;电动力效应引起电气设备产生机械变形甚至损坏等。为保证主要设备、限流措施和继电保护装置的整定可靠有效,需对供配电系统进行短路电流计算。

短路电流按系统正常运行方式计算,确定最大、最小运行方式下的基准值,建立主要器件及设备参数表和电路元件的标幺值,根据电力系统一次接线图绘制等值网络图,利用 ETAP 软件对总降压站 220 kV 侧、10 kV 母线侧和经厂区电气路由到达各配电站 10 kV 母线侧的短路电流进线计算(图6.21),并通过手工计算进行复核(图6.22),确定总降压站、配电总站及配电分站各供电回路的断路器额定短路开断电流、中压开关柜形式、高压电缆热稳定校验最小截面等。最大短路电流用于选择电气设备的容量或额定值,以校验电气设备的动热稳定及分断能力,整定继电保护装置;最小短路电流用于选择熔断器、设定保护定值或作为校验继电保护装置灵敏度和感应电动机起动的依据。

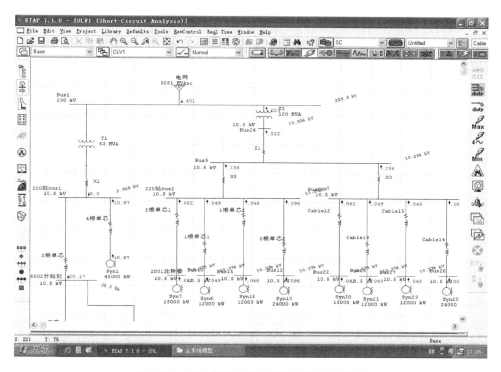

图 6.21　系统等值电路示意图（ETAP 计算）

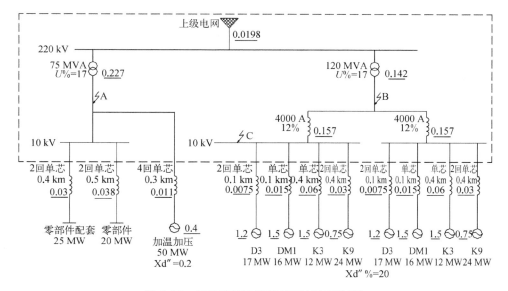

图 6.22　系统等值电路示意图（手工计算）

图中带下划线的数值代表各类电气元件的阻抗标幺值；Xd″表示同步电机超瞬态电抗相对值；Xd″%表示同步电机超瞬态电抗百分比

6.5.6　主要设备选择

变压器是利用电磁感应原理来改变交流电压的装置,完成升压或者降压以利于电能的合理输送、分配与使用,主要组成构件是初级线圈、次级线圈和铁心(磁芯),按冷却方式可分为干式(自冷)变压器(图6.23)、油浸(自冷)变压器(图6.24)、氟化物

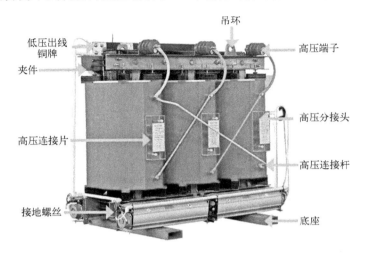

图6.23　干式变压器结构示意图

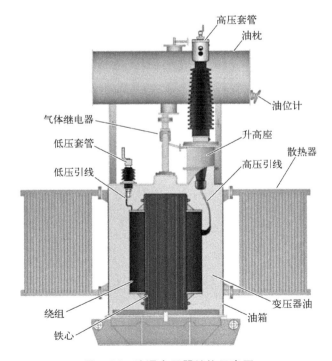

图6.24　油浸变压器结构示意图

（蒸发冷却）变压器，是电力系统、变电工程中不可或缺的设备。合理选取变压器的类型、台数和容量，对供配电系统的主接线形式及可靠性与经济性有着重要影响。选用电力变压器容量时，负载率不宜超过 0.85，避免出现长期低载状态或过负荷状态。基于试验基地用电负荷变化较大的特点，可采用大、小变压器供电方式，其中大容量变压器按最大负荷配置，小容量变压器按典型负荷配置，根据试验工况需求投入不同容量的变压器，提高变压器的利用率，降低空载损耗。随着我国对绿色低碳节能的要求越来越高，对变压器制造和选用也带来深刻的变化，采用非晶合金、立体卷铁心、硅橡胶绝缘等技术手段的低损耗变压器也不断推陈出新，可综合能效要求、安全环保与性价比进行选用。

配电装置是变电所的重要组成部分，是电气主接线的具体实现。根据电气主接线的连接方式，配电装置是由开关设备、保护设备、测量设备、母线以及必要的辅助设备组成的，辅助设备包括安装布置电气设备的构架、基础、房屋和通道等。配电装置可按照电压等级、安装位置和安装方式的不同进行分类，采用何种配电装置要根据电压等级、设备类型、地理位置、周围环境条件、技术经济性等各种因素确定，试验基地除总降压站高压侧为 220 kV 屋外装配式配电装置（图 6.25）外，其余均为 0.38~10 kV 屋内成套式配电装置（图 6.26），即高压开关柜和低压配电屏。目前，高压开关柜已发展到金属封闭型（含铠装式、间隔式和箱式），低压开关柜则以封闭抽出式单元为主。各种高压手车式开关柜、中置式开关柜、环网柜、高压熔断器+高压真空断路器组合的高压开关柜、箱变以及低压抽屉柜、电动机控制中心等产品已大量上市，关键器件的技术指标也不断提高，其中国内成熟应用的 10 kV

图 6.25　屋外装配式配电装置

图 6.26　屋内成套式配电装置

真空断路器的额定电流可达 4 000 A、额定短路开断电流可达 63 kA,低压框架断路器的额定电流可达 6 300 A、额定短路开断电流可达 100 kA。通过将计算机技术、微电子技术和通信技术应用于产品结构中,可实现产品智能化和网络化,并在高低压配电柜、变压器原有的微机综合保护系统、电气火灾监控系统等检测系统的基础上增加温度在线监测系统、断路器参数与机构状态检测系统、烟感报警器、柜内视频监控系统、智能除湿系统、电缆绝缘检测系统等,通过现场总线或无线通信网络将采集到的信息上传到平台应用层,实现在线监测电力设备的电力参数、运行参数、安全状态及环境数据,并与现场设备的安全监控子系统互联互通,通过信息的集中处理、趋势分析、故障预测及维护决策,完成设备档案、运行状态、变化趋势、电能能效分析与节能措施等功能模块,并依托模块化设计保留系统扩建与升级的可能性,给用户提供完整与可发展的智能配电运维管理系统。

第 7 章
航空发动机试验基础设施及
动力设备发展展望

7.1　航空发动机试验基础设施及动力设备
安全可靠性设计要求

航空发动机试验设备是一种系统复杂、技术含量高、耗资多的系统工程项目，特别是航空发动机高空模拟试验设备，没有一定技术和经济实力的支持是无法完成的。航空发动机空气流量越来越大，高空台能力需求也随之增加；零部件试验更广泛地要求试验器能够在全尺寸下模拟全工况并开展试验；同时发动机的研制换代加速，技术的换代更新加快，从试验设备的角度和配套系统的角度来看，下述特点更加明显。

1. 航空发动机试验器

（1）尺寸大、功率大和综合性能好。

（2）空气系统的流量越来越大，具有宽广的压力和流量调节范围。

（3）供气压力和温度越来越高，模拟参数越来越接近真实工况。

（4）发动机试验的综合效能提升，试验频次提高。

（5）能够实现多试验器并行试验。

（6）设备调节过程响应快速、精准。

2. 试验基础设施和动力设备

（1）系统规模越来越大，一是空气压缩机组的单机性能提高、尺寸增大，二是设备数量增加。随着各国制造业设计手段和制造工艺的技术进步，压缩机组的单机性能得到了很大提高，高增压比、超大流量的压缩机开始在发动机试验设备建设中被研制出来，但是受到压缩机转轴制造能力、叶片材料强度极限（温度和离心力同时增加）、电动机功率等的限制，还必须采取多台压缩机组多级串并联的运行方式，以满足试验需求。

（2）试验流程越来越复杂，以满足发动机全包线试验，以及不断拓展的新研发动机探索性试验科目的要求。

（3）管网系统越来越复杂，空气系统不仅需要通过不同的串并联匹配方式满足不同推力和功率的发动机不同试验科目的需要，增加试验的灵活性、安全性和经济性，降低能源损耗，提高试验效能，还需要满足多试验器并行试验的要求，以满足日益繁重的发动机研制试验任务的需求。

（4）空气流量增加，管道直径和介质流速超过了常规工业管道设计规范，不安全因素增加；而管道压力和温度的增加导致运行风险加大。

由此可见，常规的系统监测手段和人工巡视的方法已经无法满足设备安全可靠、经济高效的运行要求。因此，依靠技术进步，利用仿真设计方法提高设备的本质安全度，通过提高系统的智能化、信息化水平，实现系统全流程实时状态在线监测、流程参数智能监视、故障设备信息联网管控，是实现运行可靠性和安全性的必然选择；只有通过技术进步降低故障停机时间和频率才是提升试验综合效能的最有效手段。

阿诺德工程发展中心（AEDC）也一直在设法降低成本的同时提高工作效率。发动机试验的直接成本是能源消耗，特别是发动机大状态试车时，单位时间消耗的能源是巨大的，试验过程中由设备故障导致试验中断产生的能源浪费远远大于设备节能改造所带来的收益；试验过程中由设备故障导致试验中断带来的不仅仅是能源的巨大浪费，还会导致试验时间的减少和试验效率的降低，以及被试发动机受损的潜在风险。因此，在设备方案设计和工程设计阶段就必须充分考虑系统的智能化、信息化技术方案，通过技术手段取代试验现场人工巡视，降低参试人员的劳动强度，避免参试人员暴露在危险和危害身心健康的环境中；通过四新技术提高设备的本质安全度，提升其运行安全性和可靠性；对于过去已建成的设备和系统，则需要依靠技术进步对设备进行技术改造，提升系统的数字化、信息化、智能化和网络化水平，提高设备的本质安全度，最大限度地挖掘设备潜能。

7.1.1 系统可靠性设计要求

航空发动机试验基础设施和动力设备是复杂的系统工程，其中包含各种动力设备和介质输送管网。管网系统中的管段、管件等受到气体压力、流体动力、温差应力等复杂的应力作用，因此，要提高设备的本质安全度，首要的是提高系统本体的结构强度和可靠性。对于大型航空发动机试验器，由于发动机推力大，空气流量大，配套的空气系统管道和管件通常会超出压力管道设计规范规定的范围，因此，管网系统设计除遵循规范要求外，还应考虑下列因素。

（1）强度设计，要考虑不同温度、不同压力组合工况的工作要求。航空发动机试验时，为了模拟发动机不同工况下的进口空气条件，常常需要在负温、常温、高温等不同温度和低压、中压、高压等不同压力等级下供气；有时需要负温与干燥空气掺混供气,有时则需要高温空气与常温空气掺混供气。因此,在进行管网柔性设计和管段、管件强度校核时,应全面考虑各种流程组合中最恶劣的工况进行核算,如果不能确定最恶劣工况,则应增加校核工况。

(2)安全防护要求,当试验器需要接入不同压力等级的压缩空气时,应防止较高压力等级的空气窜入较低压力等级的管段而引发安全事故。通过规范操作、防止误操作来提高系统的本质安全是根本。较低压力管道的强度按照高等级的管道强度设计,这样做理论上可行,但实际工程设计却难以实现,首先,较低压力的系统中总有一些部件或分系统的强度等级无法改变;其次,要改造提高先期建成的较低压力等级的管道,绝大部分情况下是不可行的;最后,对于一个大型试验基地,将所有压缩空气设备和管道都按最高供气压力等级设计建设,需要付出巨大的代价。因此,在试验器设计时需要对接入点采取安全防护措施,如在汇管处低压管段侧设置两个截断阀、在低压管道上设置超压放空阀或爆破片等。

(3)对于大口径管段、管件及固定支架的设计,经验设计方法和标准图册已不能满足强度设计要求,特别是对于大口径高温管道的强度设计,需要通过结构建模发现局部高应力点,并提供结构改进的依据,否则无法保证系统的运行安全。对于大口径抽气管道,还应校核负压工况下的失稳裕度。

(4)高温管道设计需要重点考虑阀门连接方式和法兰密封面泄漏等问题,阀门与高温管道的连接尽可能采用焊接连接,如果选用法兰连接,密封垫片应选用波齿垫,螺栓应选用高强度螺栓。高温管道应在保温后运行,防止过大的温差应力造成结构件提前损坏;如果阀门采用法兰连接,运行时升温和降温速率应不超过150℃/h,超过这个温度容易造成密封面泄漏,这既是经验总结,也是美国 ASME 标准的要求,特别是发动机试验这种短时频繁改变工况的设备试验,控制升温和降温速率对保证运行安全尤为重要。

对于大口径高温管道,保温层的防潮防湿对于安全可靠运行具有非常重要的作用,特别是在南方地区高湿的夏天,否则将导致管网系统非正常损坏。由于试验供气为间隙运行,在试验间隙,如果保温层汲入较大的水分,在重力作用下水分会逐渐下沉到管道底部区域,当通入高温空气后,管道上部管壁会很快达到介质温度,而下部由于水的蒸发作用会将管道底部管壁的温度拉得很低,使得管顶和管底出现较大温度差,从而导致管道发生弓形弯曲。管道的弓形弯曲会导致管道脱离滑动支架,使膨胀节产生额外的横向位移,结果是膨胀节的使用寿命缩短,甚至爆裂。邻近管壁的水分蒸发后在保温层外层被降温重新凝结成水,而内层水分蒸发后,内层保温层又恢复了隔热能力,使得外层水分不会继续蒸发,所以检查中只能看见底部有水流出,而看不见蒸汽。当停止运行后,外层水分在毛细管的汲水作用下,又会回到内层。

(5)对于大流量循环冷却水系统,由于试验设备的能力扩容,对循环冷却水的需求相应增加,而已建设的管道可能成为系统供水的瓶颈,在最大供水工况下,管道内介质的流速较大,由系统全面故障停电引起的水锤冲击的破坏作用不可忽视。当系统突然停电时,在管段流速最高点将发生液柱分离,液柱分离产生的负压值可达到-10 m,虽然不会产生很大的破坏作用,但分离液柱弥合时产生的高出设计压力数倍的正压可能导致管道破坏或降低其使用寿命。断电时最有效消除液柱分离的方法是安装箱式双向调压塔(可参考专业文献),但确定系统是否需要安装箱式双向调压塔则需要做更加详细的分析。作为试验供水系统,不同于其他稳定在设计点持续工作的工业供水系统,其流量始终随试验工况在变化,在供水系统最大设计流量点工作的时间很少,因此,需要分析在该工况点叠加系统全面故障停电的概率有多大。如果是小概率事件,也可以不设置箱式双向调压塔,即使偶尔一次出现这种情况,也不会产生特别大的破坏,但会降低这一管段的使用寿命。

(6)通常供回水管道(包括进回水阀门)的设计都是按照流量和经济流速进行选型的,这种设计对供水管道和冷却器管束的设计是合理的,既保证了系统有合理的压力降,满足设备运行需要,也保证了合理的建设投资。但是,流过冷却器管束的流速与冷却器进出口的压差相关,即需要通过背压来保证,按实际工作压差设计计算选取的阀门通径应远小于进口阀门通径,否则阀门无法正常工作,并且在较大的压差下,阀后水流的饱和蒸汽压远小于在该温度下阀前的饱和蒸汽压,则在阀后会产生严重气蚀,如果采用蝶阀作为调节阀,阀门会在较小的开度下工作,如小于25°,则会在阀后产生强烈的汽蚀,造成阀门剧烈振动,并过早损坏。若阀门调节无效,冷却器和回水管的背压无法建立,冷却水在管束和回水管中的流速则会远远高于设计流速,使水体无法充满整个管道,导致冷却器和管道产生剧烈振动,甚至无法工作。所以,用水设备出口调节阀(回水阀)的选型应充分考虑流量和压差的影响,通过仿真计算确定阀门流道面积,确保阀门的调节功能,设备出口调节阀(回水阀)也尽可能采用专用的调流调压阀(如套筒式调节阀),提高运行可靠性和调节效率,降低维修费用。

7.1.2　系统自动化监测设计要求

航空发动机试验基础设施和系统中设备数量多,试验过程中需要监测和控制的运行参数多,传统的、离散的监控系统无法满足试验过程中设备和管道安全、可靠、高效运行的要求;在设备方案论证和系统设计阶段就必须策划完善的技术状态实时检测系统配置,实现全系统、全流程所有参数的自动监测、分析、超限报警和连锁停机等功能。

航空发动机试验基础设施和动力设备的运行过程参数包括设备工艺参数(流程参数)和设备状态参数(安全监控参数)。设备工艺参数包括系统流量、压力、温度、湿度等;设备状态参数包括设备转速、位移、振动、压力、应力、应变、壁温、泄漏、噪声等;其中,温度、压力、流速等既是设备工艺参数(流程参数),也是设备状态参数(安全监控参数)。由于其试验过程不同于石油化工恒定运行工况,因此,在系统设计时除按一般工业设备和管道要求设计布置检测元件外,还应考虑下列要求。

(1)试验过程是变流程、变工况的过程,试验器和配套动力设备按照最大能力工况设计完成后,要对典型工况进行校核,但是,试验流程中各设备在不同的工况下运行时其性能是不一样的,因此,为了了解设备在不同工况点工作时的性能,除在系统的进出口采集流量、压力、温度等参数外,还应采集系统中各主要设备的进出口参数。这样既可以充分了解各设备的性能,指导系统调试,优化系统运行控制,提高系统运行效能,也可以将其作为故障诊断的依据。

(2)试验器包含大量高温、高压的空气压力管道和承压容器,管道的泄漏不仅会导致设备的损坏和试验的中断,还可能导致人员伤亡,高速流动的气体所产生的噪声对人的身心健康产生影响。传统的做法是试验运行过程中采用人工巡视的方法,来发现设备是否有异常,这其实是将参试人员暴露在危险的环境之中,因此,必须采用技术手段提升设备的本质安全度,将参试人员从危险环境中解脱出来。其中,最重要的是对管网系统中的膨胀节位移、管道应力、振动、法兰泄漏、高温管道壁温、管支(吊)架失效等进行监测,特别是高温管道的监测尤为重要。根据现场情况,可采用线位移传感器、加速度振动传感器、测温光纤、测温电阻、视频摄像头、红外热成像仪以及声频检测设备等进行上述设备物理量的检测。

(3)对各试验器间边界阀门的工作状态进行监测是必要的,如果试验时不能确定各边界阀门的开关状态,可能导致试验设备无法正常投入运行、试验效率降低、能耗增加,严重时会导致人员伤亡的重大事故,例如,A 试验器没有关闭边界阀门就退出试验,当 B 试验器开始试验时,压缩空气被 A 试验器分流,导致 B 试验器无法正常工作,如果这时有人在 A 试验器设备或管道内进行检修作业,人身伤害事故就发生了。因此,设计时需要将边界阀门的阀位信号上传至基地的中央控制室,如果没有中央控制室,则可将阀位信号分享至各试验设备的操作控制台上。因此,在方案设计时需充分考虑阀门的配电方案以便在任何时候都能获取阀位信号。不仅仅是空气系统需要这样要求,冷却水系统、燃油储供系统都应该这样要求。

(4)流体控制阀门关闭时并不是总能有效密封,阀门质量问题、使用磨损、阀位零点调校不准都会造成阀门内漏,阀门内漏可能导致上述同样的后果,因此,系统边界阀门、系统中用于流程控制的阀门应设置检测元件。检测方法需根据具体情况而定,例如,可在阀门两边设置压力检测、温度检测元件,也可在阀体上设置超声检测探头或测温光纤或红外热成像仪,实际使用时要根据传输的介质、温度、压力等参数具体分析。

总之,生产安全是不可逾越的"红线",通过技术进步建立完善的系统自动化监测系统,提高系统的本质安全度,不仅是保证参试人员安全和身心健康的必然要求,也是提升试验效能的最有效手段。

7.2 航空发动机试验基础设施和动力设备 智能化和信息化发展展望

航空发动机试验效率和可靠性的提升对配套基础设施和动力设备的智能化和信息化提出了同步发展的要求,配套基础设施和动力设备是发动机试验设备的重要组成系统,特别是空气系统设备和空气系统管网是发动机试验器试验技术和试验方法能够实现的必要条件。大型的综合性发动机试验基地,空气管网系统尤其复杂,所有的工况调节和飞行环境模拟都是通过空气系统设备和空气系统管网来实现的,通过调节控制不同的阀门来实现试验流程的控制和流量调节。

航空发动机试验设备台架和工艺系统的智能化和信息化水平随着试验技术的发展领先于配套基础设施和动力设备的发展,而要整体提升航空发动机的试验效率和可靠性,则必须提高配套基础设施和动力设备的可靠性,降低试验过程中的故障停机时间,这不仅是提升航空发动机试验效能的最有效的途径,也是降低能源消耗最有效的方法。只有通过技术进步,不断强化和提升配套基础设施和动力设备的智能化和信息化水平才能改善系统的本质安全度,提高系统可靠性,保证系统运行安全。

随着传感技术、5G 网络、人工智能、遥测和虚拟现实等技术的进步,未来可在以下几个方面提升航空发动机试验基础设施及动力设备的智能化和信息化水平,从而提高系统的本质安全度和发动机的试验效能。

7.2.1 气源机组智能控制系统

基于机组运行规律和阀门调节规律经验数据及系统仿真模型的气源智能控制系统具有以下功能,首先,当根据试验需求确定压缩机组配置后,可在显示界面上选定需要投入运行的机组,系统自动确定需要调节和关断的阀门,以及自动规划出机组起动和并网的顺序(图 7.1),主试验员只需要按下起动键,系统即可自动按照机组起动规律和阀门控制规律完成机组的起动和并网操作;其次,系统可建立与设备管理信息平台的信息共享,当预选设备范围内有设备故障信息时,系统会显示相应的故障点和故障信息,并提示重新选择机组;最后,可根据机组性能指标信息和经验数据,输入试验需要的流量、压力等参数,系统以图表方式自动规划和推荐投运机组的组合方式。

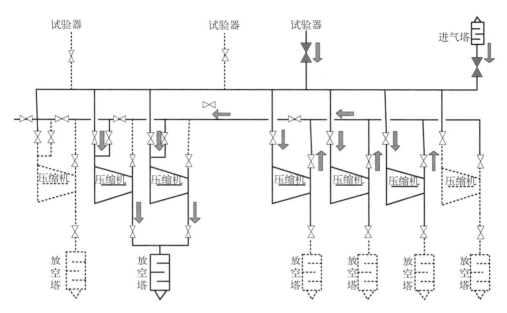

图 7.1　抽气机组组合工作和流程示意图

7.2.2　空气管网状态监测与故障诊断数据采集系统

基于传感器技术的空气管网状态监测与故障诊断数据采集技术日趋成熟和完善,可实时获取设备的技术状态信息,取代人工巡视工作,及时发现管网缺陷和风险,以赢得故障和风险处置的足够时间,例如,光纤检测技术可用于地下水管道、油管道的泄漏检测和腐蚀量检测,以及空气管道支架和管件的振动测量;红外热成像技术可用于压力管道/高温空气管道的法兰泄漏探测、阀门内漏检测和波纹补偿器失效检测;位移传感器可用于波纹补偿器变形位移检测和疲劳寿命管理;还有雨后春笋般发展起来的其他检测技术可提升空气管网状态监测的针对性和可靠性。根据现场环境条件,这些检测器件和设备可固定安装,也可以绑定在轨道机器人上,也可搭载在无人飞行器上按规划路线进行巡检。

分布式光纤感温检漏系统(图 7.2)是基于拉曼光时域反射(简称 R-OTDR)

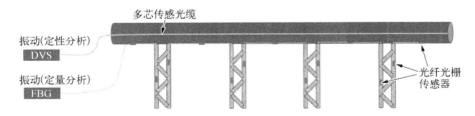

图 7.2　分布式光纤感温检漏

技术,从光纤的一端注入短脉冲光,通过测量光纤中受激拉曼反射光的频率变化,就能获得光纤轴向各点的温度变化信息,实现对监测点部位温度信息的监测,光纤全线均可作为监测点。

MsS技术(图7.3)可以激发纵波、扭力波、弯曲波、水平剪切波和表面波等多种模态形式的导波。只要正确选择导波模式和频率,并控制其传播方向,导波便可以从其传感器位置,沿着管道双向快速传播,瞬间完成几十米至几百米长管段100%体积的扫描检测。

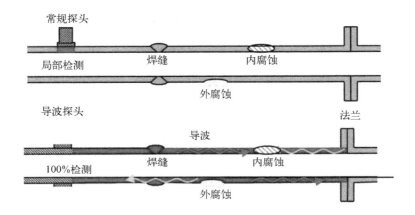

图 7.3　MsS 超声波检漏(架空管、埋地管、腐蚀管)

7.2.3　空气系统试验流程智能规划与管控系统

基于模型的空气系统试验流程智能规划与管控系统、三维可视化试验流程参数信息显示系统具有下述功能模型。

(1)系统流程模型。系统中的设备及阀门等被定义为结点,以框图显示,管道为连接结点的线段(图7.4)。设备的流动特性(如温度、压力、流量、流动损失、温度损失、阀门开度等)定义为结点的属性,与框图相关联;管段和管件的参数(长度、直径、设计压力、设计流速等)定义为管道属性,与对应的线段关联。试验前可在人机界面选定试验流程,系统自动计算并显示用气点的压力、流量、温度,每个结点、每个管段的压力损失和温度损失,以及管道允许的最高压力限制;或者根据用气点的压力、温度、流量要求,系统自动规划出流程路径;当与设备管理信息平台建立联系后,系统还会自动显示系统中的故障设备信息、阀门信息和流程风险信息,提示调整试验流程,除非确定风险可控并人为屏蔽该信息,否则不能按照该流程起动试验。

(2)系统三维模型。三维模型实时显示设备的技术状态,与技术状态监测数据系统相关联,如阀门开度、关键管段及管件的温度和压力、支架和补偿器的位移

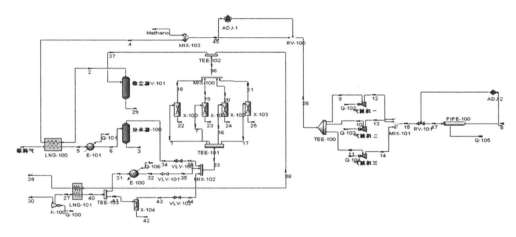

图 7.4　某空气降温系统流程参数显示界面示意图

及振动、法兰泄漏等参数。或者可根据工作状态参数以流线形式显示管段或阀门的流动特性。通过图 7.5 所示的不同开度下蝶阀的流动状态可以看出小开度下的流场很乱,这将导致阀门产生过大的振动,从而提前损坏。

7.2.4　全寿命周期管理与生产安全信息化管控系统

基于网络和流程的基础设施及动力设备全寿命周期管理与生产安全信息化管控系统区别于目前的设备管理系统,也区别于纯粹的资产管理,该系统应包含下述功能模块。

(1) 资产管理模块,包含设备资产管理的相关内容,除设备的资产属性外,还应包括备品备件(电气元器件)的管理信息、仪器仪表的校检信息,能够反映关键系统、关键元器件的更换日期、使用时间及管理规则,并自动提示元器件的到期更换时间和仪器仪表的到期校检时间。

(2) 设备技术状态信息管理模块,与基于流程的智能管理系统关联,及时反映试验流程中设备的风险信息、故障信息、保养信息、维修信息,同时,需要与生产安全信息系统建立联系,及时反映安全管理员录入的隐患信息。

7.2.5　智能管网运行状态监测系统、远程健康管理系统

基于网络、知识管理和故障模型的基础设施及动力设备及智能管网故障诊断系统、远程健康管理系统,可以保证系统安全、可靠、高效运行,降低故障停机时间和过度维修。故障诊断系统从数据采集系统获取数据,并通过分析算法提取特征参数,如振动频率、奈奎斯特图、波特图等,并与故障特征专家数据库进行比较,提示故障信息。目前针对旋转机械设备的故障数据采集和特征参数算法已较为成

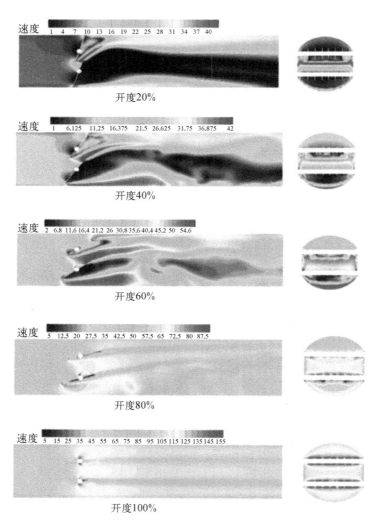

图 7.5 空气调节蝶阀在不同开度下的速度云图

熟。由于故障分析是一项专业技术要求很高的活动,没有深厚的理论知识和长期的实践是无法胜任的,因此这样的系统对于设备故障诊断、及时发现设备的故障隐患、有针对性地进行设备维护维修是十分必要的,这将为实现大型设备的精准维修创造条件,减少维修浪费和停机损失,提高试验效能。

从长期的工程实践中发现,对于大型的机械设备,即使测试参数不超过现行规范给定的数据,也发生了设备转静子损坏的故障,这就要求建立基于知识管理的故障诊断系统。将基于经验的数据提炼后录入数据库,如轴承温度与温度变化率、振动参数与参数变化率、临界转速漂移量、典型特征频率增长量等,并通过提取设备故障发生前某一段时间的这些运行参数的变化特征,经整理后录入故障特征专家数据库。

机器智能替代人工技能需要一个逐步成长和完善的过程,另一有效的技术就是建立基于网络的远程健康管理系统,故障诊断专家定期或不定期地从服务器提取数据对设备进行诊断,以便及时发现故障征兆并制订维修保养计划,降低故障维修停机时间和修理费用。

7.2.6　智能化能源管理系统

节能降耗、绿色发展是经济社会发展的要求,完善试验过程智能化能源管理系统是必要的,目前,已经搭建完成的能源管理系统无法完全实现上述功能要求,主要是设备的底层架构没有考虑航空发动机试验的运行规律,航空发动机试验运行不同于能源化工等持续不间断运行系统的特点,基于网络的试验过程智能化能源管理系统通过网络与试验设备、配套基础设施和动力设备的电气设备建立联系,系统自动采集用电设备的电压、电流、功率因数等信息,计算并统计实时用电量和总的耗电量,并以曲线图的形式显示供电质量,如谐波电压、谐波电流等信息,同时可辅助用于带电设备的状态管理。

7.2.7　智能化模拟试验运行操作系统

智能化模拟试验运行操作系统建立在模型和虚拟仿真的空气系统试验流程智能规划与管控、三维可视化试验流程参数信息显示系统的基础之上,采用数字模型取代阀门等物理模型,用真实的操作界面进行模式切换,实现操作控制和操作员培训。系统可以通过故障设置界面预先选择设定阀门故障、传感器的错误读数等故障模式,以训练主试验员和操作人员应对紧急情况的能力,这就使得主试验员和操作人员能够更好、更快、更得心应手地处理每天可能遇到的任何操作问题,以及提升应对紧急情况的决策能力,并辅助完成设备操作规范的制订、危险因素的辨识和应急预案的制订。

部分基地已将这种系统用于实际运行,并用这种系统圆满完成了试验操作人员的培训,以保证试验设备的运行不会中断,试验设备也不会因故障处置不当而损坏,为了提高设备利用率和试验综合效能,还可将多台试验器的操作控制系统集成为一个多功能的操作控制系统,不过现在还没深入分析这种模式对一个综合性的试验基地所带来的收益究竟有多大,以及对于试验任务日益繁重、需要多台试验器同时试验才能完成任务的大系统,这种模式是否合适。

7.3　航空发动机试验技术发展对动力设施和设备参数调节精度及响应快速性的要求

随着航空发动机技术的发展,发动机的性能日益提高,飞行包线越来越宽,要求发动机试验科目也应不断增加和拓展,希望从稳态到过渡态都能够真实模拟和测试。发动机试验状态的模拟与配套基础设施和动力设备有着直接的关系,其中最重要的是空气系统流程控制设备。因此,在进行发动机试验基础设施和动力设备规划时,设备参数调节精度和响应快速性需要考虑发动机过渡态测试的要求,以及多试验器并行试验的要求。

7.3.1　空气系统

影响发动机试验状态调节的因素包括空气流量、空气压力和空气温度。空气系统流程控制和流量调节由管路上的阀门等来实现,空气流量、空气压力受动力设备(如加温炉、换热器等)和管道设计流速的限制,用于流程控制的阀门不参与试验状态调节,即通常说的开关阀只有全开和全关两个状态,对密封性要求较高,以满足安全性要求,对开关阀门的时间没有特殊要求。大口径阀门根据操作效率和市场货架产品的规格来确定全开全关时间;部分阀门在流程控制时起截断作用,在试验过程中起流量调节作用,与开关阀的要求一致,需要阀位信号作为操作指示,这两种阀门选用电动蝶阀可满足要求。

当要求进行发动机试验进口温度调节时,通常有两种调温方式可供选择:一是采用两股不同温度的气流掺混;二是通过加温器调温。由于温度调节属于大惯性调节控制,因此,不同温度的气流掺混是最快速和有效的方法。不同温度的气流掺混通常是两股气流分别保持在各自的温度点,然后根据所需要的在某温度下的空气流量,计算出不同温度的压缩空气流量,分别通过阀门实现流量调节。如果不考虑过渡态性能考核的要求,放空阀和流量控制阀选用电动蝶阀可满足要求。如果希望真实模拟发动机过渡态工况、考核发动机过渡态性能,电动蝶阀的调节精度和速度都无法满足要求。当需要进行过渡态性能考核时,可选用液控蝶阀或液控柱塞阀。试验时,控制系统根据阀门在不同压力下的流量系数按照设定的控制规律调节到需要的开度。蝶阀作为流量控制阀相较于柱塞阀,具有阀板转动惯量大、开启力矩大、调节范围小、小开度下摩擦磨损快、流量不能精确调节等缺陷,但是具有安装空间小、重量轻、投资费用少、维修方便等优势,并且试验器本身还有更精确的调节系统,对配套的动力设施的控制精度可降低要求,满足试验器本身调节系统输入条件要求的精度即可,所以,选用液控蝶阀是合理的。蝶阀内部介质的流动状态见图 7.6,柱塞阀内部介质的流动状态见图 7.7,柱塞阀内部介质的流动状态明显好于蝶阀。

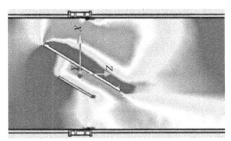 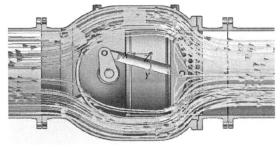

图 7.6　蝶阀内部介质的流动速度云图　　　图 7.7　柱塞阀内部介质的流线图

在多试验器并行试验的模式下,一根供气总管要满足两台或以上的试验器试验供气需求,需要在总管上设置放空阀来进行压力调节,放空阀按投运试验器中当次试验需要的最高压力设定。为了保证各试验器的状态调节对其他试验器的试验状态产生的干扰尽可能小,放空阀采用手动调节控制显然不能满足调节精度和响应快速性的要求,如果采用电动蝶阀则无法满足在该工况和运行频率下对阀门寿命的要求。因此,采用自动调节控制的液控柱塞阀是最合适的方案。

对于小流量系统,也可以通过提高加温炉的自动控制系统配置来满足温度调节的快速性和精度要求。当进行发动机试验时,按照升降温曲线将温度调节到要求的温度,由于温度是一个大惯性控制参数,温度的变化相应滞后于控制系统的设定,因此要通过调试来积累滞后时间。对于这种调节方式,需要加温炉满足高的加降温速率的要求,目前广泛采用的空气电加温炉可满足这一要求,由于发热元件直接与被加热空气接触,温度滞后时间较天然气加温炉小;早期的天然气加温炉由于加热管支撑结构和隔热层材料的限制,升降温都需要很长的时间。

无论采用哪种方式调温,目前都会受制于高温管道的设计,过高的加温速度会使高温管道连接法兰、管支座等的内外温差加大,变形不协调,导致法兰密封面泄漏、管道损坏。因此,如果不受建设用地和经费限制,可以通过降低大流量空气加温器的加热空气温度、增大加温炉的流量或数量来满足试验要求,并保证运行可靠性。

阀门的合理选型和控制系统硬件的合理配置完成后,如果能够通过仿真完成对阀门的流量特性、控制特性的构建,通过对空气系统全流程进行实体建模完成全流程流动特性、控制规律的构建,以及在系统风险辨识的基础上构建完成系统的安全边际定义,就可以按照要求的试验状态调节规律和过渡态调节规律设定程序实现自动调节控制或智能控制。

7.3.2 燃油供应系统

燃油库的燃油供油方式可采用高位油库位差供油方式、压缩空气顶油方式和变频油泵供油方式,当发动机进行稳态调节时,三种方式都能满足发动机试验的流量调节和压力稳定要求,但是进行加力切换试验时,变频油泵供油方式由于流量无法快速实时跟随发动机机载泵的变化,会在瞬间产生较大的压力降,然后又快速恢复,如果不考虑对发动机过渡态性能测试的影响,不会影响试验安全。如果要精确测试发动机过渡态的性能参数,高位油库位差供油方式和压缩空气顶油方式是理想的供油方式。由于高位油库的安全防护要求较高并受当地地理条件的限制,因此,采用压缩空气顶油方式更普遍,当供油流量突变时,压缩空气的膨胀会迅速弥补油罐耗油留下的空间而压力不会有明显的波动。

供油管路上的流量计等节流元件也会影响发动机过渡态试验的压力稳定,在发动机推加力的瞬间,发动机燃油瞬时流量突然增大,由于设备供油管路上流量计的节流作用,也会在瞬间产生较大的压力降,然后又快速恢复。油库供油管路上的流量计只作为供油量计算和供油状态监测的设备,精度不要求太高,尽量采用没有节流元件的流量计,或用其他方法代替。

7.4 小　结

航空发动机试验是技术密集型的系统工程,配套基础设施和动力设备也不例外,新技术的发展日新月异,为发动机试验技术的进步提供了源源不断的想象空间,配套基础设施和动力设备必须依靠技术进步,才能不断提升系统的本质安全度、实现试验高效。任何时候我们都不能停止想象,应尽情享受科学技术发展的盛宴,持续地将新技术、新工艺、新材料、新设备用于改进和提升系统的智能化和信息化水平,实现人机和谐,让试验设备变成工业艺术品,将试验变成赏心悦目的享受过程。

参考文献

蔡乔方,2008. 加热炉[M]. 3 版. 北京:冶金工业出版社.

杜鹤龄,2002. 航空发动机高空模拟[M]. 北京:国防工业出版社.

方昌德,马春燕,2007. 航空发动机的发展历程[M]. 北京:航空工业出版社.

高空模拟试车台文件系统,1987. 第 05 卷:空气加温炉系统[Z]. 江油:中国燃气
　　涡轮研究院.

中国人民解放军总装备部,1991. 飞机燃油系统通用规范:GJB 1003A—2006[S].
　　北京:中国人民解放军总装备部.

国防科学技术工业委员会,2007. 航空工作液固体污染度分级:GJB 420B—2006
　　[S]. 北京. 国防科工委军标出版发行部.

侯敏杰,2014. 高空模拟试验技术[M]. 北京:航空工业出版社.

胡九生,赵春光,石小江,等,2001. 燃油加温系统的设计和研制[J]. 燃气涡轮试验
　　与研究,14(2):13-18.

胡九生,赵春光,石小江,等,2001. 燃油降温系统的设计和研制[J]. 燃气涡轮试验
　　与研究,14(3):28-35.

金续曾,2003. 电动机选型及应用[M]. 北京:中国电力出版社.

李申,2002. 吸附原理及常用吸附剂[J]. 压缩机技术(1):25-27.

李应红,等,2014. 航空涡轮风扇发动机试验技术与方法[M]. 上海:上海交通大学
　　出版社.

刘建,2016. 高空模拟试验抽气系统机组串并联匹配方法研究及试验验证[R]. 绵
　　阳:中国燃气涡轮研究院.

卢传义,1997. 国外高空舱的发展现状与趋势(上)[J]. 国际航空(9):37-38.

陆培文,2009. 阀门设计入门与精通[M]. 北京:机械工业出版社.

潘锦珊,等,1989. 气体动力学基础[M]. 北京:国防工业出版社.

祁大同,2019. 离心式压缩机原理[M]. 北京:机械工业出版社.

钱家麟,2003. 管式加温炉[M]. 2 版. 北京:中国石化出版社.

沈维道,蒋智敏,童均耕,2000. 工程热力学[M]. 3 版. 北京:高等教育出版社.

石油化学工业部石油化工规划设计院,1976. 管式加热炉工艺计算[M]. 北京:石

油化学工业出版社.

汤蕴璆,罗应立,梁艳萍,2008. 电机学［M］. 3 版. 北京：机械工业出版社.

童玲,王志新,张华强,等,2010. 异步电动机软启动技术及转矩控制仿真研究［J］. 电气传动,40(4)：43 – 44.

涂强,2020. 航空发动机试验气源运行分析及应对措施［R］. 北京：中国航空规划设计研究总院有限公司.

王钫平,徐国,杨俐骏,2005. 高空台气源系统多台大型压缩机组串并联抽气试验技术［R］. 江油：中国燃气涡轮研究：138 – 146.

王钫平,2005. 高空台空气降温系统设计及试验技术研究［M］. 北京：北京航空航天大学出版社.

吴德荣,2009. 化工工艺设计手册［M］. 北京：化学工业出版社.

《压缩空气站设计手册》编写组,1974. 压缩空气站设计手册［M］. 北京：中国建筑工业出版社.

杨桥,2016. 美国空军 AEDC 空气推进系统试验设备（ASTF）分析报告［R］. 绵阳：中国航发四川燃气涡轮研究院.

殷勇高,张小松,王汉青,2017. 空气湿处理方法与技术［M］. 北京：科学出版社.

张娜,2016. 高空-速度与气候试车台［R］. 绵阳：中国航发四川燃气涡轮研究院.

中国航发科学技术委员试验与测试技术专业委员会课题组,2017. 国外航空发动机试验测试能力发展与研究（讨论稿）［R］. 绵阳：中国航发四川燃气涡轮研究院.

《中国航空材料手册》编辑委员会,2001. 中国航空材料手册（第 10 卷）燃料与润滑材料纺织材料［M］. 2 版. 北京：中国标准出版社.

中国人民解放军总装备部,2010. 航空涡轮喷气和涡轮风扇发动机通用规范：GJB 241 A—2010［S］. 北京：中国人民解放军总装备部.

中华人民共和国第三机械工业部,1982. 气候极值 大气温度极值：HB 5652. 1—1981［S］. 北京：第三机械工业部.

中华人民共和国工业和信息化部,2010. 化工工艺设计施工图内容和深度统一规定：HG/T 20519—2009［S］. 北京：中国计划出版社.

中华人民共和国国家质量监督检验检疫总局,中国国家标准化管理委员会,2018. 金属波纹管膨胀节选用、安装、使用维护技术规范：GB/T 35979—2018［S］. 北京：中国标准出版社.

中华人民共和国国家质量监督检验检疫总局,中国国家标准化管理委员会,2018. 压力管道用金属波纹管膨胀节：GB/T 35990—2018［S］. 北京：中国标准出版社.

中华人民共和国住房和城乡建设部,2014. 压缩空气站设计规范：GB 50029—2014

［S］. 北京：中国计划出版社.

中华人民共和国住房和城乡建设部,2015. 石油库设计规范：GB 50074—2014［S］. 北京：中国计划出版社.

中华人民共和国住房和城乡建设部,2018. 工业循环冷却水处理设计规范：GB/T 50050—2017［S］. 北京：中国计划出版社.

Kamykowski R, Jernigan T G, 1994. Current and future air handling capabilities of the AEDC aeropropulsion system test facility(ASTF)［R］. AIAA－94－2563.